從懷孕到生產的161個冥想練習

靈性胎教手冊

DREAMBIRTH

Transforming the Journey of Childbirth Through Imagery

凱薩琳・仙伯格 *Catherine Shainberg* 博士——著
童貴珊——譯 Soupy Tang——封面繪圖

獻給我的兒子山姆（Sam）

想像力從來不是某些人獨享的天賦，
而是每一個健全的人皆有的特質。

——美國文學家　愛默生（Ralph Waldo Emerson）

目錄

161 個冥想練習索引

1 受孕前：清理阻礙 38

2 受孕：一個靈魂的到來 75

【自序】

實踐光之卡巴拉

如果我發自內心創作，幾乎萬事都成；如果我從頭腦去創作，則一切徒勞無功。

——畫家　馬克．夏卡爾（Marc Chagall）

護士走進空蕩蕩的等候室裡，告訴我，我懷孕了。我原是為了更年期的停經檢查而來的。護士把我的尿液杯子舉起，讓我看看杯子底部的藍色點點，向我解釋那意味著有個小生命已在我的體內成長。我掩面嚎啕大哭，而且哭了很久。這簡直令人難以置信。我當時已經四十一歲了。

等我終於哭完而睜開眼睛時，房間裡燈光柔和，瀰漫著一股寧謐氛圍。那是陽光，抑或純然是我的情感作用？如此神奇之事竟發生在我身上！在整個孕程中，這股不可思議的驚喜從未消失，為我的每一個念頭與行動增添不少亮麗色澤。當我第一次親眼凝視我兒子的小臉蛋，並將他緊擁入懷時，我簡直欣喜若狂。爾後看著他一天天長大，內心那股無法言喻的愛與感恩，不禁滿溢而出。

事實上，我對懷孕的眞實情況近乎無知，而我的母親和老師柯列女士又住得離我甚遠，於是我只能高度仰賴書籍的指示。我埋首鑽研所有我能找到的資訊，大量吸收一切與懷孕有關的臨床資料，以及分娩前的種種徵兆。然而，我找不到任何引導我去面對孕程期間那些排山倒海而來、使我措手不及的情緒反應的書籍；

我也遍尋不著任何能指引我前行的夢行地圖與標示，帶我踏上這片孕育於體內的新大陸；當我想要使用我的語言與視覺心像跟腹中胎兒建立連結時，我找不到任何足以指示我深入這段互動旅途的聲音。

我心中充滿好奇，有好多亟待尋求答案的問題在追問我。寶寶聽得到我的聲音嗎？他感受得到我的愛與關切嗎？他是否發育正常？他是否備受保護，不受我周遭那些嘈雜噪音與激動情緒所影響？他會發現自己蜷縮著身子，躲在我的心臟下方嗎？我們會互有好感而相看兩不厭嗎？到底我要如何去感知、看見並知道有個陌生人正在我體內一吋一吋地成形長大？

當我的孕程持續進展時，我開始發展屬於我個人的溝通語言。我以無止盡的話語跟我的寶寶說話，我也將我心靈之眼所看見的影像畫面傳遞給他。我對他日有所思夜有所夢。我唱歌給他聽，我對他發出咯咯聲調，也對他低聲哼唱。當我覺得某些外在的混亂可能使他受到攪擾時，我會輕撫肚腹來安撫他。我指示他可以如何滑出產道——我將這過程觀想成花莖擴展開來，讓寶寶能順利通過——不偏不倚地墜入他父親展開的雙臂，應聲出生於一座美麗的花園中。我的外在與內在世界開始枝繁葉茂，欣欣向榮。我沉浸於小寶寶與我所夢想的奇異世界裡。我專注沉浸於愛之中，沒有任何外物足以驚動我。

當然，我向來就是個夢行者（dreamer）。

只是，我從未想過要寫一本有關懷孕母親發揮夢行力量的書。我只是一味地浸淫於無限瑰麗的夢行之中，亦即我與那位在我體內安靜成長的美麗寶寶之間的關係；除此以外，沒有其他事比這份關係更重要的了。

所以，你可以想像幾年以後，當我開始成立一個產前與產後的視覺心像生產工作坊時，我有多驚訝，那眞是我始料未及的事。面對這個全然陌生的職責與領域，我對自己毫無把握。在那段生命歷程中，我從未從事任何與生產領域相關的專業。我面對的主要個案，大部分是一心為自己與他們的靈性旅程前來尋求協助的人。但那位邀請我開課的朋友兼視覺心像學生、同時也是頭薦骨治療師和陪產婦（doula）的克勞迪婭．萊肯（Claudia Raiken），對我確保再三，直說我不必準備即可開始。她如此向我保證：「你只需要讓學員來向你問問題就好了。」

過去幾年，我透過一些簡單的視覺心像練習，幫助過許多女性朋友面對她們的孕期與分娩過程。我所領受的那套視覺心像練習，是傳授自柯列．阿布可－馬斯卡（Colette Aboulker-Muscat）女士，她是位受人敬仰的導師、「光之卡巴拉」的直系傳人，同時也是「源自古老伊比利半島的夢行（dreaming）修練」的推崇者。❶我將她的視覺心像練習，結合我在懷孕、生產、以及近幾年所開發的一些心得，尤其針對身體訓練與生理問題，整理成一套教材。

然而，我還是懷疑自己到底能在這個工作坊裡教些什麼內容。當然，我可以肯定她們會學到一些簡單的放鬆練習。此外，我還能為她們做什麼呢？我既不是助產士，也不是陪產婦，除了一九八六年生下兒子的親身經驗外，坦白說，我對產房內的種種，一無所知。只不過我的這些擔憂，很快就煙消雲散了。

正當我猶豫不決，不確定自己是否該開始這個產前與產後的視覺心像工作坊時，發生了一件對我影響深遠的事，令我震懾並驚詫不已。

某日，我和一位朋友到紐約州北部去取一件藝術作品。有一位古董商人剛過世，我們決定去參加一場出售古董商收藏品的拍賣會。拍賣會即將結束之前，我忽然感覺有一股衝動驅使我站起來，走到待售的物品中瀏覽。在一張擺放在角落的桌上，一堆被遺忘的東西之中，有個用珠子串起來的大娃娃。我彷彿被一股力量催逼，不得不拿起那個娃娃。娃娃高度大約七十公分，在非洲完成串珠，娃娃的肚子上有個條紋織布的小袋子，看起來非常破舊。我向當天的拍賣者示意，讓他知道我想買那個娃娃。當天沒有其他人對這個玩意兒有興趣，所以我在毫無競爭對手的情況下，以區區二十美元便輕鬆買下了那個娃娃。

當我返抵家門時，我將娃娃放在入口處的門廳。隔天，有位朋友一時興起，帶了一位鑽研非洲藝術的賓客來找我。這位陌生賓客的反應非常驚喜讚歎，他說：「你得到的是充滿靈性的娃娃啊！怎麼可能呢！沒有人可以擁有這個東西，除非你注定可以擁有她！那是象徵生育的娃娃，一般是由母親代代相傳給女兒。她會保護家中的女性與她們的後代，使她們免受分娩時的危險。你看肚子這裡的小袋子，那裡面有個小寶寶呢！」

我後來明白了，是我的夢行身體在冥冥中將我牽引至這個娃娃面前。對我而言，她的外觀並不是特別引人注意，但顯然，她是帶著一份強大的使命與意圖被創造出來的。經他這麼一說，我忽然爲自己的機緣好運而振奮不已，想不到象徵生育的娃娃，竟如此輕而易舉地臨到我手中，而且就在我不斷猶豫是否該著手投入生育議題時，適時出現在我眼前！我非常確定這是從宇宙傳遞而來的線索與訊息，我也確信自己將在這項工作中備受指引，使我有能力幫助世界各地的懷孕婦女運用視覺心像，完整且完美地觀想她們的寶寶。於是，我決定要開課了。

克勞迪婭召集了七位與生育相關的專業人士來接受我的訓練，她們分別是護理人員、心理諮商師與陪產婦。其中一、兩位中途退出，但後來又多了幾位學員加入。我們每週三見面一起上課，連續上了七年。這個

❶「卡巴拉」是一套傳統的猶太神祕進路。相對於東歐阿什肯納茲猶太人，此處所指的是居住在地中海周遭的猶太人。柯列．阿布可－馬斯卡導師（一九〇九～二〇〇三）自一九五四年一直到她離世，都在耶路撒冷定居與授課。

開創「靈性胎教」（DreamBirth®）的過程，是一段相輔相成、導師與學員共同合力完成的成果。這群長期投入生育相關領域的專家，幫助我去理解與面對她們的個案有什麼需求。我開發了一系列的視覺心像練習，陪伴這群專家走過視覺心像的練習過程，然後她們再向我反映一些具體的回饋。當我們雙方都對此練習成效感到滿意時，這群專業人士會將她們所學的實際應用在個案身上，然後再根據落實後的成效提出更多回饋。少了這七位可親可愛的女士們，這份工作便不可能構思、孕育、以致具體落實。

「靈性胎教」的視覺心像練習都非常的簡短、精準、有效。其設計是爲了有意識地轉移身體與/或情感層面，將與恐懼模式、舊信仰系統有關的盤根錯節問題，徹底切斷，恢復身體與心靈的自然律動，提升免疫系統，同時激發天賦本能的最大功效。今天，我們爲每一位即將面對分娩過程的對象，設計了超過八百種練習，其中最顯著、最常被使用的練習皆已集結在這本書當中。雖然這些練習尚未取得任何臨床測試的結果，但依不同情況所得的證據與回應，皆顯示「靈性胎教」對於分娩的過程與成效確實不凡，且令人驚豔。

我的書寫，是希望能在醫院規劃一套得以落實的研究計畫。面對我們每一天要在醫院內共事的父母與孩子們，我對我們的「靈性胎教」研究計畫與成效，胸有成竹：從整體結果看來，這項計畫不但使婦女們的分娩過程更爲順利滿意，也出現了更多快樂健康的母親與嬰兒；至於那些必須經歷手術等各種療程的母親與嬰兒，他們的復原能力也因此而更加快速。

多年前，當我在耶路撒冷教授視覺心像與各種相關練習時，大部分來上課的學員都是已經有孩子的年輕媽媽。那時的耶路撒冷，仍是個沉睡中的山城，經常得面對各種政治動亂的侵擾。話雖如此，街道上依舊飄著九重葛的特殊氣息與茉莉花香。我們的生活步調緩慢，總有時間駐足沉思。城裡的七座山與橄欖樹，驅使我們沉浸於充滿歷史氛圍的神祕感中，三大宗教盤踞之地，就像猶太教在安息日所吃的特殊麵包卷，層層纏繞。每一天的生活作息與節奏，有教堂的鐘聲提示，也有從清眞寺傳來聲聲祈禱的召喚，還有自猶太教堂與家中傳來朗讀禱告的聲響。

有人說，耶路撒冷的山，每一座都直探天空。我們其實都住在一個富含神奇魔力的子宮裡，一個孕育於天地之間的聖地。在耶路撒冷，大多數的媽媽都是輕輕鬆鬆地產下寶寶，或至少凡經我指導的媽媽們都是如此。分娩過程既短且輕鬆，而且很自然。媽媽們在家裡生產時，絲毫不覺焦躁或不安。她們在充滿隱私的地方安然分娩，身邊圍繞著她們信任且熟悉的婆婆媽媽與助產士。

而今，耶路撒冷的婦女們如何生產，現在的我恐怕已無法回答這個問題。今天的耶路撒冷，壓力、恐懼與延綿不絕的戰亂如影隨形，以色列也急速轉型成爲充滿競爭、標榜物質主義等以美國社會爲仿效對象的國家，當地的生活步調更不斷急促加快中。事實上，全世界都飽受世俗化的影響，不斷攀升的物質欲求，使我們的社會和地球備受威脅，進一步造成道德與情感的墮落。除非有利可圖，否則我們對身邊的人已漸漸失去了單純關切的興趣。猖獗的貪婪、不滿的情緒、恐懼害怕、競爭較勁、怨怒憤懣、焦慮不安、人與人之間的關係越來越貧乏淡漠，以及靈性匱乏等等，都是現代化社會難以在短時間內徹底解決、盤根錯節的問題。這些環環相扣的挑戰，也使我們的身體頓失眞正的連結與意義。雖然並非所有孕婦都直接投身庸庸碌碌的現代生活中，但仍有許多準媽媽難逃這種現代生活的惡性衝擊。事實上，飽受不良影響的不只是孕婦，還包括嬰兒、丈夫、醫生、助產士、陪產婦、親人家屬與朋友。今天的世界，不論是女性朋友或她們的伴侶，都無力改變現狀而不免要爲她們的分娩過程與未來即將出生的寶寶而憂心忡忡。

如果說，在今天大部分的文明國家，一個孩子的出生經常伴隨著高度的壓力，我相信這是再合理不過的說法。許多女性朋友發現自己越來越不可能、或難以挪出時間來專注於孕程與分娩這件重要的事。她們經常日以繼夜地奔波忙碌，直到最後一分鐘仍努力在不斷累積的職場與家庭勞務之間，分身乏術地尋找一個平衡點；而我們的社會與政府——除了少數國家，像丹麥——並未提供懷孕的女性朋友一段專屬於她們的獨有時間，好讓她們悠然自在地像母雞靜坐孵蛋一般，沒有後顧之憂地坐在那兒好好孵育她腹中的新生命。

與此同時，懷孕與分娩已經成了一個越來越重要的產業。現代女性早已不待在家裡等著當地助產士來協助她們分娩。在美國，百分之九十九的婦女選擇在醫院生產，而一個消毒乾淨卻缺乏隱私、溫暖與同理心的環境，已成爲產婦們認定是分娩時所需的地方。分娩不再是專屬女人的事，也不再全部由女人在一個備受保護、猶若子宮一樣的環境中來處理。

生小孩這件事，長久以來已被醫療專家分門別類，視爲不同症狀的挑戰來處理，稍有機會便見縫插針，動輒透過藥物與／或手術來徹底解決。懷孕與生產已不再被視爲一樁再自然不過的事，而那原是需要我們大力支持與鼓勵的自然法則，如今卻被當成疾病般來對症下藥。雖然藥物的處理模式在某些必要的時間點，有其必要性與功能，但是我們也不要忘記，我們的身體本來就是爲了生育而設計的，因此，我們若容許身體遵循自然律的引導，其實是更好的選擇。但是一如我的婦產科醫師——一位專業稱職、和藹可親的女性——在我們第一次產檢時對我和丈夫所說的一番話：「唯一文明的分娩方式，是使用硬脊膜外麻醉的無痛分娩！」（硬脊膜外麻醉是以一根導管注射下背部來進行局部神經阻斷的麻醉，以麻痺分娩過程的疼痛。）然而，醫生沒告訴我們的是，任何藥物的注射終將進入寶寶與媽媽的血液裡，減緩催產素的分泌，而那是促進分娩與生產的重要荷爾蒙。幸運的是，我的丈夫是醫生，他不假思索便反對這項建議，隨即提醒婦產科醫師，我的身體理應由我來主導，因爲那是我最熟悉的領域與專業。

分娩，作爲女性一生中最極致的經歷與體驗，已逐漸失去它天經地義的自然性與神聖性。置身於典型的分娩醫療模式中，即將生產的媽媽被各式各樣的監視器綁住，彷彿那些醫生都忘了如何使用他們的聽診器一般。注射硬脊膜外麻醉變成過程中的標準程序，接著是催生或引產，選擇性或者非必要剖腹產的數字比例正不斷往上攀升（在美國有百分之四十是剖腹產）。病房保持乾淨、安靜與規格化，自然分娩則不受鼓勵。「想像一下那些聲音！」在聊到產婦在自然分娩時聲嘶力竭的尖叫聲時，一名護士這麼告訴我。想當然耳，在醫院所付出的費用也隨著這些需求而水漲船高。生育這件事，成了許多夫妻難以企及的昂貴消費與成本。雖然如此，湧向醫院的準媽媽們依舊絡繹不絕。事實上，面對爲她們量身定制的另一種選擇，她們竟毫無所覺。

不要誤會我的意思。我不是故意要與醫生作對。不瞞你說，我自己就嫁給了一位醫生。當然，在某些棘手的醫療照護上，對抗療法的藥物當然有其不可磨滅的重要貢獻。所以，我們並非要把嬰兒與洗澡水一起倒掉，而是要謹愼釐清何爲精華與糟粕，而非粗糙地全盤否定。但現在的問題是，我們是否過度高舉和仰賴那些侵入性的醫療需求？我們知道，在一個現代化的社會中，事實上助產士的角色遠優於醫生，也是產婦與寶寶更需要的人選。只要分娩過程正常且安全無慮，一般而言，助產士比較傾向自然分娩。在荷蘭有三分之二的分娩是由助產士協助進行，他們的嬰兒低出生死亡率排名全世界第一，在同一個排行榜上，美國則是排行第二十九。由此看來，重新評估分娩的優先順序與選擇，是一件迫在眉睫、需要被正視的事。

我們終究要問，生孩子的是你還是醫生？你要讓醫生來告訴你該如何處置自己的身體嗎？畢竟，唯有你與你的伴侶，以及腹中的寶寶，才擁有整個分娩過程的發言權。我不是鼓勵你與醫生的忠告或意見徹底對立——那是愚蠢的一意孤行——我只是要提醒你，不妨轉移你的觀點與角度，學著與你自己的經驗和智慧建立更深的連結。

讓自己積極地去改變現狀，讓自然的力量回歸至應該發揮之處，而就是這股力量創造了你的骨骼架構、肌肉、荷爾蒙、細胞，並且創造你的智慧來進行生育。教育並連結你的內在自我與你的寶寶，你就能重新獲得屬於你自己生育過程的主導權，並且你會知道，當醫療處置介入變成必要之時，你能在知情的狀況下同意這些處置的進行。

你是創造者，你的子宮裡正孕育與守護著一個全新的受造與生命。這本書是爲你而寫的，爲要讓你在屬於自己的分娩過程中，自由而積極地掌握主導地位。這些視覺心像練習——簡短、輕鬆，不但富有感染力，而且好玩有趣——將成爲實際可行的工具，幫助你與你的寶寶，一同體驗一趟安全與心滿意足的生產旅程。

【前言】
你是生命的創造者

世人行動實係幻影。

——《詩篇》39：6

想像你是個畫家，面對一幅空白的大畫布。你在畫布上標上第一點，接著揮灑作畫，謹慎修飾，完成後裱框，然後向全世界展示你的創作，並賦予你的畫作自由與自主性。這樣的思維模式，正是你需要掌握生命中最偉大的創造——你的孩子，以及孕育小生命的態度。

你是生命的創造者，你被賦予上帝般的能力，一如上帝對人類的創造，是「按著自己的形象」孕育一個新的生命。你是母親，而法文的「母親」（Mère），依照同音異義字的線索，是個本質上與海洋（Mer）有關聯的詞彙；它也與女性先知米利安（Miriam）以及上帝之母瑪利亞（Maria）的音譯連結。這些擁有同樣字根關係的字，揭示了由「水」所帶出的視覺心像與內在視覺——水，成了孕育創造的母親與源頭，而所有受造都是出於愛的行動。你也像上帝一樣，可以將世界夢想成實際的存有，學習觀照你身體內在的水，將你的行動，從觀念開始循序孕育，進而落實成爲人母。我亟欲向你證明所謂「夢行」，其實是你身體的一種語言。

你要如何回到在你之內、與生俱來的深度夢行認知與智慧當中呢？事實上，傳統中許多口傳與文字的見證故事，已爲我們指點迷津，也指明了具體可行的方向。對我而言，我選擇從西方的靈性傳統，亦即那些接近基督徒、穆斯林與猶太教徒所熟悉的核心信念，作爲我論述的底蘊，因爲那最接近我個人的傳統，所以，我也歡迎你以個人的傳統來自由取代。你若覺得有必要或較爲適切，也歡迎你將上帝的話語，自由切換到其他神祇或阿拉、神性或純然某種神祕宗教等對象。對於所有傳統與信仰中的夢想故事，我抱持高度的敬意、認可並熱烈歡迎；對我而言，我相信所有偉大的傳統都殊途同歸，指向同樣的眞理。也或許，你並不覺得自己與任何靈性傳統有所關聯。若然，你可以讓自己與大自然連結，因爲我們每一個人都服膺並受限於自然律。

就我個人所傾向的傳統，最古老的經典來源是《聖經》，我由此找到許多與夢行和受孕相關的教導。「你要離開！」❶上帝對亞伯拉罕與他的妻子撒拉如此囑咐，要他們展開一趟從膝下無子的貧瘠，轉而走向歡呼勝利的受孕與生產之旅。他們老來所得之子，取名以撒（Itzhak）——這個帶有「歡笑」之意的名字，恰如其分地表述了兩老的心境。我們都是充滿靈性的受造物，而我非常確定，我們每一個人的靈性根基都已清楚言明：你必須返回，環顧己身，學習去認識你自己與你的身體，這是創造力種子發芽成長的器皿，也是無比神聖的渠道。

當你讀到這幾頁時，你或許會想，自己早已竭盡所能，嘗盡各種方式使自己的夢想成眞，卻始終無法如願。你至今仍殷切期待要當媽媽，想懷孕、想擁有屬於自己的寶寶。你爲此而難過、生氣、羨慕且心灰意冷，一如亞伯拉罕的妻子撒拉所可能歷經過的感受。我想對你說的是，打從一開始就不要失去盼望！我曾目睹過不計其數的奇蹟。想像力本身就是奇蹟的工具，這工具具有翻轉你身體與未來的力量。其實，你還沒學會善用你腦海中的圖像畫面來直接跟你的身體對話。圖像畫面是你的身體所明白的體驗式語言。你或許不曉得，你身體的絕大部分會對潛意識的程式設定有所回應。潛意識就像一台電腦。如果電腦被病毒入侵——以負面的信仰系統、負面的情緒程式設定、毀損的器官等類似狀況運作——你的潛意識將擺脫不了這些消極毒素。這些狀態將使你持續保有病毒體質，除非你能想辦法徹底清除這些病毒，使你的身體復原，恢復到原來完整而健康的版本與功能。你將從接下來的內容中，學習如何分辨那些病毒，並且學會對潛意識發佈「清理病毒」的指令。記得嗎，撒拉是在年近一百歲時才懷孕生子呢！在我所面對的諸多實況中，我一次又一次見證了想像力的巨大能量，如何讓不可能成爲可能，最終成爲眞實。請繼續讀下去。這本書也是爲你而寫的！

沉浸於想像力的夢行之海

想像力的活水，指的是什麼呢？眾所周知，我們的地球若少了水，便沒有人可以居住其中；我們自己也是在子宮羊膜囊的生理鹽水水域中生長發展，而我們身體內的水分更占了高達百分之八十五。當我們凝視清澈水面時，總是能看見自己的影像倒映在水面上。水，仿若一面鏡子，幫助我們清空自己的思緒，使一切變得澄澈明淨，讓我們得以看見最眞實的影像，以及那些在心靈深處中浮現的思維模式。正因爲這樣，這部分成了占卜預言最常使用的媒介——那是一種預見未知的藝術，藉此注視無邊無際的空茫虛無，同時擁抱和孕育嶄新的事物。

所以，你對孕育與生產的最初夢想，就存在於你身體的水域中。我們一般稱此爲無意識的水域。那裡之所以無意識，是因爲你從未將注意力專注投入於此。想要有意識地展開夢想新生命之旅，除了專注聚焦以外，別無他法。

所有環繞地中海的海域，從埃及到巴勒斯坦，再延伸至希臘、義大利、法國、西班牙與北非，女人們總是善用「夢」作爲她們選擇的語言。夢在許多方面是個不可或缺的重要過程，譬如儀式、神祕傳說、醫治療

---

❶《創世紀》12:1。Stone Edition Tanakh (New York: ArtScroll Mesorah Publications).

癒與生育等。在埃及，負責創造、保護生育與母性的女神愛西斯（Isis）所住的地方，四周都被眾水圍繞。如果想要親臨愛西斯所住的菲萊神殿，女性必須搭乘船隻，穿越深水才能抵達。當她們涉水而往時，她們被引導進入夢行狀態，進入那一片富饒多產的源頭。

所有創造或轉化的偉大故事，通常都起源於一個視覺化圖像或一個夢境。你的想像力乃是從體內的水域中孕育而生，是準備你自己身體與心靈的祕密，好讓你成爲快樂與成功的父母。

許多女性夢見攸關孕育與分娩的古老記載，提醒我們去檢視生育力與夢行之間的關聯。在希臘，女性的療癒之夢被刻在古老聖地德爾菲的大石碑上。不孕或患有其他婦科失調等疾病的婦女們，都會前往德爾菲尋求醫治。她們會踏入一個宛若子宮的地方，然後在醫神神殿希波克拉底沉睡一宿，那是個爲孵育夢想而設的內室。在她們的夢裡，總有一位神祇向她們顯現，爲她們指點迷津，指引她們一條生生不息、恢復生育力的出路。

環顧全世界的靈性傳統，神界的力量總是陪伴著我們，賦予我們能力去受孕並生養後代。藉由自內在升起的許多圖像畫面去沉思那位神祇所顯現給她們看的畫面，女人便學會了創造。

這本書的寫作目的，並非爲要教導讀者「如何成爲父母」；而是有關想像力，以及學習如何落實創造新生命的夢行力量。此外，這本書也談及如何恢復女性與其伴侶的創造行動，而這個行動恐怕已被許多女性與其伴侶丟棄於強勢的西方醫療模式中，甚至誤以爲我們是透過遺傳基因與各種意外而複製的。

寶寶從何而來？難道我們只是一個創造新生命的肉體，而且純然機械性地生產嗎？那些細胞是如何一一各歸其位而成爲肺部、心臟與腎臟？是否有一些東西已賦予我們動力，但卻仍未被我們接受或採納？我們那份像神一般可以「創造形象」的能力是否啟動了？若然，我們是否能駕馭我們的想像力？

我們是否能再度沉浸於我們的夢想之海，以最完美的方式創造我們的寶寶，滿懷欣喜並輕鬆自在地將他們帶到這個世界上？

夢，為問題提供了解答

若我們不是由我們的夢所構成，那麼我們是誰？

如果我們以為自己的身體，與我們心中的希望、抱負、恐懼或愧疚無關，那麼這樣的誤解，將使我們徹底輕忽我們的心靈對於我們肉體的影響力。我們的心靈層面——我們的思想、感受、記憶與行為，尤其是一些視覺心像——會過濾我們觀察現實的方式。我記得有個被性侵的年輕女性，竟下意識地中止了分娩的過程。雖然醫生說她已準備好要用力推擠，將寶寶生下來，但她就是做不到。她這麼說道：「下面那裡很骯髒。」最後，寶寶是透過剖腹產才生下來的。

我們都住在一個身經百戰的視覺心像與經驗裡——過去的、當下的，以及投射的未來，這些時間點所呈現的願景、聲音、嗅覺、味覺與各種感知氛圍，都是我們這個個體最真實存有的源頭。當我使用「視覺心像」一詞時，指的是我們每一個人與生俱來的三維內在世界，由我們的五大感官系統啟動，其中包含我們的記憶、感知、面對外在與內在刺激的反應、夢境、富創意的領悟力與洞見。「視覺心像」一詞是個約定俗成的慣用語，因為視覺是大部分人最顯著與重要的感官，而且視覺在某種意義上也含括了其他四種感官。此外，影像的想像，也是一種連結於身體的「體」驗，在這樣的緊密連結中，所有感官彼此相輔相成：你在自己的內在世界裡，盡其所能地觀看、嗅聞、聆聽、品嘗與觸摸，一如你於外在的實相世界中所進行般，真實而生動。

我們的身分認同——過去、當下與未來——就從這個領域的視覺心像中衍生，其中包括身體的行動、感官認知與情緒起伏。我們對此或許渾然不覺，但它們卻如實定義了我們的生活。每一個人都住在一個多元的場域裡，我稱之爲「夢的場域」（dreamfields）：個人的、家族的、社會的、國家的與地球的。除非我們去開發並探索那些夢的場域，去發掘在那些過程中，是什麼樣的元素促使我們如此行動，否則我們將永遠力有未逮，無能突破或超越我們現有的行爲限制。

夢的場域爲我們的許多問題提供了解答，並且引領我們一步步實現心中的渴望。有沒有想過，爲何在沒有任何藥物影響之下，有些女性生養眾多，有些則飽受不孕之苦？是什麼原因使一些寶寶發育完整，而有些寶寶卻不得不掙扎求存？如果夢行是創意不可或缺的工具，那麼若能合宜地善用這個工具，是否有助於顯化一個更完整的未來、生下一個更快樂的寶寶？

回頭想想：當你還是個小孩時，是否曾好奇自己會不會像你父母那樣，長大以後也能擁有自己的孩子？身爲女孩，當你小時候搖著洋娃娃、對著娃娃輕聲細語的那個當下，你是不是也不自覺地開始自我教導，在舉手投足與感知之間，覺得自己儼然像個媽媽？而你的其他兄弟們在觀察父親或溫柔或堅定地對待他們時，他們心中是不是也難掩內心澎湃的驕傲之情，想著自己將來有一天也要像爸爸那樣？也或許，會不會因爲歷經了失望與孤單，而令他們開始動念想要成爲「一顆枯乾的果子」，也就是不生育？那可是一個小男孩曾對他充滿敵意的父親說過的話。你是否曾暗自發誓將來不要有孩子，因爲你目睹你的母親如此體弱多病，而你打定主意不想成爲別人的負擔？你是否讓自己受困於與家族祖先有關的信念系統裡而不可自拔，例如在你母親的家族裡，在記憶所能追溯的故事中，所有女性都難逃困難重重的分娩經歷，而這會影響並支配你未來的生育狀態嗎？

重點是，對大多數人而言，想要有個孩子的想法，早在具體實現之前好幾年，便已逐漸在醞釀了。「我們想要有一個男孩和兩個女孩」，或者「我們規劃晚一點再生第三個小孩」，或者「我們只要女孩」！另一方面，我們或許就是「知道」自己將不會有孩子，抑或我們最終會領養一名年幼的中國女孩。我們很渴望見證我們靠直覺感受到的命運有一天竟實現了，卻也擔心我們所預測的內容會失準或失效。我們之所以能掌握自己的命運，是因爲那些內容都記載於星盤上嗎？或是我們透過夢的場域創造出來的？命運與夢行是否相互關聯，休戚與共？若然，我們是否可以透過回應並參與我們多重面向的夢行場域，進而改變我們的命運？

回應夢境所傳達的訊息

「夢行」是一個動詞，代表一系列進行中的行動、一個過程與一趟旅程。它不是靜態的。認清夢行的這種特質非常重要，因爲本書所要探討的，正是這種動態過程的夢行。我們通常不是「談夢」，而是「做夢」。夢，在夜間沉睡時現身：「在某些不同階段的睡眠狀態中出現的一系列影像、想法與情感內容」；或「白日夢、空想妄想」；或是「某種熱切的渴望與抱負」。❷這些對夢的不同定義，說出了部分實況，但卻忽略了一個重點：我們無時無刻都在做夢。我們並不是只在夜間做夢。每一個人隨時隨處都在累積自身的經歷，這個狀態就是我所謂的「夢行」。當你在閱讀這本書時，你同時也在夢行，只不過你的夢行流動是潛意識的，是屬於某部分永不停歇的右腦活動，因此你通常對此渾然不覺。但是當你懷孕時，你會比其他時候更爲敏感而有覺知，因爲你開始更緊密地與自己的身體，還有你腹中的寶寶和諧共處。你也會更容易記起夜

---

❷《美國傳統英文字典》（*American Heritage Dictionary of the English Language*），Boston: Houghton Mifflin, 2000。

裡的夢境內容。其實，深夜夢境不過是你夢行意識流動裡的一扇窗、一個剪影。你之所以對夢境內容記憶猶新，是基於你強烈的感知或情感，或是因爲那些夢太奇特而令你驚詫不已。

從另一方面來說，夢行意識的流動是你右腦半球無時無刻都在進行的活動，不管是透過神經傳導路徑連結到哺乳動物腦區（譯註：指杏仁核和海馬迴，與感覺和記憶有關），或者更原始的爬蟲動物腦區（譯註：指腦幹和小腦，與生存本能有關）。你的大腦像個超級大雷達，時刻不停地運作，監測你所置身的空間，以及你周遭的狀況。當然，它也同時檢視你身體內正在發生的事。

夢行是瞬時即刻的，那是你的右腦閱讀空間、感知線索與移動的方式。你的右腦是個螢幕，撿選或遠或近的訊號，然後透過你的感官接收器（眼睛、耳朵、鼻子、舌頭與皮膚）來傳達指令，重塑與重組，使它們成爲可閱讀與可辨識的影像。那是你的視覺閱讀器。接下來輪到言說或書寫的部分，那則是左腦要花時間去消化、解讀與咀嚼的語言了，大量的影像在瞬間清晰呈現，傳達出多層面的實況。

夢行也反映與回應它所感知與看見的一切，並與之進行互動和交流。夢行是你的身體吸收新資訊，進而以此資訊進行重組的管道。花些時間，仔細思索這個詞彙所包含的意義——也就是它以什麼形式呈現，而這也是你的右腦如何運作的祕密：右腦能辨識形式。它能找出符合的形式，就像一幅圖畫的每一小塊拼圖，也像是錯覺藝術大師艾雪（Maurits Cornelis Escher）的畫作，在你的人生藍圖上，創造一些細緻、精準與持續更新資訊的標示。或許有些小塊圖像可以拼得起來，但有時候，整體的大幅畫作則不然，於是你的夢之場域中的某些固定模式，昭然若揭。夢行的過程，將覺知到某些東西阻礙了整體流動的脈絡，同時發出訊號，如：惡夢、不斷重複的夢、心神不寧（情緒受到侵擾），以及身體的疼痛。這些訊號的目的爲何？它們需要你留心聆聽什麼樣的訊息？

事實上，你的夢並不只是你的大腦在夜晚清理出來的「垃圾」。不妨聽聽一些現代科學家對此的見解：❸你的夢正尋求你協助排解它們所映照出來的難題。如果你認眞看待你的夢境，你將很快發現，你的夢其實含括診斷與療癒。夢境可能顯示你的胃有一個黑點。這個圖像畫面日復一日地運作，並傳遞一種需求——它呼喚你去清理掉那個黑點。當你開始進行練習，運用幾個簡單步驟回應你的圖像畫面之後，所得到的成效將令你感到驚訝且不可思議。身體的語言是一種圖像畫面的體驗。你會發現，某個圖像畫面倏忽出現於你右腦的螢幕上，指示你胃部眞正的狀況。當你透過心靈之眼來形塑一個圖像畫面時，這便是你回應視覺心像的方式，一如你藉由抹除擦拭來回應地板上的一塊汙漬。當你如此行動時，你其實正與你的身體進行溝通，由此，它將發出合宜的能量流動，幫助你去消化與解讀。透過回應你夢中的畫面，你被賦予一個機會去進行視覺心像的調校與修正，同時積極參與自己的療癒。只不過，大部分人仍認定每一件事都發生於潛意識中。

假若你需要保持高度覺察與敏銳度呢？你的夢行意識可能成爲你實現抱負與壯志的工具——亦即成爲傳達能量、聚焦心中渴望與意圖的工具嗎？當你充分掌控與左右你的夢行意識時，它能如實扮演實現與顯化的角色嗎？

身體與心靈的失衡狀態會經由夢境揭示出來

身體是個奇妙的有機體。身體不僅和自己對話，同時也以千百種方式與外在的大千世界對話。我們不過是掌控了較爲粗淺的互動模式：我們的行動、表情、驚嘆或話語。那些發生於表象背後或我們的神經與細胞

---

❸克里克（Francis Crick）與麥奇生（Graeme Mitchison）合寫的"The function of dream sleep"，刊登於《自然》（*Nature*）期刊，第三〇四期（一九八三年七月十四日）：第一一一至一一四頁。

系統更底層的部分，對我們而言都屬於未知的領域，只能透過我們的夢，謎底才能揭曉。一般而言，身體自會找到屬於自己的平衡之道；身體能以奇特的方式互相連結，維持一種持續平穩的狀態，稱之為「恆定狀態」機制。事實上，我們的身體不僅從未穩定，也無法長久維繫穩定的狀態；反之，它恆常辛苦地掙扎與擺盪，仿若航行於驚濤駭浪之上，只求維持某種基本的生理平衡狀態。

心靈的狀態，譬如憂慮、挫折或任何形式的不安與困惑，在某種程度上，顯示出夢行意識流動開始面臨阻礙，我們的身體因而難以尋得平衡，恆定狀態機制開始妥協、退縮。此時，這個系統開始出現緊繃或系統徹底毀損的訊號。早在你的身體還未感覺不舒服，甚至在你的意識層面尚未發展成不安或疾病之前，你的夢行身體就已經發現這些失常了。就像海底下洶湧的浪潮般，惶惑不安在看似平靜無波的水底下蠢蠢欲動，時間一到便要浮出水面。如果你夠幸運，偶爾突如其來的翻騰——深夜的夢境或白天腦海中的畫面——就像魚一般，倏忽從海底躍出水面，以此來警告你。如果你夠專注，如果你夠認真面對你的夢，並嚴肅地正視它們向你揭露的警示，你便可做出一些足以動搖根源的改變。收到這些預警之後，你就能夠主動回應這些視覺心像所顯示應該處理的事情。

在恆定狀態的機制中，奮力成長是自然的趨勢。身體的意圖是如此堅定，猶如一顆了解自己的種子，知道它必然會，也終將要生根、伸出樹幹、開叉出枝、長出綠葉、花朵盛開——它不斷地生長，努力達到結實累累的終極目標。我們看見恆定狀態在子宮內部發生的過程，從一個胚胎逐漸成長，越來越成熟，直到某個階段，恆定狀態開始指揮調度，正式進入分娩期。早在你察覺到身體的外在訊號之前，你的夢行場域便已清楚地向你揭示這一切了。因此若能提早得到提醒與警訊，豈不是好處多多？

當然，其中的祕訣在於，要對你的夢行場域保持高度覺察與敏銳——那是你辦得到的事。

覺察夜間的夢

當你還是個孩子的時候，你是能覺察到自己的夢行的。事實上，因爲當時年紀小，語言發展還不完整，自我檢視的能力也相對較弱，因此你能活在你的夢行場域裡。頃刻間，你的憤怒使你成爲一隻噴火龍；轉眼間，你的驚奇又使你搖身一變成爲揮動透明羽翅的天使。你一下是個壞男孩，下一秒卻又變身爲充滿正義感的警察。你所扮演的角色顯示你在當下的感受，以及在任何必要的情境下，你如何轉化自己的身分。

但這個能力極有可能是發自你的內在，而若眞是如此，讓自己重新熟悉這個兒時的夢行語言就顯得非常必要了。

可行的兩種途徑包括：第一、記得你夜間的夢；第二、將你的雙眼轉向內在，凝視你內在的圖像。或許你覺得這近乎不可能，但你若繼續讀下去，你將發現其實一點兒也不難。我相信你很快就能得心應手。

一旦你開始對自己的夢行有所覺察，便意味著你已準備好成爲主導自己身體旅程的主動參與者了。夢行是你的身體能夠理解的一種語言。你的身體藉由視覺心像，呈現它正經歷的一切給你看，而你也可以透過回應這些視覺心像，走進你的身體內，與它互動。你的潛意識一向都是選擇以視覺心像作爲它的語言。當你開始使用這個語言之後，過去只屬於潛意識層次的身體旅程，就開始能在你的意識層次讓你積極參與，藉由與你的身體對話，以適當的視覺心像回應你的身體顯現給你看的圖像，你與你的身體於是變成搭檔，幫助你的身體面對挑戰且最大化它的可能性。

如此一來，不再是你的身體爲你效勞，而是你與身體一起合作共事。把自己想像成騎士，把你的身體當成一匹馬。你若無法學會駕馭你的這匹馬，你終將只能成爲差強人意的騎士，不但在馬背上被甩來甩去，還可能被這匹不受控制的馬狼狽地摔到地上。你難道不想和你的馬合作無間，美好地共騎共舞嗎？

懷胎、妊娠與分娩的過程，可以風平浪靜，也可能顚簸起伏。這本書將爲你提供一些工具，期待能幫助你順利地完成這趟旅程。就像不停鍛鍊身體的奧運選手，需要透過視覺提示來演練他們的每一個動作，你也將學習善用視覺心像來幫助自己準備好身體，接受懷胎與受孕，支持你度過懷孕期間的各種身體變化，然後訓練自己如何使力將腹中的寶寶推擠出來。運動員爲了競賽而訓練。即將爲人母的你，是爲了「生產」而做好萬全準備。望文生義，「生產」兩個字便已預示那是需要靠強大的體力來進行的身體活動。你可以使用視覺心像，讓自己像奧運獲獎的選手般，在你勞苦功高的生產過程中，成爲冠軍得主。

你的左腦就像懷疑耶穌復活、典型多疑的門徒多馬（Thomas），是意識心智的懷疑論者。如果你能學會平靜你的左腦，且全面投身於你的夢行當中，你將在分娩時經歷一種顚峰或高度感知的狀態，你的身體與心靈將經驗到一種合而爲一的連結。這種經驗正是運動員所謂的「境界」（the Zone）或「出神」狀態。如果你全然投入於夢行當中，一般被視爲艱辛而吃力的分娩過程，將變得毫不費力、陶醉欣喜與無比興奮。

視覺心像的效果

每一次當你創造視覺心像時，你同時也在對你的身體說話。每一次當你在畫畫或雕塑，當你觀想一個目標或規劃一趟全新的冒險旅程時，你都在夜夢與白日夢中創造視覺心像。每一次當你想要移動身體時，你或許渾然不覺，但你其實都在創造視覺心像。數不清的研究計畫指出，視覺心像對身體的影響可以從幾方面被量化，譬如說，針對身體動作所發出的準確視覺心像，可以啓動合宜的活動神經元。透過在腦海中觀想自己在跑步，你便開始啓動腳步肌肉的「微動作」。你若想進行自我檢測，請你想像自己正在品嘗一片檸檬。這個想像是否啓動了你的唾液腺？❹從落實於運動治療的心智演練❺，到減重的實際應用❻、疼痛管理❼、治療與精神療法[8]、或靈性發展[9]，「視覺心像對療癒有極大的潛在影響……近期有大量針對視覺心像的科學研究指出，這些聲稱（視覺心像的成效）已獲得證實。」[10]即便那是你身體最隱祕的部分，視覺心像都能讓你對自己的身體說話。

過去四十年間，每當我以「視覺心像練習」與我的個案或學生互動時，總是不斷親自證實許多成效卓著的見證。它助長了各個層面的正向結果——放鬆、疼痛管理、生理變化、醫學併發症的逆轉，以及情緒創傷與重大創傷的療癒——這些視覺心像練習，有如不同人生情境的排演。這些練習將提供你內在力量，使你在爲人父母所需要面對的各種挑戰中，士氣大振，重新得力。

如何使用本書

有許多不同的途徑，可以幫助我們進入視覺心像的想像力中。我所繼承的傳承，其獨特之處在於它非常

---

[4] K. D. White, "Salivation: The significance of imagery in its voluntary control", *Psychophysiology* 3: 196-203, in Jeanne Achtenberg, *Imagery in Healing* (Boston: Shambhala, 2002).

[5] Michael Murphy, *The Future of the Body* (New York: Tarcher, 1993).

[6] C. C. Kirk and D. C. Griffey, "The effect of imagery and language cognitive strategies on destroy intake, weight loss, and perception of food," *Imagination, Cognition and Personality* 15 (1995-96): 145-157。

[7] G. Newshan and R. Balamuth, "Use of imagery in a chronic pain outpatient group", *Imagination, Cognition and Personality* 10 (1) (1990-91): 25-38。

[8] Anees A. Sheikh and Charles S. Jordan (1983) "Clinical uses of mental imagery," in A. A. Sheikh ed., *Imagery: Current Theory, Research, and Application* (New York: Wiley, 1983).

[9] Henri Corbin, *Creative Imagination in the Sufism of Ibn-Arabi* , trans. Ralph Manheim (London: Routledge & Kegan Paul, 2007).

[10] Anees A. Sheikh, ed., *Healing Images: The Role of Imagination in Health* (Amityville, NY: Baywood Publishing Company, 2003).

快速。而越是快速，身體的反應越能達到瞬間、及時而眞實。這不是長時間的放鬆或靜心冥想，而是爲要激發你身體的健康所產生的急速反應。你將無暇流連於那些視覺心像（這些練習進行的長度大多是一分鐘到最多三分鐘而已），但其效果是非常驚人的，而且你會感覺自己彷彿剛剛做了一個非常深沉的長時間靜坐一般。

這些簡短的入門體驗，有助於你快速投入自身的夢行當中，並與自己對話。我使用「對話」一詞，目的是強調這些練習並非要勉強身體去做些什麼，而是爲要引出身體的串聯運作。身體絕不欺瞞。你大可美化或幻想一番，但就像馬兒，你的身體是有可能畏縮不前的。你只能跟著身體最眞實的意圖，進入恆定狀態。容我再次說明，當我說到「身體」時，我說的不只是肉身之軀，而是一種深度的生命體驗：包括身體的五個層面、靈魂、心靈、心智、以及合一狀態都含括在內。

本書包括受孕、妊娠、分娩與產後經歷等各種狀況的練習，你可從中找到基本的視覺心像練習，目的是爲要讓這些過程對健康有助益，也期待能帶來更大的意義，因此，你與你的伴侶需要在這些經歷與過程中一一去進行。在每個練習之前，都附有詳細的說明與解釋。這些練習將貫穿整個章節，也會被標示出來，好讓你可以簡單輕鬆地上手。最好的做法是，好好讀過一遍，然後立刻進行練習；你一定不想錯過那些驚喜連連的效果。視覺心像練習聽起來應該要像一首詩，乘載著你經過你的驚奇，然後抵達一種強化過的生命體驗境地。

這本書是按著順序來書寫的，我並沒有把受孕放在第一章，而是先以「創造之前」作爲開始，而那其實是「受孕」的可能性。因爲那正是「意圖」與「想像力」扮演關鍵性角色的時間點。

本書第一部分是「受孕」，包含兩章，分別是第一章「受孕前：清理阻礙」，以及第二章「受孕：一個靈魂的到來」。第一章我們處理的是爲受孕而進行身體、心智與情緒的準備。就像一名稱職的好農夫，在撒種以前，你會想要整地鬆土，清除石頭，然後才施肥。花些時間來了解你的領土地貌與當前現況——開始與你的夢行及具有創造力的自我互動，讓你的選擇最佳化——是重要的第一步。

第二步是學習聚焦在你的身體、心智與內心上，再進一步召喚一個靈魂前來：邀請你的孩子進到你的生命中。有覺知的受孕，是一種愛的舉動，需要付諸高度而全面的專注力。正確的時間點，單純的意圖與動機，悉心留意每一個感官的增強程度、雀躍興奮的期待與幸福感：這一切都是將健康、敏銳而平靜安穩的寶寶吸引到你們家的美好條件。

第二部分是「懷胎」，與懷孕本身有關——態度、持續性的意圖與觀想，都是完成孕育寶寶的必備條件。你是農夫，需留心查看你的農作物是否緩緩地、穩定地茁壯成長。這段期間，你要捲起袖子投身農忙，你需要進行大量的農地維護、灌溉、鋤草與各種疑難雜症的處理。

第三部分是「生產」，與分娩有關；透過夢行工作，使你爲分娩做好準備，同時也爲你周遭的事物做好萬全準備，使你意識清晰、投入並專注於讓自然法則來全力主導。所有可能的場景都被導入積極的光明之中，爲要使自己的每一種經歷都達致快樂與成功的目標。這部分也含括其他的面向，譬如：情感連結、乳汁分泌、產後憂鬱、學習當父母，以及恢復懷孕前的自我等等。

第四部分是「產後」，內文提及孕婦身邊的伴侶與協助者，不妨以自己感覺最適切與自在的方式來參與和陪伴。其中談到家庭有了新的成員與互動方式，伴侶和家人們都需要作出調整來面對。此外還談到作爲一個積極參與者來創造出新的家庭互動關係的可能性。

本書的每一部分都含括觀想練習，並爲強化與啓動你和伴侶、家人以及協助者的這趟旅途，而細心規劃、量身打造。此書以線性方式來呈現，因爲你一直生活在一個延續性的過程中。但切記，你的潛意識層面是非線性的。

有鑒於此，如果你翻閱本書時已經懷孕一段時間了，你大可不必因爲錯過一些練習而懊惱。潛意識這個你內在組成裡的更大部分，是超越時間與空間的存有。你仍然可以急起直追，開始一步步操練那些受孕前或懷孕初期錯過的練習。你甚至可以在寶寶出生後進行那些練習。你可以透過「當下」合宜而適切的練習，來修補你的過去。

記得，創造的進程，永不停歇。我們需要覺察於創造過程的當下與持續延展的未來，試著不去壓抑它不同的顯化方式，但要優雅而有創意地盡興投入每一階段的旅程。如何做到？輕鬆自在與滿懷欣喜是關鍵，也是本書最後的結論。

精力充沛而活潑熱情的育兒過程，需要完全的參與和積極的回應。但切記，夢行既不是瑣碎的家務事，亦非一份工作。事實上，要能夠進入夢行狀態，需要你放鬆下來，清空你的思緒和心靈，好整以暇地開始享受演出。你終將發現，練習視覺心像的過程，樂趣無窮，而且創意十足，充滿驚喜，甚至令你深受鼓舞與感動。何不著手善用你早已被賦予的這個奇妙工具？

請留意：我在撰寫本書時，一律以「伴侶」來稱呼配偶，因爲我接受任何形式的家庭組合與結構，任何渴望透過「靈性胎教」來增強她們的生產經驗者，我都熱烈歡迎。爲了方便閱讀，我以男性作爲伴侶的身分設定來書寫。

當我在文中提及寶寶時，並不在內容段落之間特別設定寶寶的性別，一如大部分懷孕相關書籍一貫的做法。然而，我選擇在各個不同章節的內容中，輪流以不同的性別來隨機論述。

這本書雖然是爲新手媽媽而寫，但也同時適合其他第二次、第三次、甚至第四次當媽媽的讀者。

最後，那些身懷雙胞胎的媽媽，依然可以和其他媽媽一樣，好好使用這本書所提及的各種練習。唯一的差別是，請在練習時，記得同時觀想兩個寶寶的影像即可。

【第一部】

受　孕

1 受孕前：清理阻礙

除非先有夢，否則什麼事都不會發生。

——詩人 卡爾·桑德堡（Carl Sandburg）

你聽到尚未出生的寶寶在聲聲呼喚嗎？

早在我兒子出生前，我就聽到他的聲音了！你可能覺得我太瘋狂，但他確實就在那裡——一個可愛的小天使站在空中一朵柔軟蓬鬆的粉紅雲朵上，揮舞著圓滾滾的手，對著我笑道：「媽咪，媽咪，你準備好了嗎？」

不過，顯然我還沒準備好。當時的我還沒遇見我的靈魂伴侶。說實話，我當時真的還沒準備好要放棄和我的心靈導師柯列女士之間的學習，畢竟我在其中投入了全副的時間與心力。離開我的靈性上的母親去另闢蹊徑開始新的家庭生活，顯然不是我當下想要的人生規劃。然而，我知道我的生理時鐘正分秒不差地滴答前行。

柯列女士也聽到她的孩子在對她呼喚了，一如她的母親與奶奶所曾歷經的那樣。我忽有了悟，知道我們或許會各自找到命中注定的靈魂伴侶，也或許命定的孩子終將來報到，我也深知我們這一路所做的選擇與決定，將會改變我們的命運。只是，我對自己當時所選擇的人生優先順序，欣然接受。由此看來，在生理時鐘的限制等前提之下，我當時想，成爲一名妻子或母親的目標，對我而言恐怕是遙遙無期了。

製造寶寶的女人

在我定居於耶路撒冷那段期間，人們常說，那裡的天空與土地，仿若平底鍋與鍋蓋的相遇。那裡的城市與風貌，宛若縮小版的天堂，像鏡中映像，亦是一份天國臨在的地圖，在地如同在天。在這個充滿靈性的大熔爐裡，西方三大宗教競相角逐，各自都想要占有一席之地，而我在其中找到屬於自己的私密空間，就像深藏於一個子宮之中的子宮一樣。爲要抵達那隱祕之地，我行經一條崎嶇難行的長路，周遭有著兩排高深參天、枝繁葉茂的大樹。隱身在草叢矮樹與紫丁花後面的，是一扇低矮的藍色大門。門的後方有七步石階一路延伸至花園，那是一方被大片茉莉花樹所遮蔽的天地。踏入我的導師所指示的空間，感覺就像返回曾經失落的伊甸園。我在那裡，深入隱喻的羊水之中，在愛的搖籃裡被輕晃，聆聽爲我預備的外在世界所傳來的字字句句和心跳聲，感覺到前所未有的安全與自在。我的導師從未離開她的房子，因此，我非常確定隨時都能在那裡找到她。

柯列女士來自伊比利半島卡巴拉學家的一個家族，她是這個家族傳承的最後一位傳人。她所投身的工作，恢復了感官的接收系統，並將此美好的特質傳遞給女性朋友——這些特質都體現於「卡巴拉」（kabbalah）這個詞彙之中，意思是接收。柯列女士最爲人所推崇的是她對不孕症的治療，不論是從思想、內心或身體層面的療癒，以及推動與燃起那股創造之流，她都能勝任有餘。她被譽爲「製造寶寶的女人」，在這方面享有盛名。

我在她的要求之下，闔上雙眼，開始踏入我身體的子宮裡，在那一片漆黑的環境中，發現了啓動所有創造的閃閃亮光。由那道光一路延伸，我想像中的許多旁支岔流一一顯露：由充滿驚奇、恐懼、驚詫狂喜所啓發的一場覺醒之夢，與我的夜間夢境相互共鳴與激盪。是我太醉心沉迷於幻想中了嗎？我那遠在法國的家人如此認定，他們告誡我不要爲了做夢而把我的人生都「夢毀」了。

但我卻沉醉其中。我在那些內在的畫面影像中，找到一股恆常流動、靈思與喜樂的泉源。我記得當我第一次與柯列女士見面時，我的人生步履顚簸而蹣跚，生命景況一片灰暗。我失去所有的人生目標、鬥志與方向，陷落前所未有的低谷中，難以自拔。我的身體與靈魂都病倒了。當柯列女士邀請我進行第一次練習時，她要求我閉上雙眼，想像我在追逐一道光。「在你右上角的藍色天空裡畫一個圓圈。在圓圈當中，出現了什麼？」

我看見圓圈中出現了一道巨大之光的存有，緊隨其後的是上千隻白色鴿子，每一隻都朝向我直飛而來。這位存有告訴我他的名字，並一再向我保證，要我無需害怕，因爲我人生的工作，即將展開。我感受到一股難以言喻的欣慰與踏實。頃刻間，所有的意義與目標一一回到我的生命中。這個影像持續存在，並一步步指引我。我越是實踐夢行修練，便越加感到踏實扎根，彷彿我的視覺心像已直接影響了我的身體和靈魂。生平第一次，我隱約感到自己的內在何等緊密相連，不再疏離而分裂，重新成爲一個被療癒與完整的存在。我開始顯露自己的創造力。在柯列女士的引導下，我讓自己重生了。

從想像力而來的訊息

我們用想像力所創造的孩子，到底有多強大？他們純粹是幻想嗎？如果是的話，這是一種自我耽溺的結果嗎？我們要如何知曉與辨識，從夢境而來的視覺心像其實與我們的人生息息相關，而非只是我們腦袋裡隨機偶然的閃現？製造視覺心像，是否比眼見爲憑更複雜？

現今坊間有許多自我成長的書籍，將觀想結合其他形式的自我照顧，以此作爲論述基礎。大部分的觀想步驟，都著重於對放鬆與對幸福的追求。

但從柯列女士教給我的練習中，我開始清楚知道，我腦海裡的視覺心像不單單只是放鬆與對幸福的追求。這些練習對我們的想像力來說既簡短又令人震驚，它們激盪出一些啓示，引發許多深藏在我之內而我卻從未發覺的訊息。這些練習亦向我揭示，我從不曉得的天賦才華與能力。過去，我從來沒有勇氣走進這個世界，開創屬於自己的事業，透過教導與書寫來支持自己；然而，這些視覺心像讓我確信，我可以一步步去做，我辦得到。因爲我已親眼看見自己可以做到，而且已然經歷那些追求所代表的意義（雖然一切仍在我的想像之中），於是我走出去並且眞的去實踐那一切。我的視覺心像是我的信差，也是催促我成長的引擎。過去的幽暗陰霾，如今已被徹底翻轉！我看見自己身體之內的大轉化——心智的、情感的、生理的——將我的靈魂提升至我從未見過、從未企及的高處。好像一顆種子蘊藏著無窮與充滿爆發力的生長潛能，我感覺到自己內在黑暗的那部分，潛藏著我投胎爲人的所有祕密，不管是過去的還是未來的。而今，我整個人脫胎換骨，變得更神采奕奕，感覺自己眞實地活著，而且活在當下。

然而，到底發生了什麼事？有什麼會優先到來？在一片混沌幽暗之中，首先有一道光進來，在那道光中，一切創造都已設定好了嗎？或在啓動一切的光之中，那些發自我們的大腦、脊椎、器官、四肢與我們的各個部分——身、心、靈——所湧現的自我覺知等知識，都從中誕生出來呢？我留意到有趣的一點：假若我回頭檢視，其實遠在我認識柯列女士之前，我已歷經過許多揭示我人生旅程的夢境。是的，我的想像力一直都在指引我。

意義重大的夢

這趟走向我的孩子的旅程，原是在我與柯列女士合作的工作中，被激發與點燃的；但若要從最原始的起頭開始論述，夢想有寶寶這件事，早在我還是小女孩的時候便已蠢蠢欲動了。當時的我已開始想像我的肚腹圓滾滾，把裙子都撐大了。我抱著我的洋娃娃，微笑地看著娃娃的臉蛋，想像她也對我咧嘴一笑。而當時我就知道，我注定要當媽媽。由此看來，早在我記憶所及之時，便已開始練習與排演這樣一個意義重大的夢——學習如何當媽媽。意義重大的夢總是會驅策我們往前行。我們大可抗拒這些夢，然而即便將它們趕盡殺絕，掩埋遮蓋起來，它們依舊會冒出頭來，以或清晰或迂迴的方式出現，就看我們回應的態度是尊崇有加，抑或相應不理。事實上，有好多女性在類似的夢想過程中受孕爲母，我們甚至可以確定地說，這部分是根植在我們的基因裡的。回到我們記憶所及的過去，我們的社會、文化期待與靈性書籍，一再提醒我們要「生養眾多」。那不僅是我們的天性，也是我們的使命與職責，並且促使女性去顯化她們無從逃脫與規避的命運：使我們的物種延續下去。

然而，時至今日，這個意義重大的夢，已隨著性別與生育議題的轉變而受到質疑。產科與生殖內分泌科所取得的科學突破，使我們可以開始掌控生殖的循環。女性接受許多現代助孕的方法與教育，使她們再也不需要受制於子宮這個負責繁衍的器官的自然限制了。換句話說，現代女性可以自由選擇是否懷孕，或是何時受孕。現代醫學所帶來的這項新自由確實令人興奮，卻也賦予我們前所未見的負擔與責任——從此，我們要自主地選擇是否要生兒育女。

我們的優先順序是否已經變更與轉移了？我們還想要孩子嗎？這是個我們需要提問的問題，而且寧可提早問，也不要太遲才思索。我們當中有越來越多的女性接受大學教育，進而投入職場；我們的人生規劃與優先順序也不斷面臨調整，有越來越多女性傾向晚一點當媽媽，直到生理時鐘循序來到生育循環的後半段（根據新近美國人口普查局的報告，四十到四十四歲的婦女當中，有大約百分之二十沒有生孩子，比三十年前多了兩倍；而這群婦女中，約有百分之二十七擁有碩士或其他專業學位）。類似這種低出生率的趨勢，幾乎是所有已開發國家的發展常態。與此同時，我們的地球卻飽受人口過剩的問題——一般估計，二〇五〇年以前，全球人口總數將從預計的六十六億，攀升至不可置信的九十三億——已經消耗我們的自然資源到緊繃邊緣，而第一世界國家卻在同一時間為了逐年降低的出生率而努力奮戰。現今的英國，其出生率遠遠趕不上死亡的人口，而這樣的情境也即將在美國上演。

我們所面對的這種充滿矛盾與張力的局勢，會隨著環境的惡化與威脅、全球暖化、世界飢荒、金融市場崩壞、戰爭與大規模毀滅性武器的問題而加劇。而其他嚴重的因素，也使得我們普遍生殖不良的問題雪上加霜：精蟲量在過去這個世紀以來，大幅度降低（預估每十個男性當中，就有一個深受此影響，原因雖然不明，但有高度的可能性與環境和食物汙染問題有關）；結婚比率逐年下降，同性戀數據則不斷攀升。這實在令人好奇，我們是否正揮別過去「生養眾多」的傳統需求，而見證一場空前絕後的改革趨勢，並朝一個限制生產的世代前進？令人同時感到驚訝的是，在這樣的氛圍之下，想要懷孕的念頭竟還充滿焦慮？

因此，在這樣真實存在的狀況下，找到一種能夠紓解工作與經濟壓力的途徑，再循序漸進地進入我們內在最真實的部分，便顯得刻不容緩且無比重要。能夠覺察到我們內心真正的渴望，以及對個人來說意義重大的夢想，本來就不是奢求。我們是要允許自己成為命運的受害者，任由人生的壓力與意外事件支配？抑或勇於選擇屬於自己的命途？

有覺知的受孕

對一些人來說，受孕就這麼自然地發生了。那是個非規劃中的意外。面對這個確鑿的狀況，我們可以選擇接受它，或是決定中止非計畫中的意外懷孕。不管何種情況，我們都不得不注意到，無知或者缺乏覺知都不應該成爲藉口。

我們大可拒絕成爲被命運操弄的傀儡：我們擁有上一代留下的許多好處，萬無一失的醫療工具比比皆是，可以使我們提早避免或中止懷孕。由此看來，我們別具意義的挑戰，恐怕是選擇是否懷孕的自由。我們是否應該追隨潮流，決定不要有孩子？我們是否應該冒險將孩子帶到一個危機四伏的新世界？我們的資源足夠嗎？有了孩子之後，是否會干擾我們早已習慣的生活節奏與方式？我們是否該暫緩或拖延這項決定，寧願在將來悔不當初或想要卻來不及時，懊悔不已？我們擁有選擇的自由，但這份自由當然無法保證我們想懷孕就能懷孕。但至少，我們可以成爲主動性的角色，也擁有這份力量。

我們要爲自由付出的代價，其實更高。有時候，屈服於命運的變幻莫測，遠比成爲自我創造者還要容易。聽別人的指示去做事，遠比在自己的人生劇場裡擔任主導性的角色更簡單。自由的開放性，要求我們捫心自問：「我眞正想要的究竟是什麼？」成爲主動參與者，意味著對我們自身的內在需求有所覺知與意識。選擇擁有孩子，對現階段的我而言是一件又對又好的事嗎？對我的伴侶是否合宜呢？對我的家庭呢？往深處探索的必要，是爲要喚醒我們內在的個人夢想——不管夢的內容說的是要懷孕，或領養，或單純就是放棄，都是至高無上的提示。我們需要面對並正視這些有關我們自身的實況，然後依據夢的指示去做決定，而非按著我們的條件或以別人的需要爲考量去做決定。我所謂的「內部指示」，指的是發自我們內在的形式，由內而來的揭示與告知！因爲那眞正是我們的夢行身體所提出的指示，它告訴我們，哪種選擇對我們最合宜、最正確。

那個平靜細微的聲音

夢行身體的聲音，既簡單又沉靜。在《聖經》裡，這種聲音被稱爲「平靜細微的聲音」。沒有大起大落的戲劇性，也沒有惱怒。平靜無波的聲音，從未隨著浪潮般起伏的情緒而興風作浪。

這個獨特的「聲音」，不只是一種聲響。很多時候，它是一個影像。當然，它也可以是氣味、味道、觸感、或各種感覺行動。對某些人而言，這聲音激盪出及時的翻轉與改變，或某種具象化的顯明與落實。但對其他人來說，雖然聽見了，但在具象化的落實這方面卻遠遠跟不上。你的整體存在所蘊含的完美振動，必須與你在夢行狀態中所祈求與所聽見的聲音，相互對焦與共鳴。少了這塊，則所有夢想將無法實現。不僅如此，還有更多需要符合的條件。

我們必須從頭腦裡那些相互較勁的喧譁中，辨識出這獨特的「聲音」。如果從視覺的角度來解釋，那就像攪動一池泉水，即使還有能見度，但此時水面下的魚是很難被看見的。爲了聽見或看見，我們必須停止一切攪動。當水池風平浪靜時，我們才可能輕易看見魚兒優游其中，甚至聽到魚尾拍水的聲音。唯有當心思沉靜平穩、理路清晰時，我們才得以清楚聽聞引導的聲音。

就像魚，那個聲音或視覺心像必須被誘導到水面上。而吸引魚兒的餌，便是你的提問。沒有問題，就沒有答案。對某些人來說，問題保留於隱祕之中，從未成形，而是在水面下載浮載沉。但對某些人而言，「盤旋在我們混沌困惑水面上」的行動甚至尚未發生，而那個混沌困惑就如同神在創造萬物之前的狀態。讓我們學習由此開始去覺知、去意識。透過提問，或者假若問題太令人困惑，你甚至可以從詢問「正確的關鍵問題是什麼？」來幫助自己辨明；你將藉此好好正視它，而且肯定會尋得一個理想的答案。而創造力，也於焉展開了。

記住我們的夢

你可以現在就開始從你的夢中，找到對你有利的元素。但首先，你需要預先完成一些事，好讓你可以記得你的夢境。告訴自己，你想要記住你的夢境內容。當你從睡眠中醒來時，立即將你的夢與你的伴侶分享。如果有人期待你能記得自己的夢，那你就有動機把這些內容記下來。就在你醒來的當下，立即把夢境記錄下來。建議你不妨在床邊準備一本筆記本。

練習 1

記住夜晚的夢境

為自己買一本空白的筆記本。挑選你喜歡的款式，因為這本簿子將記錄你的夢。這本筆記本越精美，你的夢行場域就越會相信你對接收它的訊息是真心有興趣的。把筆記本帶回家，翻到第一頁，寫下這幾個字：「夢之書」，然後放在你的床頭櫃上。上床睡覺之前，翻到第二頁，在頁面最頂端記下那晚的日期，不要合起來，然後放一支筆在筆記本上。截至目前為止，你已經一步步建立起「想要記得夢境」的意圖與計畫了。當你要睡覺時，提醒自己你想記住你的夢。一開始可以提醒自己在做夢時立刻醒來，這對你捕捉夢境並趁記憶鮮明時將它寫下來會很有幫助。若是你無法在做夢時立刻醒來，那就在早上醒來時把夢寫下來。竭盡所能地寫下你所記得的每一個細節，即便是那些你認為不重要的內容。假以時日，你會發現，所謂重要或不重要，原來只有你的夢最了解。記得要完成一些特別的任務，也就是提出關鍵問題——那是你的「誘餌」——並且要持續一週。（當然，你若在第一週以後仍繼續記錄夢境，那就更理想了。如此一來，你將學到更多認識自我的功課。）

當你的身心開始被繁瑣的日常生活所占據時，你對夜間夢境的片段內容將一點一點遺忘，最終不復記憶。所以當你早上起床時，在跳下床開始一天的工作之前，給自己一點時間繼續待在床上，讓自己沉浸於原來的姿勢和稍早的夢境裡，放鬆身心。這麼做，有助於促使你回想。然後，確實寫下你之前在夢中所看見、所聽見與所感受的一切。如果你從夢中所接收的答案看似晦澀不明，沒關係，就讓那些片段在你的思緒中持續共鳴幾天。不要試著去解讀或分析。夢不該被詮釋，只需純然感受。面對那些夢境時，就像對著一幅神祕畫作般，只需好整以暇地坐著靜候。不消多久，答案終會昭然若揭，撥雲見日。

過了一週，你也都能將記得的夢境記錄下來，便意味著你已經準備好要針對你的夢來提出關鍵問題了。現在，你要開始使用你的自覺與意識心智，專注對焦於你的夢行心智。在你聚精會神地關注這些內容時，你便縮小了刺激來源的範圍。你重新創造一扇窗戶，將興趣範圍立下界線。你的夢行對於所有的形式誠實，它會對那些刺激做出回應。

練習2

針對夜晚的夢提出關鍵問題

當你躺在床上準備就寢前，四肢放鬆地攤開，不要交叉。閉上雙眼，嘴巴微張，慢慢「呼氣」三次（不必擔心你是否會從嘴巴「吸氣」。如果你的肺清空了，自然會有氣息再度將它充滿）。從3倒數到1，當你呼氣時，在腦海中清楚地看著數字在倒數。現在，當你再次呼氣時，想像你看到數字0，這個數字0就在你眼前，以一個光圈的樣式出現。繼續想像你將關鍵問題寫在這個發光的圓圈中。提問時盡量精簡、直接而簡短。

提問的態度，舉足輕重。如果你的態度誠懇眞切，詢問你腦海中最要緊的問題，你將更有可能從夢中得到清晰明確的答案。假如你問一個問題，但你眞正感興趣的部分卻在他處——也或許，你可能需要在夢境給你具體答案之前，直指某些深藏你內在的東西——那麼你的夢也將如實告訴你。不管哪一種方法，總之，不要擱置或隨便就打發你的夢。然而，到了第二晚，請你嘗試按著夢境對你的指示，重新簡潔地陳述你的提問。你可以繼續嘗試這種方式，直到你獲得滿意的答案。

這裡，我特別舉一個學員的例子，說明她的夢如何明確答覆她的提問：「我是否準備好要成為一個母親了？」

我正和我母親說話，母親告訴我，她知道她今天就要死了。我感到非常悲傷。她告訴我登入她銀行帳號的密碼。那密碼是由三組數字組成：第一個是今天的日期，也就是夢中母親離世的日期；第二個日期是我的生日；第三個日期是我的孩子的生日。

你可以清楚發現，夢會與你溝通，並且切中要點。對這位學員而言，想要重生成為一個母親，夢行者必須放棄小女孩的身分。然後，在她的生日之後——當她重生之後，或是過了她的生日之後——她將會受孕而懷有寶寶。後來發生的事，證實了她的夢境——她確實在她的生日之後，立即懷上了孩子。

如果對你的夢問問題，對你而言太過困惑和艱難，抑或過了三週之後，你仍未取得任何明確的提示，那麼請你直接進入下一個練習。

醞釀關鍵問題

我想要孩子嗎？我現在就要嗎？我在經濟上與時間上承擔得了嗎？我的健康狀況是否夠好？我的丈夫是否想要多一個孩子？其他孩子的感受如何？我的年紀會太大或太年輕嗎？如果不工作，我是否能負荷？如果再生個孩子，我是否負擔得起？這麼多實際的問題，開始混淆了我們的議題。簡化從來就不容易，更何況這個議題的每一個面向都需要謹慎處理。有沒有捷徑可以通往真正的問題？把它想成熬煮一鍋湯吧。鍋子被置於火爐上，熱水在鍋子裡滾沸。想要煮一鍋好湯，你需要將不同的食材與調味料放進鍋子裡。而那些不同的食材，就是你不同的問題。將這些問題都倒入鍋子裡，讓它們慢慢在鍋子裡熬煮。你要相信熬煮的過程。終於煮好時，你將聞到一股特殊的香氣從鍋子裡釋放出來。好想嘗一口湯頭滋味的慾望，就是你的誘餌，也就是你的關鍵問題。你的夢行身體配合你的慾望所表達的行動，將改變你身體的化學元素，創造另一種陳述與表態，同時將針對你的提問，回答你的問題。

以下是你熬煮你那鍋湯的方法。

練習 3

為洞見你的關鍵問題做準備

在家裡找個安靜不受干擾的地方。坐在一張舒服的椅子上，雙臂輕鬆自然地放在扶手上，雙腳平放不交叉，背挺直。如果你喜歡的話，也可以以蓮花坐姿盤腿而坐。確保你的坐姿令你感覺舒服自在。把一本標題為「靈性胎教」的空白筆記本放在你身邊。別混淆了，這本筆記本和之前擱在床頭櫃上的「夢之書」是不同的。你將在這本「靈性胎教」筆記本裡，按著本書所教導的練習，將每一個你在練習過程中所感知、所洞見、所感受的細節，一一記錄下來。因此，記得要選一本美麗的筆記本，好讓你的夢行身體知道你是認真的，同時也讓它知道，你對是否成為母親的追尋意圖是何等嚴肅而強烈。還有，請確保你隨身帶著一支筆。

生理期結束後，當你停止流血且精神和體力都逐漸恢復之後，即可開始練習。應用這個急遽上升的能量來詢問你的夢行身體。你會持續這項練習，直到你眞的聽見最眞實的問題，抑或直到你下一次的生理期開始。選一段時間，早上或夜晚皆可——一個對你而言最方便、最理想的時間點。選定了之後，就不要改變這個時間。設定好的節奏，才能讓身體以最佳方式來建立習慣，形塑反應。你對著自己朗讀這個練習，然後閉上雙眼。

練習4

我的關鍵問題是什麼？

閉上眼睛。慢慢地呼氣三次，從3數到1，在你的心靈之眼中靜觀數字在倒數。看見數字1高大、清澈、明亮。然後問自己：「我的關鍵問題是什麼？」呼一口氣，耐心等候，去聽見或看見你的內在螢幕向你昭示些什麼。如果你聽見或看見，但卻沒有那種強烈的「啊，這就對了」的感覺，沒關係，請你繼續呼氣，然後睜開雙眼。

明天再反覆做同樣的練習，持之以恆，每天都持續下去，直到你聽見清楚明確、陳述得出來的問題，並且感受到「啊，這就對了」的驚呼讚歎！當你這麼做時，請把你那本「靈性胎教」筆記本打開，在空白頁上詳細寫下你所聽見或看見的。請勿擅自改變或修改任何內容。

聆聽內在的聲音

我之所以創造出這個練習，是因爲當初我自己也對這裡列出的許多問題感到困惑不解。當時我已經四十一歲，不久前才跟一位已經有孩子的理想男人結婚。我先生根本不想再重組另一個有孩子的家庭。不論是我的醫生、我的導師、我的母親、以及一位會通靈的友人，都分別在一個月內不約而同地告訴我：「我想你開始進入初期更年期了。」我的醫生做出這樣的判斷，其實不難理解，因爲我確實出現了一些更年期症狀。但其他人呢？於是我決定詢問我自己的內在聲音。我眞的覺得我需要成爲一位母親嗎？我開始了這項練習。一週半之後，我聽到熟悉的法國母語對我微聲詢問：「會不會在毫無預警之下，冒出一個孩子？」

我在兩邊都空白的筆記本上，將我所聽見的字字句句如實寫下來，然後闔上筆記本，之後便將這個問題放下了。我的意思是，我並沒有對此關鍵問題猶豫再三，或加以猜測，或糾結迷惑。我的內在聲音已經對我說話了，而我選擇相信，然後繼續我的工作。我從經驗中學會一件事——內在聲音說的，總是眞相。所以，我需要做的，不外乎耐心等候它的預言實現。一個月後，我懷孕了。因爲我早已知道有個孩子會「在毫無預警之下冒出來」，所以我可以很容易堅定立場，來面對我丈夫的疑慮，甚至說服他。事實上，他的內在聲音在更早以前便曾對他說過，在他年紀大些的時候，他將擁有第三個孩子。現在問題來了，如果他堅決反對自己的內在眞相與聲音，依舊頑強地不想要第三個孩子呢？

內在聲音總是在我們最沒有期待、身心放鬆、思緒和心靈都沉澱安靜時，開始發聲。事實上，我們的內在聲音就是我們內心深處的意志，因此，無論如何都要排除萬難去相信與追隨它。如果我們選擇置之不理或不相信，就等於在我們的內在意志與我們的願望之間，設下一道鴻溝，將兩者阻隔與分離。這眞是太令人難過了。順從我們的內在意志，是一件無比重要的事，如此才能接受我們的內在所發出的呼喚之聲。不管那些外在的行動看似怎樣「合情合理」，我們都必須學會尊重我們的內在意志。

記得，當你在進行這項練習時，你對「理解」的意圖必須求知若渴，還要毫無保留地接受你所知道的一切。如果你在心靈深處的某個幽暗角落暗藏著難以啓齒的其他議題，那麼你恐怕會錯過充滿驚呼的關鍵問題。但當你能夠獲得這個關鍵問題的時候，遵循這條已經爲你敞開的路徑是極爲重要的。你不能不顧一切後果而輕視自己的內在聲音。

如果詢問關鍵問題的策略失效，意味著你還沒準備好要忠於你的內在眞相，不管那是什麼樣的實況。將你的存在，對準你的內在眞相，聚精會神地對焦，同時認知到你自己是個帶有神性力量的母親，這樣的認知或許是你這一生最大的考驗。帶著覺察並直接地引導你的內在眞相，將爲你開啓其他所有通往你的生命創造力的門戶。

在我四十一歲以前，我一直都覺得自己還沒準備好去爭取我眞正想要的目標。我向來寧可助人，也不習慣幫助自己。然而，你若問對了問題，就會發現有好多禮物隨之而來，並且因爲願意傾聽而獲得問題的答案。等我終於通過這項大考驗之後，去接受和擁抱我所要的目標，其實也很重要。而當我有了孩子，我赫然發現自己竟成了詩人，靈思從我的內在泉湧而出：我可以書寫！我已經沉寂無聲了好幾年。

創造的過程

一如我之前所說的，遠在眞正受孕那一刻很久之前，受孕這件事已經被醞釀了很久。從何時開始呢？就在女人們的兒童初期，當她們在玩家家酒、爭著要扮演媽媽這個角色時，便已開始演練她們這段充滿創造力的潛能之旅。這段過程也從男人還是小男孩時，開始在遊戲中扮演爸爸的角色開始。也或許時間比這之前還要早，早在奧祕難測的無垠時間之中，隱藏於我們的潛意識深處，一切即已開始醞釀了。

創造對人類而言，是最根本的元素。我們每一個人都是創造者。創造的能力從不侷限於我們的物質身體（肉體）。我們透過不同的身體層次進行生產：透過靈性體孕育靈思，透過心智體孕育獨創性，透過情緒體孕育藝術美感，透過肉體孕育生理機能。

創造的過程都是一樣的。在卡巴拉當中，創造的過程被描述為「四個世界」的開展。

第一世界在希伯來文中被稱為「阿齊拉」（Atzilut），意思是「發光」，是美好特質與精神力量的釋放。那是屬於內在肉身，是宇宙畫布上的第一個點點。我們就是在這個關鍵時刻孕育擁有孩子的念頭，那也可能是我們真正懷孕的時刻。那是充滿啓發的靈光閃現，由此開啓了一段嶄新旅程。一般而言，阿齊拉也經常被拿來與宇宙初始的「大爆炸」（Big Bang）做比較。

第二世界被稱為「布力亞」（Briah），是「創造」之意，那是靈感的初始火焰開始擴大的地方。第一個細胞，就由此繁殖。

進入第三世界，則是「葉濟拉」（Yetzirah），意思是「成形」，所有計畫逐步成形與落實，開始出現具體的模組和運作，所有細胞開始各司其職。

最後的第四世界是「阿夕亞」（Assiyah），是「顯化」的意思，一切計畫都成為真實，所有模式都成為實體，寶寶也在此誕生了。

我們創造我們的孩子，同時我們也在同一條延展開放的道路上，創造我們的藝術傑作，我們的發明，我們的城市，我們的公司。對女人來說，受孕懷胎，然後把孩子帶到這世上，進而刺激生活其他面向的創造，是多麼合情合理的事。

你越投入於上述的四大世界中，你的創造力將越加勃發。如果我們當中有些人因爲一心追逐職場上的目標而擱置或否認我們與生俱來的生育天賦，那豈不令人感到遺憾與可惜？當我們否決與婉拒時，我們豈不限制了創造的爆發力，同時也限制了屬於我們的生育權利？

讓我以上述的四大世界觀念來詮釋。請你想想，你對一項計畫所付諸的心力與努力。少了持續不懈的專注，計畫便難以落實。當你靈光乍現的念頭出現時——阿齊拉（發光）——「我想要給老公一個驚喜生日派對」。然後，你讓這個念頭沉澱過濾——布力亞（創造）——「計畫邀請誰，要準備什麼食物，場地該如何佈置」。然後，心裡的決定，開始在你的思緒裡逐步成型，於是你開始計畫——葉濟拉（成形）——把邀請卡寄出去，完成佈置，購買食材。最後，時候到了，萬事俱備，計畫準備落實——阿夕亞（顯化）——下廚，上菜，啓動佈置好的燈光，爲你的賓客開門，然後，等待最刺激興奮的時刻，在你老公走進來時，準備齊聲歡呼：「生日快樂！」

在面對你的生育大事上，難道不值得你以類似充滿愛意的專注與心力來面對嗎？如果少了這部分，我們將失去與寶寶的連結，或甚至會面臨另一個更糟糕的情況：寶寶將因此失去生命。如果少了合宜的關注與心力，則人才會流失殆盡，計畫會功虧一簣，生命會枯萎凋零。不要自甘淪爲自然律下的受害者，而是要成爲自然律的夥伴，努力開創屬於你自己的命運。所以，好好展開你的孕育大計吧！

準備受孕：淨化四體

如果你已經獲得夢境的答案，是個明確的「是的！」，那意味著你已從「阿齊拉」的世界中接受到清楚的訊息，可以將自己準備好，進入受孕階段。如果你所得到的答案是以問題形式呈現，那麼，不妨讓自己沉浸於這些問題中，好好思索一番。不要嘗試去質疑你內在那個「平靜細微的聲音」。

準備受孕意味著什麼？如我們所知道的，我們的四體（靈性體、心智體、情緒體、肉體）與四個世界互相關聯，而被稱爲「耶齊達」（Yechidah）的第五體，則需在四體非常和諧運作的狀況下才會被創造出來。「耶齊達」要求充滿愛意的關切與專注，還有意識層的投注。那是第五股力量。因此，準備受孕，意味著你的四體都要和諧共築，而且專心致志地進入下一個目標——耶齊達，一如你邀請孩子進入你的生命中一樣。如果你的其中一體沒有參與其中，或者對你受孕的意圖抱持反對立場，在寶寶的生命尚未開始之前便已出現險阻與衝突，如此一來，你是否還會在這廢置的泥土中撒種孕育？

就像烹煮一頓美味的餐點，請將你所有帶著覺知的意識與意圖，以及充滿愛意的關切都注入孕育這件事上。你的愛會活化你所烹調的食物，使它們加倍美味。你如何聚焦，並且將你所有情感的注意力投注於這件人生大事上，最終將影響你孩子的未來、你自己的未來，以及將來子子孫孫的未來。你滿滿的愛如同美味的食物，將會召喚一個充滿愛與和平特質的孩子到來。難道這樣的結果，不值得你付諸你的全心全意嗎？

如我們所看見的，你可以藉由琢磨出你的關鍵問題來準備受孕，或者藉由特意淨化你的四體並使之聚焦來準備。

從創造生命的「光」開始，直到緻密的「物質」，我們的四體是這個漸層狀態中一個連續不斷的存在，從靈性體、心智體、情緒體、到肉體，任何影響其中一個體的事物，都會影響另外三個。如果我的心智體因爲某個信念系統（譬如，所有在我這個年紀的高齡產婦都會面臨生育困難的問題）而卡住了，那麼，這樣的想法也將連帶影響我的情緒體與肉體。我的情緒體將經歷不安、焦慮與恐懼。我的肉體則反映我的信念系統與情緒狀態，因而出現肌肉緊繃或抽筋，接踵而來的是其他身體的彼此牽連而加劇受害。我的靈性體將透過關閉受孕過程中的希望與信任來反映其所承受的閉塞。

同理，如果能清理其中一個體，則其他三體也將一併被清理。至於要從哪一個體開始清理，其實無所謂。或許說來令人難以置信，但光是改變心意這件事，就能用正面的方式影響到你的肉體。因爲想像力是身體的語言，每一次當你與你的視覺心像緊密相連時，事實上，你已經開始影響整個身體系統了。視覺心像會引發多元而充滿動態的重新調整，不僅可促進恆定狀態，也能帶來翻轉，從萎縮廢置的存在狀態，蛻變成爲動態的新可能。視覺心像驅動我們往前行，它們是啓動蛻變的關鍵元素。別忘了，第三世界葉濟拉（成形），是在第四世界阿夕亞（顯化）之前到來。每一次當我們的生命能量被阻塞了，不論是在靈性體、心智體、情緒體、或者肉體，只要去刺激夢的流動，就能夠將一切障礙消除淨盡。因此，我們可以改變過去，爲我們自己創造新的未來，啓動當下更多層次的健康狀態與幸福。

改變過去，清理對未來的疑慮與恐懼

「過去」之所以能占有一席之地，乃是因爲「當下」對它的百般包容。雖然記憶可能讓你產生幻覺，使你誤以爲它們無法逆轉，但其實你與某些特殊記憶之間的關聯是可以轉移的。請你嘗試把時間想成一個曲線：你可以從曲線的凹面或凸面角度來看它，就看你當下所處的位置在哪裡。當然，沒有任何事物可以攔阻你移動位置。

記憶就像一本立體書。你若能改變書中的立體彈跳內容，情況會如何？找一個記憶來取代另一個記憶嗎？比方說，你對前任男友的記憶都乏善可陳，然而，經過一些內在的檢驗與探索之後，譬如，試著站在前男友的立場，將心比心，稍微轉換你看事情的角度，你將發現有些舊有的憤怒與失落感竟開始煙消雲散。頃刻間，一套全新的記憶系統彈跳出來，你欣喜驚歎，原本不好的記憶竟徹底改換一新。以下的練習，將有助於你改變觀點與看事情的角度。透過轉移你理解事情的觀點與視角，你也同時擁抱新的可能性，打開門戶，邀請這些新的機會進入你的意識層。因源於負面情緒而處於長期緊繃狀態的肉體，此時此刻將重新伸展與敞開。

藉由把你從痛苦而糾結的情緒記憶中解放開來，你將釋放出更多空間，讓一段關係中的其他面向得以浮現。過去建構記憶場景與事件所投注的能量，如今已被吸納到你生命洪流中一股更大的流動裡。現在的你是自由的，能夠完全臨在當下，並將你的心力灌注在你的意圖、意念當中，去創造你的未來。

從此以後，你不再背負懊悔或怨怒的重擔。既然那些往日記憶與經驗的精華都被吸納了，你現在已經可以轉移注意力，敞開心扉，充分享受與你身邊的伴侶在一起的時光，開始準備孕育屬於你的孩子。

至於如何清理過去的怨怒與消解未來的恐懼，我們會把焦點放在幾個部分：第一、依舊緊纏不放的舊關係；第二、墮胎與流產；第三、阻塞或卡住的情緒與情感；第四、個人與祖先的信仰系統。這是大部分女性深陷泥淖、難以自拔的困境，因此，我選擇將注意力放在這四個焦點中。

放下舊關係

現今，許多人在進入一段穩定且付出承諾的關係之前，都曾經擁有超過一位性伴侶。不管我們面對過去那段關係的感覺是眷戀或厭惡，那些經驗都會對我們造成一定的影響。我們在那樣的過程當中互相交換的，並非只有肉體的親密而已。當我們的情緒體或更精微的能量體與其他人的情緒體、能量體交融混合時，是不可能完全無恙的。記憶、腦海裡的畫面、恐懼、懊悔、怨怒與悲憤等，都可能徘徊逗留，久久無法散去。如果你仍對你的初戀情人念念不忘，或對那位曾經劈腿你的閨蜜而離開你的男人怒吼，那麼，你便亟需清理那些纏繞在你記憶深處的情緒與感受。假如你對舊有的心事愁懷依舊緊抓不放，你的夢、幻想和行為舉止都會如實告訴你，你的情感依附則可以從你對某人的渴望、或對對方仍心懷怒氣、或恨意難消等警訊上，看出端倪。也許你和目前的新伴侶之間擁有前所未有的親密關係，深愛著彼此且願意廝守一生，但當下的親近與親密感，卻不會自動清理掉那些不堪的過往。為了能夠清理過往的情緒，你需要採取更主動積極的態度：找到一個快速的方法，將過去舊有關係中的殘渣垃圾都清除殆盡。這麼做時，完全不需要去剖析你的生命歷程中，每一個困難的事件與時刻。我在這裡提供一個簡單的練習幫助你學習。

練習 5

清空並洗滌你的包包

閉上眼睛。慢慢地呼氣三次，從3數到1，在你的心靈之眼中靜觀數字在倒數。看見數字1高大、清澈、明亮。

你在沙灘上。那是個明亮的炎炎夏日，天空一片蔚藍，海面平靜，海水湛藍，海浪一波波推向岸邊。

呼氣。脫掉鞋子和襪子，將褲管捲起來，提著你的包包，走向大海，讓海水淹至你的雙膝。

呼氣。把你的包包打開。把包包裡面那些與你的生存毫無關聯、毫無必要的身外之物，都丟入大海裡。

呼氣。看看浪潮如何把你丟出來的東西沖走，沒入無邊無際的大海深處。

呼氣。你丟棄了哪些東西？你保留了哪些東西？

呼氣。將你的包包裡外翻轉過來，在大海裡洗一洗，然後放在太陽下曬乾。

呼氣。包包曬乾之後，把包包的內外翻轉過來，恢復成原來的樣子。如果你剛剛有保留一些東西沒有丟棄，請將它們放進包包裡。

呼氣。提著你的包包走開，感覺自己比之前更輕盈、更自在。

呼氣。睜開雙眼。

你的子宮就像你的包包，是一個接收與容納新舊依戀的容器。你的子宮所儲存的記憶，是有著力量與歡樂的記憶，或是會影響你創造力的創傷記憶。我記得有一次我把雙手放在一名學員身上，透過我的心靈之眼，我看見一隻兔子在她的子宮裡，還有一位正在悲傷啜泣的六歲小女孩。當我告訴她時，她倏地潸然淚下：「我父親在我六歲時，把我的兔子殺了！」雖然我們後來進行了清理記憶的步驟，然而，恐懼的習慣在她的身體裡是那麼根深柢固，以致她一直無法受孕，但最終她還是成爲了一位母親——她領養了一個很棒的小女孩。

記憶會深藏於你的細胞內，分佈在你身體的不同部位。你這一生與愛人共譜性愛之舞的甜蜜記憶，都儲存在你的子宮之中。這些栩栩如生的畫面與層層交疊的經驗，對你的肉體而言是無比眞實的。

然而，你現在處於生命中的另一個階段。你需要將那些對你了無意義的舊有記憶都清理乾淨。不妨把這個過程想成清理櫥櫃裡的舊衣物。更何況，新事物不斷發生，因此，清理舊記憶以便騰出更多空間，便顯得刻不容緩。

爲了確保你已將自己從舊有的特殊關係中徹底釋放，請進行以下練習。

練習6

清理你的子宮

閉上眼睛。慢慢地呼氣三次，從3數到1，在你的心靈之眼中靜觀數字在倒數。看見數字1高大、清澈、明亮。

將你的雙眼往內觀照，把凝視的視線往下移動至你的子宮。仔細檢視那些仍舊讓你與前任伴侶糾纏不清的繩索。

呼氣。留心辨識每一條與前任伴侶之間的繩索，面對那個教會你許多功課的男人，你心存感激，然後明確而果斷地快刀斬亂麻，把繩索一刀切斷，將屬於他的能量歸還給他。在這過程中，同時恢復屬於你自己的完整性。

呼氣。持續不斷針對每一條牽連的繩索逐一檢視，直到所有繩索都被徹底砍斷。

呼氣。將新鮮的泉水傾倒在你的子宮內，重現一個全然乾淨與明亮的子宮。

呼氣。頓時感覺神清氣爽，從裡到外煥然一新，慢慢恢復你生命的完整性，準備去接受你選擇的伴侶。那位你精挑細選的理想伴侶，將成為孩子的父親。

呼氣。睜開雙眼。

想清理一段依然牽絆著你的舊有關係，你需要採取一些具體的行動，例如清理你的衣櫥和臥室。你是否對往日情懷戀戀不捨，還對早已與你當下的生活與新志向毫無關聯的事物滿腹愁懷？一般而言，把那些會令你睹物思人的舊物丟棄，是個好主意；但你若想保留一些美好的部分，就請保留那些會令你想起時燦然一笑的片段。衣服、床墊、窗簾都是能抓住舊能量的物品，屬於能儲存記憶的東西。如果丟東西對你而言是不可行的，或者即便你已經丟棄了，清理你的房間仍是必要的。下面這個練習雖然只是在你的想像當中進行，但你可以養成習慣，每當你實際在清理你的臥室的時候，或者你打算邊淋浴邊清理自己的內在時，都可以同時在想像當中進行這個練習，成效會很不錯。

練習7

清理你的房間

閉上眼睛。慢慢地呼氣三次，從3數到1，在你的心靈之眼中靜觀數字在倒數。看見數字1高大、清澈、明亮。

想像你正在收集所有工具——掃把、海綿、畚箕、一桶肥皂水——準備要清理你的房間了。

呼氣。開始打掃清理，擦洗天花板和牆壁，攀高蹲低，清洗裡裡外外的窗戶。當你費力工作時，以所有感官去感受你身體的每一個伸展與動作。

呼氣。打開衣櫃和衣櫃抽屜，把你不再需要的東西或者還堪用的東西，都放進黑色大垃圾袋裡。打掃和清洗衣櫃和抽屜。

呼氣。把地毯拿到窗戶外，拍打灰塵。

呼氣。移動家具。將床墊翻過來。清洗地板。

呼氣。當你終於把房間清洗整理完畢，重新將家具擺回原位。

呼氣。現在把你想要保留的東西，一一放進衣櫃與抽屜裡。換一張乾淨全新的床單。

呼氣。徹底清洗所有的打掃工具，在將它們放回原處之前，確保這些工具都是乾淨的。

呼氣。把黑色垃圾袋拿出去，丟進垃圾車裡，看著這包垃圾被垃圾車壓扁，然後目送垃圾車開走。

呼氣。當你徹底清洗並重新按著你滿意的方式來佈置你的臥室時，準備一個特別的東西或一盆新插的花，放在你的臥室，讓人感到賞心悅目，心曠神怡，同時讓整個室內看起來更明亮溫馨。

呼氣。睜開雙眼，用睜著眼睛的狀態，在腦海中看見這個嶄新潔淨的臥室。

這項練習可能比你所想的還要強勁有力。記得有一次，我曾幫助一名年輕女性處理反覆出現的夢境。夢中，在一個月光皎潔的夜晚，一名年輕男子從城堡房間探身出窗外的城牆之外，她則是渴望地看著這個高不可攀的王子。當我要求她完成這項練習的隔日，她打電話給我，帶著潰堤的哀傷與懺悔的心情，向我坦承自己是應召女郎，以此工作謀生。打掃和清理臥室這個視覺心像練習，激發了她長久以來既害怕又期待的改變。最終，她決定放棄應召女郎的工作，找到一份更貼近她的「靈魂」的工作來維持生活。

視覺心像是藉由所有感官來經歷與體驗的，因此效果卓著，而且經常在瞬間便能為我們的生活帶來極大的翻轉與改變。

墮胎：與無緣的孩子和解

如我一再強調的，肉體是以潛意識的方式存在，當原本平靜無波的表面，因為一些外在條件與狀況而被攪動時，許多原本潛藏深處的記憶開始一一浮現，被帶入身體的細胞裡。想要擁有孩子的念頭，便足以將過去潛在的一些記憶帶到意識層，喚醒舊有的哀傷、痛苦與惶惑。

意外的懷孕一旦以墮胎手術來終止孕程之後，將在我們的細胞中留下痛苦與悔恨的痕跡。也許有些女性主張擁有自主墮胎權，儘管立場各異，但在大部分真實的情況下，一個女人的內心深處，仍會把墮胎的經驗視為對生命力的違抗，並剝奪了未出生寶寶的生存權。對於有過墮胎經驗的女性而言，不論她們如何合理化這個行為——經濟因素的考量，青少年懷孕，錯誤的對象，一夜情的後果，被強暴而懷孕，或其他健康因素——她們終究還是會背負沉重的罪惡感。我接觸過一位曾經墮胎、爾後難以受孕的學員，在一次視覺心像練習時，看見她的右邊卵巢猶如發亮的燈，左邊卵巢則覆蓋著陰影，而她歷經艱辛仍難以將那片陰影抹除。

當我要她明確標示陰影形象爲何時，結果竟是她曾經墮胎放棄的小男孩。接下來的練習，將引導你與不曾謀面的靈魂相遇。雖然此舉可能會引起你的哀痛，但我要同時向你保證，你那位來不及出生的寶寶，一切安好。

練習8

清理墮胎後的罪惡感，並請求孩子的原諒

閉上眼睛。慢慢地呼氣三次，從3數到1，在你的心靈之眼中靜觀數字在倒數。看見數字1高大、清澈、明亮。

召喚你所失去的孩子的靈魂前來。你可以看見寶寶以一雙小紅鞋的影像出現。請你的孩子原諒你，向她解釋你之所以選擇墮胎的原因（譬如：當時你養不起孩子，你當時還未婚，你太自私了，你當時太年輕了，或者你的父母將為此而勃然大怒）。將所有理由都清楚向她言明。

呼氣。聆聽寶寶要對你説什麼。如果她選擇不原諒你，就問她需要你做些什麼，或對她許下什麼承諾，好讓她願意原諒你。

呼氣。一旦你們達成協議了（對你的生命而言是種正向肯定，對她則是可接受的方式），請你感謝她對你的寬恕，同時答應她，從今而後，你會好好尊重所有的生命。

呼氣。問問寶寶，她是否有意重回你的生命。告訴她，現在正是最合宜的時間，你

已做好萬全準備，可以安全無慮地接納她了。然後，留心聆聽她的回應。

呼氣。向你的孩子道別，看著那雙小紅鞋緩緩遠離，漸行漸遠而消失。

呼氣。睜開你的雙眼，感覺被寬恕後的釋懷，也感覺未來無限開闊。

當一位女性感覺自己不再背負著罪惡感，她的身體就會放鬆下來，此時，受孕機率也會跟著提高。將未竟之事處理妥當，使你的身體再度甦醒，開花結果。當你與不得不捨棄的孩子共同走一趟和解與修復之旅時，你將從中頓覺身心輕盈而釋懷，也讓你帶著盼望與期待展望未來，大步前行。如果與你無緣的孩子告訴你，她將重返你腹中，那麼，你的期待將加倍甜蜜與殷切。

清理窒礙的情緒

如果你恐懼的不是過去，而是未來呢？你已歷經了幾次流產，很擔心再來一次；抑或你的醫生曾提到過胚胎先天畸形的議題，使你忍不住擔心會生出殘疾的孩子；也或者，當你看著自己的父母如何對待他們的孩子，讓你不免害怕有一天自己當上父母時，是不是會步上他們的後塵，以同樣的方式來對待你的孩子。恐懼、憂心與焦慮會深深影響你受孕的能力，以及你受孕時刻的意識狀態品質。一如任何情緒上的驚嚇會影響你的懷孕，當你的身體準備要去創造生命時，也有可能面對同樣的問題。對孩子的未來而言，受孕之前的時刻與懷孕之時是同等重要的。

對未來的恐懼，經常是基於過去的經驗與錯誤的前提假設，誤以爲過去所發生的負面經驗會在未來捲土重來。面對曾歷經數次流產經驗的女性，要如何減輕或撫慰她們心中的恐懼？光是這種充滿懼怕的預期，便足以使她不同層面的身體都關閉而停止運作了。恐懼感常說服我們相信，我們的那些憂慮都是合情合理的，好讓我們繼續惶惶不可終日；它在這方面眞是個稱職的傢伙。因此，你若接受它，你將發現它是如此力大無窮，甚至會將你心中最深的惶恐都一一放大。另一方面，如果你相信心念的力量大過物質的力量，而非相反的狀態，你就有可能走出恐懼，去體驗一種完全不同的觀點。恐懼試圖說服你，使你誤以爲自己是錯的。你必須想辦法讓自己擺脫恐懼，以無比的勇氣與決心，踏上一條充滿奇蹟與未知的旅程。當然，把等在前方的未知視爲「無限美好的將來」，如此觀點需要一些大無畏的勇氣來支持。既然如此，那就選擇大無畏的勇氣吧！

練習9

清理恐懼

閉上眼睛。慢慢地呼氣三次，從3數到1，在你的心靈之眼中靜觀數字在倒數。看見數字1高大、清澈、明亮。

風和日麗的天氣，看著自己站在一片青草地上。雙手伸向空中的太陽，高高舉起。當你的雙手越來越接近太陽時，試著去感知你的雙手，感覺它們越來越溫熱，而且發亮。

呼氣。現在將你的雙手收回來，帶入你的身體裡。集結所有的恐懼，將它們從身體裡移除，丟向天空。留心看著天空如何將它們一一消解。

呼氣。睜開雙眼。

我說過，單單消除恐懼是不夠的。如果你沒有即刻以其他東西來取代恐懼，它很快便會春風吹又生。勇於相信奇蹟。雖然你無從知道等在前頭的奇蹟爲何，但只要相信，就會帶來不同凡響的結果。相信，是《聖經》「十個童女」的比喻中，其中五個聰明童女所具備的態度。❶她們被稱爲聰明的童女，是因爲她們排除內心的恐懼，緊握手中的提燈，並確保自己有充足的油來點亮黑暗的道路。她們對一切可能性保持高度警覺。於是《聖經》這麼說道：「所以，你們要警醒；因爲那日子，那時辰，你們不知道。」就像那幾位聰明的童女，我們要相信一切生命與豐盛的巨大之流。那是種可取又可愛的態度。哪裡有令人感到壓迫的恐懼，就讓那個地方被如繁星般的愛來照耀。當你往外伸展與擴張時，你就不再感覺任何壓迫與緊繃了。那是任何物質實相都不可能同時兼具的境界。

練習10

領受來自上天的祝福

閉上眼睛。慢慢地呼氣三次，從3數到1，在你的心靈之眼中靜觀數字在倒數。看見數字1高大、清澈、明亮。

在已經將恐懼拋向天空之後，將你的雙手捧成杯狀，接收來自天堂的甘露，看看來到你手中的是什麼。

呼氣。為你雙手所領受的東西，心懷感激。

呼氣。睜開雙眼。

將你自己往外伸展與擴張，天空將爲你開啓一扇窗，讓生命進來。你可以讓自己保持在最佳狀態，隨時準備好等著迎接從天而降的禮物，並且滿心相信，那將是對你最好的祝福。

個人與祖先的信念系統

對我們而言，那些根植於我們內在的信念系統是如此根深柢固而熟悉，讓我們渾然不覺它們的存在。事實上，它們不僅無所不在，而且神出鬼沒。它們唯有在面臨重大衝突或災難等變故時，才會浮出檯面。我記得有位開明且崇尚自由民主的朋友有一次告訴我，小時候他生長於美國南部，當地有許多種族隔離的公車，他經常理所當然地坐在公車裡專爲白人而保留的座位上，他坦承自己從未思考或質問過任何有關不公不義的問題，一直到「現代民權運動之母」羅莎·帕克斯（Rosa Parks）代表黑人發表她那篇歷史性的演說之後，他才恍然醒覺。

❶《馬太福音》25:1-13。

不論信念系統大或小，都會對我們造成深遠的影響，使我們無法從多元的視角與批判的行動力來看待事情。你或許聽過祖母無意間說你的臀部太小，恐怕難以生育。也或許你的母親撞見你在愛撫自己的場面，然後警告你，沒有男人會和你這樣的女人結婚。你可能聽過某位朋友告訴你父親，你的微笑會詛咒聖人，於是你暗自決定不再輕易展露笑容。那些思想與念頭就這樣不經思索、不加檢視與批判地，直達你的大腦，然後在那裡根深柢固地牢牢霸占，像個間諜一樣潛伏其中，按著設定好的程式，指示你按部就班地完成它對你的預言。唯一可以讓你覺察到這些信念系統不對勁的方法，就是專注於自己那些無意識且不斷重複的念頭與行爲模式。

練習 11

辨識重複性的行為與思考模式

閉上眼睛。慢慢地呼氣三次，從3數到1，在你的心靈之眼中靜觀數字在倒數。看見數字1高大、清澈、明亮。

回頭檢視你的生活，用心辨識一些不斷反覆出現的行為與念頭。

呼氣。一旦你察覺到並辨識出來了，就對這些不斷出現的行為與念頭追根究柢，要求將引發這些念頭與行為的源頭顯明出來。

呼氣。如果根源始於某個人，想像你走進自己的大腦裡，把記錄那個人曾經說過的話的錄音帶找出來。接著從大腦中取出這些相關資料，歸還給對方，並告訴他：「我將凱撒的物，歸還給凱撒。」請務必確保對方確實將這些東西從你手中拿回去。

呼氣。如果根源不是因為某個人的話語，純然只是你的某種想法或觀念，那麼請在你眼前檢視那個想法或觀念，然後伸出你的手去抓住陽光。把陽光當成雷射，用這道雷射把那些想法與念頭消融於光之中。

呼氣。在錄音帶與某種念頭牢牢根植的大腦裡，倒入一些泉水，藉此喚醒你身體內的所有細胞，請它們回歸到最初、最自然與最健康的排列組合。

呼氣。睜開雙眼。

更狡猾的還有家族裡重複發生的模式。法國心理學家曾將這些奇特的重複行爲與現象，放在家族脈絡裡進行研究。比方說，從曾祖父、祖父到父親，竟都瞞著妻子與家人而各自有婚外情。雖然他們的下一代對父親的行爲毫無所悉，但卻莫名其妙地重蹈覆轍，踏上父親、祖父、乃至曾祖父所走過的情感軌跡。另外還有一些奇特的事件，譬如家族中的女性成員竟都在大約同樣的年紀，不約而同死於車禍意外。外在的世界，彷彿與內在潛意識的家庭模式密謀商議好似的。這到底是怎麼一回事？一旦某種信念系統在你的潛意識當中建立了固定的程式，它們就像重複的夢境，不斷反覆出現。除非你將那些埋伏於潛意識的思緒都找出來，然後清理乾淨，否則它會像唱片跳針一般，持續在你的身體建立程式，使你不斷表現出特定的行爲模式。所有連結到你夢行場域的人，都會受到這些重複模式的影響。家族成員是最容易將這些撿拾起來的人。

練習12

清理家族中關於受孕的信念

閉上眼睛。慢慢地呼氣三次，從3數到1，在你的心靈之眼中靜觀數字在倒數。看見數字1高大、清澈、明亮。

想像你置身祖先的房子裡。你爬上閣樓，環顧四周，然後找到了一個舊箱子。你曾被告知，箱子裡藏著家族祖先們對受孕與生育的各種信念。

呼氣。打開箱子。你找到什麼？

呼氣。把你喜歡的部分收起來，其他的都丟掉。把準備要丟棄的都堆疊起來，拿到外面的花園去燒掉，然後把灰燼埋在土裡。

呼氣。離開時，只把你要的那部分帶走。

呼氣。睜開雙眼。

翻轉你的家族歷史

一九五〇年代時，普遍認爲婦女在生產的時候應該要施以麻醉。說不定明天開始，大家會一窩蜂認定用子宮孕育孩子是一件不文明的事。而接下來，恐怕你得考慮請個代理孕母，就像中世紀時那些社經地位較高的婦女大都請個奶媽來家裡爲寶寶哺乳一樣。改變一個慣性的念頭或行爲模式，往往得藉助於一場離經叛道的改革或革命，而最理想的改革便是成爲一個夢行者。身爲一名夢行者，你不會讓自己固著於某種特定的立場和角度；你可以輕鬆地轉變，隨意地改換。而你需要做的是，想像自己站在另一個地方或易地而處，將心比心。從另一個嶄新而優勢的觀點出發，你將以不同的眼光來看待同一件事。你甚至可能洞見一些過去從未發現的新角度、新觀點。然後，忽然之間，你的思緒與想法開始改觀了。

練習13

編織你的家族歷史掛毯

閉上眼睛。慢慢地呼氣三次，從3數到1，在你的心靈之眼中靜觀數字在倒數。看見數字1高大、清澈、明亮。

看見你自己以織布機在編織一條屬於你家族歷史的掛毯。當你一邊編織時，一邊用心瀏覽與觀看整部家族歷史，即便你對這些內容與細節可能所知不多。

呼氣。持續一整天，從白日到黑夜，不斷地編織這部家族歷史，直到夜幕低垂時，終於大功告成。請細細體驗編織過程中、以及最終完成之後所領受的各種感覺、情感、痛苦與喜悅。

呼氣。深夜時分，開始拆開這條掛毯。你不斷地將線頭拆開來，直到整條掛毯都被拆完為止。請在此過程中留心觀照自己的感受與情緒起伏。但你在拆開掛毯時，請保持充分覺知，知道你正在一一清理所有隱藏於家族中需要被徹底清理的東西。不斷地進行，直到黎明破曉之時。

呼氣。天亮了，當陽光照射大地時，你又開始編織一條新掛毯。這一次，新掛毯只含括所有家族關係中一切美好而全新的可能性。將所有家族裡那些延續好幾代且行之有年、美好而充滿力量的特質，以及各種新的潛力，都編織在這條新掛毯中。這些全新的特質與潛力，可以提示、指引與支持你，使你的未來充滿欣喜、健康與成功。

呼氣。看見你正孜孜不倦地將你的孩子的故事，織入新掛毯中。在編織的過程裡，你看見孩子完美地被孕育，完美地出生，完美地長大成人。

呼氣。睜開雙眼，看見這無比美好的新創造。

竭盡所能去清理對未來的憂慮，藉此讓自己的身體重整旗鼓，準備踏上一段開展新目標的朝聖之旅：邀請孩子進入你的子宮。你簡單地收拾行囊，一派輕鬆地上路，一路將那些不需要的牽絆之物一一丟棄。你的下一步即將在旅途中重新規劃與出發。

你活躍的夢境已然向你顯明，你可以影響你過去的態度。如今，你已丟棄舊有的信念系統與各種阻塞滯礙的情緒。你或許會爲了失去舊的情感支援而悵然若失，而未來又是如此遙遠而不可知。但別忘了，你是帶著明確的目標開啓這趟旅程的。你已經開始證實，這些過程必然會帶出成效。當你步履輕盈地走進你的生命深處時，隨時保持檢視的心態，並帶著一顆充滿盼望與笑意的心，一起上路。記得：最好的夢行者，是那些敢於擁抱她的視覺心像所帶給她的改變的人。相信你的夢，它將指引你前行的路。

2

受孕：一個靈魂的到來

「因此，人要離開父母，與妻子連合，兩人成爲一體。」

——《創世紀》2：24

許多古老的教導是這麼說的——創造一個孩子需要三股力量：父親、母親、神性。上一章我們曾提及母親與神性的力量。那父親呢？父親是相對於女性的對照組。女人的身體是柔軟的，男人則堅實粗壯；女人的性器官是往內呈凹狀，男性的則是凸出於體外；女人有渾圓的乳房，男人的胸部則是平坦的。男女的互補與融合，就像兩塊拼圖，恰到好處。在古老的傳說中，「他」與「她」原是一體的，不知何故，兩人後來分離失散了，一種慾望從此覺醒（即使伴侶雙方在生理上是同性，但他們對「能量體」的認同卻可能是男性或女性，這足以解釋何以他們同性，但對彼此的慾望仍絲毫未減）。慾望是一種對擁有的渴望，由願景與目標引燃，渴想再度緊密結合，合而爲一。然而，我們生活在線性的時間軸裡，時間一去不復返，因此，我們只能透過孩子來顯化我們所失去的連結。

這世上的每一件事都脫離不了「關係」的連結；沒有任何事物是單獨存在的。你的慾望透過感官表達出來。古老的教導告訴我們，你若專注於你所渴望之事，將那幅圖像牢牢根植於你的思緒中，放在心上去深刻感知，最終，你必會如願以償。也因此，經常清理你的思緒與強化你的念頭，極為重要，因為你需要藉此進一步了解並確認你最眞實的想望。不妨把這些想成「心腦科技」。暢銷書《祕密》即把這項「心想事成」的技術發揮得家喻戶曉，但是這當中有個很大的陷阱。如果你想望的視覺心像是你將自己想成一位成功的供應者，然而在更深層而牢不可破的信念系統裡，你卻恆常自認是個失敗者，那麼，這層自我掩護將深入你的潛意識，而你的潛意識（你身體的語言）將別無選擇，只能遵照那些隱藏於視覺心像裡、根深柢固的信念系統所暗示的指令去執行。因此，不管你如何費盡心思與努力去觀想你所渴望的成功，但你若沒有徹底清理掉那些潛藏內心的失敗者圖像，以及那些充滿殺傷力的情緒，那麼你所嚮往的成功，恐怕難以企及。這就像在腐朽的牆壁貼上一張明亮的海報一樣，這張明亮的海報無法阻止那些狡猾的計謀去繼續腐蝕這面牆．所以，請確保你花了些時間靜默沉思，了解並認識自己，也藉此檢視你眞正要的是什麼。

請小心明辨自己的想望。當你凝神專注看著你自己、以及伴侶的美好特質時，抑或面對家人與你所仰慕崇敬的祖先時，請務必越具體、越明確越好。一旦你把虛假的負面信念系統都清理掉之後，你所渴望顯化的視覺心像就像一支飛箭，準確而尖銳。你在對方身上所看見、所喜愛的一切，以及在你的家人之間的特質，也將一一實現。你對慾望的專注，決定了你將獲得什麼樣的成果。你與你的伴侶是對等的，雙方都要扮演自己的角色。你們彼此對慾望的追逐與聚焦要堅定而強烈，且要互相滿足。在塔羅牌的「戀人」牌卡圖畫裡，牌中的男人看著女人，那位女人抬頭凝視，望向尊貴莊嚴的天使。那位天使是天使長拉斐爾，他是伺立於上帝寶座前的七大天使之一，同時也是主掌療癒的天使。難道兩位彼此深愛的人之間，有需要療癒之處嗎？

顯然，這張塔羅牌描述了男女之間在關係上還有一些需要努力的部分。在「惡魔」牌卡裡，它很不尋常地與戀人牌有極類似的構圖佈局，但意義上卻是完全相反；惡魔牌上的男人與女人是不自由的，他們都被一條鎖鏈牽絆著，套牢於一塊半立方體的固定物上，其上坐著惡魔，彷若一個插著羽翼的笨拙天使。惡魔以火把點燃男人的尾巴，男人則目不轉睛地盯著身邊女人的性器官。女人的身體轉向男人，但她的臉卻望向別處。他們的眼神沒有交集，心意與動向也毫無交流。追求自我與滿足自我的性歡愉，終將彼此牽絆而陷入牢籠，不得自由。但是，男人與女人脖子上的鎖鏈其實綁得很鬆，很容易便可解開。只要轉離自我的慾望，清理個人的欲求，便能讓彼此重獲自由。

難道你不希望自己的視覺心像與你崇高的自我很接近嗎？崇高的自我，就像你內在那近乎完美的神性形象，就像戀人牌裡的大天使所代表的一樣。你的孩子未來的幸福，建基於你們如何一起進行這些慾望的視覺想像與瞻望。從獸性到善良純潔的人性，兩者的範疇與距離很大。因此，如果你跟我一樣相信心念的力量大過物質的力量的話，那麼，你自然曉得要如何在啓程之前，承擔起清理思緒的重責大任，以確保你能踏上一條有覺知、有意識的受孕之旅。

與伴侶討論懷孕的時間點

育兒這件事，從受孕之前就已經開始。身爲父母，你很快便能體會錯綜複雜的信號，將爲孩子帶來多少難以言喻的困惑與失序。你和伴侶雙方必須在如何養育孩子這個議題上達成共識。最理想的狀況是，你們共享同樣的目標——一個符合你們對快樂的更高欲求與和諧成長的目標。你們會希望彼此能夠「同步」。

我在撰寫本書時，正好在替一對年輕夫妻做諮商，他們彼此深愛，而且一心想要有自己的孩子。年輕太太是首先爲此目標做夢的人，她夢見在自己生日當天，她已做好受孕的萬全準備。當她把這樣的夢境告訴丈夫時，丈夫卻夢見自己尚未準備好要當爸爸。年輕丈夫的工作有許多責任需要他經常出差，而他很希望妻子能陪著他一起差旅。妻子爲此深感挫折與受傷。工作怎麼可以比孕育孩子更重要呢？丈夫清楚表示自己會在未來幾個月準備好進入孕育孩子的階段，但是妻子則不以爲然，她當下已經準備好了，而且她確信孩子也預備好要來了。萬一往後拖延，以致錯過了受孕的機會呢？丈夫感覺妻子不斷在催促他，讓他對此頗有怨懟與不滿。在這樣的個案中，想要判斷孰是孰非，恐怕只會讓事情變得更棘手。因此，面對類似意見相左的衝突時，如何尊重彼此的節奏、意願與需求，顯得異常重要。記得，所謂理性或邏輯，是無法解決問題的。

當情緒起伏跌宕時，最好不要第一時間便傾瀉而出，而是退一步，冷靜一下。

練習14

後退三步

閉上眼睛。慢慢地呼氣三次，從3數到1，在你的心靈之眼中靜觀數字在倒數。看見數字1高大、清澈、明亮。

想像你後退三步，去感受身體往後移動的感覺。

呼氣。現在看看你的伴侶。你有什麼感覺？

（如果你看伴侶的方式或你對伴侶的感覺與之前沒什麼兩樣，那麼，請你再後退三步。如果需要的話，你可以再做第三次。）

呼氣。睜開雙眼。

如果你對懷孕的時間點還是與伴侶的想法僵持不下，那意味著即使結束上述練習，你仍未準備好要和對方心平氣和地好好討論這個議題，但是你可以透過「隔空溝通」與對方溝通。這是什麼意思呢？我相信你過去一定曾經在對方尚未說出口時，便已對他的念頭與想法了然於心。你甚至能掌握別人的心情、情緒起伏與感受。因此，透過你的情感參與，你與伴侶之間的感受得以對焦與同頻，就像你爲了找到最愛的電視台而切換到正確的頻道一樣。你能夠接收到其他人正在體驗的事情，然後在你非語言的右腦螢幕上以視覺心像的形式看見。在情感上與對方對焦與同頻，意味著你已踏入與對方頻率相互交織的領域。那足以解釋爲何有些丈夫與妻子經常在夜間做相似的夢。在某些情境下，夢行是具有感染力的！你可以透過夢境的滲透力，傳輸愛與彌補的視覺心像。論及關係修復與和好的想望時，圖像畫面可以勝過千言萬語。你若想讓一段充滿張力的關係恢復和諧，請進行下一個練習。

練習15

回到愛所在的地方

閉上眼睛。慢慢地呼氣三次，從3數到1，在你的心靈之眼中靜觀數字在倒數。看見數字1高大、清澈、明亮。

想像你讓自己回到臥室或者一個充滿和諧的地方，譬如花園或草地，任何能令你感覺心平氣和的寧謐之處。

呼氣。回到你與目前的伴侶最初邂逅、墜入愛河的地方。凝視當下的時刻，並且去感受那個時刻中的所有一切。你內心深處的愛意是什麼顏色？

呼氣。將這個顏色視為一道光之橋，從你的內心深處連結到伴侶的內心。將你所要說的話語，或想要讓對方看見的畫面，都透過這座橋傳遞給你的伴侶。

呼氣。凝神諦聽與觀察。你將收到回應的訊息。

呼氣。感覺內心比之前更祥和平靜了。睜開你的雙眼。

你將發現，透過夢行場域傳遞想法來進行溝通，比想像中還要簡單可行。你在思緒中所接受、所安置的故事，因爲缺乏眞實證據，所以讓摩擦也跟著降低了。夢是潛意識的語言，會以較低的邏輯性來指引你往前行，但卻多了幾分「知曉」。這其實不難，就像我之前所提及的，你們彼此之間已然透過情感而自然地對焦與調和了。

與伴侶諧調一致

我們每一個人都自成一個世界。我們在無邊無際、巨大無比的記憶、情感、故事與感知宇宙中優游自如。我們彼此能和諧共處，簡直就是神蹟奇事。「心的奧祕，是無法用理性解釋的。」❶哪裡有和諧，哪裡就有欣喜快樂；我們隨著協調的韻律與節奏翩然起舞。我們彼此深愛。但事實上，我們卻生活在一個充滿限制的世界，因此，我們的舞步難免因相互侵犯而混亂。我們首先將不睦的因子，注入自己的身體節奏之中。我們的呼吸、我們的心跳、以及我們的行動，越來越不協調。我們需要努力調和，恢復平靜與和睦。先對我們自己的節奏有所覺察與感知，然後才能對它們負起該負的責任，那才是較爲輕鬆與正確的處理方式。

練習16

回歸呼吸的自然節奏

閉上雙眼。將你的注意力帶到你的身體。

留心觀察自己的呼吸，但不要試圖去修正或改變……讓自己的呼吸找到它自然的節奏……要知道，當呼吸回歸到它最自然的節奏時，那些失序走位的，終將慢慢回歸到原來的位置上。

呼氣。睜開雙眼。

當你已經學會專注於自己的呼吸時，你將更容易發現你身邊的哪些人或情境會影響你的呼吸。你的身體不斷回應外在的壓力，並且透過所謂恆定狀態來取得平衡。當你的身體節奏開始變動時，將促使你對潛在的可能危機提高警覺。你的情緒與情感——透過身體外顯行動的改變——會告訴你，你當下對其他人的感受與觀感。其實，你早已被賦予絕佳的工具來觀察自己的演變與轉折，而你需要做的便是付出專注。如果你無法掌握自己的情緒而動輒崩潰，你便失去了活在當下的能力，也無法覺知那些發生於自己之內的狀態。辨識你的情感與情緒走向，有助於你與伴侶進行溝通。「當你做出那樣的反應或對我那樣說話時，這就是我的感

❶布萊茲．帕斯卡（Blaise Pascal），法國基督徒哲學家、數學家與發明家，引述自他著名的《思想錄》（*Pensées*）。

受。」說出這樣的話，其實很簡單。你的伴侶無法否認或反駁你，畢竟那是你的感受。尊重彼此的感受，不要試圖去解決問題，或許是進入深度了解的最佳途徑。這種不加批判的互動，將使你們找到合乎彼此期待、滿足個人需求的解決之道。若想要進一步重建和睦共處的模式，請繼續以下練習。

練習17

移植盆栽裡的植物

閉上眼睛。慢慢地呼氣三次，從3數到1，在你的心靈之眼中靜觀數字在倒數。看見數字1高大、清澈、明亮。

想像你家裡有一株盆栽植物長得不怎麼理想。

呼氣。你決定打破這株植物生長的那個花盆。你將植栽從舊土壤裡連根拔起。

呼氣。將舊花盆裡的植栽和舊土壤都集中在黑色大垃圾袋裡。把垃圾袋拿出去，丟到經過的垃圾車裡。

呼氣。準備一個更大、更漂亮的新容器，作為栽種新植物的花盆。裝進新鮮肥沃的黑色土壤。

呼氣。將你的植物種入肥沃的新土裡。

呼氣。拿一個水瓶裝滿清澈的泉水，將水澆灌到你的植物上。看看發生了什麼事。

呼氣。睜開雙眼。

你們若能共享那些韻律與節奏，將會感覺無比舒暢與美好。你們的身體是非常獨特的樂器，不妨用最簡單的節奏開始一起演奏，也就是你們的呼吸。想要共譜而成為和諧的伴侶，你們可以一起或各自做以下的練習。

練習18

與伴侶的呼吸節奏同步

閉上眼睛。慢慢地呼氣三次，從3數到1，在你的心靈之眼中靜觀數字在倒數。看見數字1高大、清澈、明亮。

你看見自己站在伴侶面前。留心關注他的呼吸節奏。現在，請觀察你自己的呼吸節奏。你們彼此的呼吸節奏有何不同？

呼氣。想像有個鐘擺橫擺於你們之間，從左邊輕擺到右邊，再從右邊搖擺至左邊。感受鐘擺如何在你們彼此之間，找到一個介於兩端的節奏。接下來，再觀察你與伴侶的呼吸節奏，有發現任何狀況嗎？你此時此刻感覺如何？

呼氣。睜開雙眼。

對焦與調和，並非固定不變的狀態，而是一幅不斷變動的內在風景。把這想成音樂上的即興創作。你若能將旋律對位，即興創作成固定旋律，或成為你伴侶的固定曲目，做得越好，則你們之間的關係與協調性便會越好。這項對焦與調和的能力，是一門技藝，對一段充滿活力的關係尤其不可或缺。一旦你決定要受孕了，你若能把這項技藝磨練得越精進，就越容易抵達和諧融洽的高峰。在受孕的當下，與你的伴侶一同置身於和諧融洽的時刻，能確保寶寶以最佳狀態，以從無到有的「大爆炸」理論，來到這個奇妙的新世界。

有覺知地受孕

我們從何而來，又往何處去？我們是以不朽之姿成為肉身來到這世界，幾經生命流轉、過完這一生之後，再告別塵世，前往另一個更為幽微玄奧的地方嗎？抑或我們不過是基因的偶然或意外乍現，轉瞬間便消失無蹤，至終「塵歸塵、土歸土」？這個有關生命的奧祕與議題，值得我們花些時間好好深思，而你的答案將點燃你對人性的探索，你需要藉此來回應如此偉大而奇妙的重要時刻——生命的創造。不管你的答案為何，你的孩子從何而來這個謎都意義深遠。生命的源頭，本來就是難解的奧祕。

練習19

感恩孩子的到來

閉上眼睛。慢慢地呼氣三次，從3數到1，在你的心靈之眼中靜觀數字在倒數。看見數字1高大、清澈、明亮。

覺知、看見並感受到你自己從何而來。一路走來，你是如何忠於或不忠於自己所來之處？去修復你需要修復的部分。

呼氣。覺知、看見並感受到你潛在的寶寶將從何而來。面對環繞著受孕的種種奧祕，你的信念系統為何？

呼氣。覺知並感受那份奧祕。

呼氣。看見並感受到你的寶寶是從至高無上的生命源頭賞賜予你的一份生命厚禮。一旦你已看見，請用心感受獲得禮物的感恩之心。

呼氣。睜開雙眼，感受到那份感激之情。

如果你能深入凝視新生兒雙眼所透露的巨大天機與奧祕，抑或你在孩子孕育成形之前便已聽到孩子對你的召喚，你便能預先在塵世之外的世界感知到這個靈魂的存在。不論你是否與未出世的孩子，以預先存在的靈魂或你自身更高的存有建立某種認同關係，每一次當你想像你未來的孩子時，都需要先詢問——就像你期待某位尊榮級貴賓蒞臨的姿態——你的這位嬌客的特殊需求與他可能會提出的條件。

練習20

召喚一個靈魂前來

閉上眼睛。慢慢地呼氣三次，從3數到1，在你的心靈之眼中靜觀數字在倒數。看見數字1高大、清澈、明亮。

想像你站在遼闊的青草地上，抬頭仰望清澈的天空。你看見一朵白雲緩緩地自藍天的左側飄來，你看見寶寶的靈魂出現在這朵白雲之上。

呼氣。當你的孩子出現眼前時，向他詢問幾個問題——你需要怎麼準備與迎接他的到來？你是否需要做出什麼改變，包括身體上、情感上、思想上的調整，好讓寶寶得以順利來到世上？專注留意聆聽他的回答。

呼氣。當你看到了、也聽到了一切訊息，請答應你的孩子，你將盡速處理和調適，以確保他平安到來。感謝他的耐心等候。

呼氣。睜開雙眼。

其實，你不單單需要與即將到來的孩子建立對焦與調和的關係，你也需要與治理這世界的自然律建立對焦與調和的關係，因爲那是孩子遠道而來所必經的路徑與門戶。銀河系的行星與星體之運行、旋轉和動作，都和你自身特有的運勢相互交流，它們跟你何時受孕、何時迎接孩子到來等重要時機，息息相關。尤其是月圓月缺與你的生辰、以及你家人的生辰時日，都在你何時可以眞正受孕這件事上，扮演舉足輕重的角色。

何時才是最佳受孕時機？科學驗證已經告訴我們，女性的排卵期是受孕的絕佳時間點，數千年前的人類先祖早已熟知且如此認定。比方說，猶太人的婚禮總要安排在新娘的排卵期間成婚，期待新人在洞房花燭夜的強烈性慾與愛意之下，醞釀最理想的受孕時刻。但你或許有所不知，你最容易受孕的時間，深受家庭的生辰時日所影響與牽制。你若不遵照自然律來順勢而爲，終將爲此而疲於奔命。

以下這套系統是由柯列・阿布可—馬斯卡女士所發展出來的，在判斷與決定何時受孕的時間點上，已經服務並使許多人受惠。根據柯列女士在阿爾及爾醫院工作多年的經驗，以及從醫院登記的家庭生辰時日的資料進行觀察和分析，她注意到每個家庭家人的出生日期，對於新生兒出生的影響，有某些特定重複發生的模式。

練習21

找出最佳受孕時辰

做一張家人生辰時日的表格，列明你的手足、父母、祖父母、曾祖父母的出生月與日（年份不重要）。你可以繼續追溯到最遠且可考的先祖生辰時日。請留意那些反覆出現的日期。第一步，先觀察同樣月份出現的頻率。在那個重複率最高的月份中，不斷出現的日期為何？你的絕佳受孕時間點，通常就落在共同且交集的日期前三天與後三天。一旦那些日期確定之後，以最原本的日期為準，算出每三個月的同一個日期。那些共振時間，也都是適合受孕的理想時間。

舉例來說：

	母系	父系
父母	11月1日 5月1日	2月8日 3月27日
兄弟姊妹	5月20日 7月28日	10月30日
兄弟姊妹的孩子	4月13日	10月1日 7月22日
母親（你自己） 已出生的孩子	12月12日 2月28日	父親7月6日

依照這個例子，計算出一個最靠近你排卵的時機，可能受孕日期將會是十月底、十一月初、七月底，以及二月底。

1. 7月25日—10月25日—1月25日—4月25日—7月25日

2. 11月1日—2月1日—5月1日—8月1日—11月1日

3. 2月28日—5月28日—8月28日—11月28日—2月28日

所以，如果你的排卵高峰期是7月30日，那個時機就是你在七月份潛在的受孕時機。

這個簡單可行的方法頗爲有效。你可以很容易算出來並且驗證它的準確度，只需要去檢視你自己、你的手足、以及你的伴侶，其母親確實受孕的時間，是否符合家人們的出生日期或者交集時間即可。

至於其他較爲複雜的計算，以及排卵期以外適合受孕的時間點，建議你查閱「喬納斯法」（Jonas Method），那是一九五〇年間，由斯洛伐克醫生尤金．喬納斯（Eugene Jonas）所發展出來的方法。喬納斯醫生發現，女性除了原有規律的受孕週期之外，其實還有另一個週期，他稱之爲「月亮生育週期」（Lunar Fertility Cycle）。喬納斯醫生運用女性出生時刻太陽與月亮的相對位置，來找出最佳的受孕時刻。這套行之有年的計算法則，廣受世人推崇與認可，聲稱受孕的準確率高達百分之九十七，而寶寶的性別選擇也有高達百分之八十五的準確率。若要使用這套計算方法，需要有你的出生日期與時辰。

在找出可能的日期之後，接下來，你最後的準備工作是將空間預備妥當，準備好迎接你的貴賓。那就像創建一個最完美的地方來珍藏你最寶貴的珠寶。打造一個眞實的美好環境，讓每一個身體感官都緊密連結。至於內在的深層境地，請善用你的決心、意圖與快樂來創造一處神聖空間，一個令人難以抗拒的迷人之處。

練習22

讓你的卵巢與子宮發光

閉上眼睛。慢慢地呼氣三次，從3數到1，在你的心靈之眼中靜觀數字在倒數。看見數字1高大、清澈、明亮。

想像你站在遼闊的青草地上，陽光燦爛，天空萬里無雲。你抬頭仰望太陽。朝向太陽伸展你的雙臂，感受你的雙臂越伸越長，越伸越長。感受你的雙手變得越來越溫暖，你的手指頭轉瞬間閃閃發亮，變成光的手指頭。你看見每一隻手指頭的尾端都長出一隻光的小手。此時此刻，你的雙手總共有五十隻閃閃發亮的手指。

呼氣。將這五十隻閃閃發亮的手指帶入你的體內，用來照亮你的卵巢。

呼氣。以五十隻發亮的手指，開始按摩你其中一邊的卵巢，直到你的卵巢開始閃閃發光，猶如夜空中閃亮的星星。

呼氣。現在開始按摩另一邊卵巢，直到這一邊的卵巢也閃閃發光，猶如夜空中閃亮的星星。

呼氣。再一次將雙手高高舉起，朝著太陽伸展雙臂。感受那些小手指一一消失，回復成你原來的手指。雙手抓一把太陽光束，同時將雙手緩緩收回來，放回原來雙臂自然垂放的位置。

呼氣。將太陽光束揉成完整的一顆光球，把這顆光球放入你的子宮裡。看著它在子宮內壁轉動來去，徹底清理一番，並且將子宮內壁塗上一層金黃色的油作為保護層。

呼氣。將那顆光球歸還給太陽。

呼氣。睜開雙眼，用睜著眼睛的狀態，在腦海中看見你那兩顆閃閃發亮的卵巢與充滿耀眼光芒的子宮。

你現在已經準備好，可以帶著堅定的動機往前行。你的內在與外在空間也都預備妥當了。鼓勵你的伴侶做他的功課、盡他的職責（參考第八章裡可以讓伴侶進行的練習）。你們彼此調和對焦，一起帶著你們強烈的意圖去完成這項充滿魔力的生命創造，那是你與神性一同搭配完成的創舉。你需要全心全意，全力以赴。

用愛孕育一個新生命

一般民俗智慧都很清楚：不要心懷憤恨、恐懼、哀傷、怨怒，或帶著違背個人意願的心態受孕；更不要在兩人親密做愛時，幻想著他人。事實上，卡巴拉學家相信，進行性行為時的意圖，可以將「美好」的力量帶入這個世界。缺乏內在的意圖或意志渙散，將對宇宙的秩序與連貫性造成難以挽救的大破壞。卡巴拉學家與佛教徒都相信，當兩個人在做愛時，他們共同創造了「靈體」（spirit body），而靈魂將傾注在這個靈體之中。卡巴拉學家稱此為「狄奧克納」（diyok'na），這個靈性圖像，是為靈魂而披上的外衣。保持愛的意念強烈而清楚，聚焦在更高的美善上，並且保有你們雙方都渴望的精神形式，顯得異常關鍵與重要。

緊接著要進行的練習，是一項古老的功課，古代的卡巴拉學家會將這個練習教給婦女，幫助她們受孕。除非你已經坐下來準備開始練習，否則請勿閱讀。這個練習只能做一次。

練習23

在光裡受孕

閉上眼睛。慢慢地呼氣三次，從3數到1，在你的心靈之眼中靜觀數字在倒數。看見數字1高大、清澈、明亮。

想像你抬頭仰望一座翡翠綠的山丘，山頂上有一棵高聳入雲的大樹。向自己描繪那棵樹的樣子。

呼氣。當你開始踏步登上山丘時，看到你的伴侶從山的另一邊走上來。

呼氣。感受那股想要相見的熾烈愛意與渴望。當你們終於面對面時，你們擁抱、手牽手，一起坐在那棵樹下。

呼氣。看到天空的藍色蒼穹圓頂漸漸往下趨近大地，包圍著大樹與你們兩人。

呼氣。看見一束藍光從天空圓頂之內抽離而出，進入你的子宮，然後便牢牢地根植於子宮內。

呼氣。看見這道明亮的光芒在你的子宮裡。

呼氣。天空的圓頂回歸到原屬於它的穹蒼。那道光則繼續在你的子宮裡閃動發光。

呼氣。你們起身，手牽手走下山，一邊走一邊瞥見你的子宮裡熠熠生輝。

呼氣。睜開雙眼。

你們已經在想像當中會面，並且從光裡受孕了。而今，你們還需要在眞實世界裡邂逅。以下這個練習，是爲要強化你們對彼此的愛慕與渴望。每一次當你想要親身見面或純粹想激發對彼此的熱情，大可使用這個練習。這是從女性角度出發所寫成的內容，但也可以從男性的角度來進行。提醒你要留意，橘色是女性，紅色則是專爲男性而設定的顏色。

練習 24

綠草地上的色彩

閉上眼睛。慢慢地呼氣三次，從3數到1，在你的心靈之眼中靜觀數字在倒數。看見數字1高大、清澈、明亮。

看見自己置身遼闊無邊、蒼翠繁茂的草地上。草地的另一邊，站著你的伴侶。看見他，你感到非常欣喜與興奮。

呼氣。當你們走向彼此時，留意他所散發的顏色，以及你的顏色。

呼氣。看著那顏色越來越明亮，越來越發光發熱。看著他呈現越來越亮麗鮮豔的紅色，你自己則綻放出明亮如橘光的色澤。

呼氣。當你們兩人面對面，兩道顏色互相交融時，看看會碰撞出什麼結果。

呼氣。睜開雙眼，用睜著眼睛的狀態，在腦海中看見這兩道顏色的火花，激盪出什麼樣的創造物。

你們兩人可以隨心所欲地練習，練習次數不限。你若確定自己已準備好要受孕，我會建議你每晚睡覺前都進行這個練習。記得，一切外在等其他瑣碎事物都不需要去費心關注，你們只需要聚焦於彼此身上，同時將連結你們雙方的奧祕放在心上，因爲那是強化創造力的力量。當然，最強大的力量莫過於愛，但我們卻因著日常生活中各種責任與義務的干擾，而漸漸失落了這份愛。因此，能重設平台，準備好一個增強欣喜與和諧的空間，無疑是件好事。如果你是個經常靜坐冥想的人，或許家裡有個小祭壇，你可能會花些時間裝飾你的小祭壇——擺一束花，點一支香或蠟燭——進而邀請你的貴賓進來。我說的正是這樣的概念。你會想要互相邀約，一起進入這片共同創造生命的神聖空間。你或許想要爲彼此傳遞某些表達愛意的情話。當然，如果能爲對方準備一份禮物，自然可增添更多欣喜雀躍與感激。然後，你們一起面對面坐著，準備進行下一個練習。

練習25

兩面鏡子

閉上眼睛。慢慢地呼氣三次，從3數到1，在你的心靈之眼中靜觀數字在倒數。看見數字1高大、清澈、明亮。

把你們兩人看成是兩面鏡子，在寂然靜默的永恆中，互相映照出對方。

呼氣。在內在洞察力所見的世界裡，我們應該看見那個我們彼此都不存在的地方。

呼氣。知道唯有透過沉默的言語，愛才得以變得完整。聽見這個由沉默的語言所編織的花環，同時享受這段完美的會面。

呼氣。睜開雙眼，用睜著眼睛的狀態，在腦海中感受到如此完美的相聚。

如耶穌基督所提過的「十童女」的比喻，別忘了，你可能需要耐心守候賓客到來。或許漫長的等候耗時又費神，也或許你的悵然若失與灰心喪志使你受挫。記得，不要絕望。你要知道，守候與等待，是蛻變與翻轉的重要元素，長久以來，許多宗教修練都利用耐性與等待來發展內在的力量與意圖。繼續守候與準備。努力集結你的能量，你要相信自己正在打造一個強大的所在來儲存與蘊藏你的力量。善用這份能力，讓它與不斷累積的愛和信心一同增長。你正在學習集結勇氣，那是發自內心的力量，爲你吸引一個「聖潔的靈魂」。

當你們的孩子終於透過這扇入口進入你們的生命中時，你們將明白，他就是你們日夜期盼與守候的對象，他就是那位你們用盡全心全意、以靈魂全力召喚而來的人。

【第二部】

懷　胎

3

第1~3個月：令人興奮的消息

「我將種子撒在土裡，開始等待一個答案。」

——以色列內蓋夫的貝都因人

一個全新的世界，帶著無限複雜與自我覺知的特質，開始在你的子宮裡緩緩成形，只不過，你仍毫無所覺。屬於你懷孕的「大爆炸」，在未來兩週內將毫無動靜，令你無從察覺。當你還在猜測與期盼時，一顆圓而奇妙的卵，正從你的卵巢出發，一路進入你的輸卵管裡。她在那裡耐心等候一個擊敗其他五億個精子的英雄，那顆命中注定要滲透直闖入一顆敞開的卵子，並對她獻上一吻的精子；這一吻，使你們成了永遠的父親與母親。而彼時，當置身外在世界的你們正與所愛的伴侶熱情擁抱與纏綿悱惻時，你子宮內某個隱祕的空間裡，當卵子與精子在那裡相遇的剎那，也同時引來火花四射、煙花燦爛的壯闊場景，一次又一次地不斷分裂，成爲你的鏡中影像，亦即你原來創造的印記與特徵。現今，有越來越多伴侶或同性伴侶的懷孕過程，不得不仰賴代理孕母或採用人工受孕的方式。如果這是你的現實處境，記得，雖然上述那些驚心動魄的過程並未在你的子宮內上演，但卻在你靈性的子宮裡如火如荼地展開，那就是卡巴拉學家所說的狄奧克納。觀想你的孩子第一次向你伸展開來，仿若他在你肉體的子宮內不斷成長，同時向孩子傳送你高度的關注與愛。別忘了，你充滿能量的連結是何等重要！不論在你肉體的子宮或靈性的子宮裡，數以千計的細胞正迅速圍繞著一個充滿液體的泡泡，那是囊胚，裡頭蘊藏了精密而複雜的去氧核糖核酸的遺傳基因密碼，編列著你未來寶寶的性別、形貌、膚色與人格特質。你的孩子已然奔放開展，從一顆小胚胎長成肉身，宛若一朵摺紙花在水中轉動，他需要九個月的時間才能長大成熟。

此時此刻，雖然已經第三週了（其實是第一週；雖然嚴格說來你還稱不上受孕，但醫生在計算妊娠週數時，通常是自你最後一次生理期結束後開始算起），但你仍不曉得他的存在；而那顆囊胚已從輸卵管前進到你的子宮裡，開始忙著在子宮裡生根、佈局。（至於人工受孕的過程，你將在受精卵培養成熟至囊胚的五天後，接受受精卵植入體內。）很快地，他開始在你的體內挖掘翻動，要打造一個短期居住的地方。當他穩穩地附著於你的子宮上壁時，這顆囊胚將分裂爲二，成爲胚胎與胎盤，作爲供應寶寶氧氣與營養的來源。成長中的寶寶需要氧氣，爲要打進更多氧氣，你的心跳會加速，你也更容易感覺疲累：那是懷孕初期的第一個徵兆。第四週，你發現月經沒來。囊胚折成三層，那將成爲寶寶身體的不同系統。內胚層將轉化成爲腸、肝與肺；中胚層轉而成爲肌肉、骨頭與腎臟；至於外胚層則成爲大腦、神經系統、皮膚與眼睛。第五週，寶寶的心臟開始跳動了。現在，終於可以正式宣告——你懷孕了！你一心渴望當母親的生育夢想，即將如願以償。

我們一般習慣將懷孕期分成三個階段。首先，第一階段是從第一週至第十三週，我們將在本章含括這個階段的孕期，這是著床的時期，也是與另一個在你之內成長的生命學習彼此調適的時期。第二階段是從第十四週到第二十六週，這是寶寶成長得更大更快的時期。第三階段則是從第二十七週到第四十週，標示著子宮內的胚胎已經完全成熟了。

一個宣告的夢

要確定自己是否懷孕了，請到藥妝店或藥局買一支驗孕棒。如果你在醫生的診所，那麼你的尿液樣本會被收集在一個有套筒蓋著的杯子裡，中間放了一支相同大小的管子，用來收集你的尿液樣本。這兩種裝置或容器，都是用來檢測「人類絨毛膜性腺激素」（hCG），那是一種唯有在懷孕時才會分泌的荷爾蒙。驗孕棒或杯子裡所顯示的顏色，不論是粉紅色或藍色，都是令人興奮又激動的確認，宣告你引頸期盼的夢想終於成眞。我記得那一天，當護士走進等候室，把她手中杯子底部的一個藍色點點指給我看的情景。她說：「親愛的，你懷孕了！」我始料未及。我難以置信，也大感吃驚；我啜泣了五分鐘，而我竟不曉得自己其實是在釋放長久以來所背負的壓力。至今，我仍保留著那個標誌著藍點點的杯子。

我爲何會表現得如此驚訝？一如許多比我資深的母親，我也擁有屬於自己要宣告的美夢。早在一支驗孕棒或一個小杯子得出任何檢驗結果之前，夢境便已告訴我們，身體正在進行的工程。我的第一個報喜之夢告訴我，我懷孕了——某一晚的訪視，就像加百列天使夜訪童貞女瑪利亞，或白色大象來向佛陀未來的母親摩耶夫人宣告一樣——那一個夢的訪視最終證實，當時正是我受孕的時間點。

我置身加勒比海的一個小島，島上有一間茅草屋頂的小屋，我就在小屋裡。環繞小島的海水蔚藍而清澈。有四股氣息吹來，逐漸匯聚成一股強風。有個使者頭戴高帽，那是正在執行任務的加百列天使。祂彷若藍色螺旋般旋轉而至，頃刻間就站在小屋正中間。我感覺到有人一起同住的溫暖。我醒來時，身心皆感愉悅與滿足。

我的第二個夢境與文字遊戲有關。我的母語是法語，因此，第二個夢境所使用的語言是一句法文，意思是「一座由堅固且防守嚴密的城牆所守護的城市」。出現在夢境中的其中一個法文字是Enceinte（城牆），又有「懷孕」之意。

一位猶太教師拉比，頭戴皮帽，身穿哈西迪猶太教特有的絲綢長袍，從防守嚴密的城市圍牆破門而入。

這個夢境的內容與所使用的詞彙，昭然若揭，顯然是在告訴我，我懷孕了，而且要爲孩子進行割禮，言下之意是個男寶寶。此夢竟成了眞實不虛的預言。我在發現自己的月經沒來之前，便已分別做了這兩個夢！怎麼可能呢？夢是來自潛意識的信差。就像水面下的暗流，它們帶著從潛意識而來的訊息，洶湧至水面上，提示和警告，而我們意識層的覺察與思維，根本還來不及發現任何狀況！

密切關注你的夢；它們是你的晚間新聞快報。完全免費，而且主動告知，以圖像畫面和文字向你顯示你身體的狀況、情緒的起伏與腹中寶寶的狀況。

你是否曾有過宣告的夢？回頭看看你最近的夢境，認眞檢視，並且想一想。你若眞發現有類似預言的、宣告的夢，豈不令人雀躍期待？或者，如果你一直期待懷孕而現在剛好讀到這一段，不妨告訴你的夢，將類似的夢境傳送給你，接下來則是確定你有將所有夢境內容記錄下來，即便是那些看似無關緊要的瑣碎細節與片段，也都要寫下來，然後再留心觀察。你將因爲那些夢境所告訴你的內容而驚異不已。

回應你的夢

當你的寶寶在子宮裡慢慢成長時，你的夢境將變得更強烈、清晰而具體。爲何會如此？因爲當你懷孕時，你會分泌更多荷爾蒙，這股穩定匯聚的荷爾蒙有助於使你牢記那些夢境。失衡的荷爾蒙會影響你的睡眠，自然也會影響你做夢的狀況，因此，女性在排卵期之前與懷孕期間的夢境會比一般時候來得清晰。進入更年期時，許多女性開始發現她們能記起的夢越來越少了。唯有當她們服下提升荷爾蒙的藥物時，夢境才會返回她們的思緒中。我的中醫師稱他的荷爾蒙保健品爲「夢丸」。懷孕期的你，不需要服用任何夢丸，因爲你的荷爾蒙正從四面八方湧向你，幫助你與你的寶寶安穩共處。

把你的夢境內容寫在你的筆記本「夢之書」裡。你的文字記錄可以作爲未來檢驗夢境是否落實與應驗的憑證。請務必確保你有在敘述夢境那一頁旁的空白處，以紅字記下任何驗證過的事實。透過系統性地蒐集那些夢境如何在現實生活裡，周而復始地落實與應驗，可以讓你越來越確信你的夢所要傳遞的訊息。你可以進一步證明自己透過夢境，有能力提供一套快速而精準的診斷工具。這有助於你敏銳地覺察自己的身體狀況，以及寶寶的需要。

如果你的夢境提醒你有些事情需要調整或逐漸失控了，請你務必針對夢裡出現的圖像畫面與需求，積極回應。切勿掉以輕心，不要等到症狀出現了才急著應對。比方說，你昨晚夢見自己站在一片荒涼的乾旱之地，請趕緊在「夢之書」裡記錄下來，同時開始做以下的練習。

練習26

正視夢境的需求

閉上眼睛。慢慢地呼氣三次，從3數到1，在你的心靈之眼中靜觀數字在倒數。看見數字1高大、清澈、明亮。

返回夢行狀態中，想像自己使用花園的水管來澆灌那片乾旱的土地，讓泥土被水分浸透。持續澆灌，直到整塊地都濕潤而呈深色。

呼氣。睜開雙眼，用睜著眼睛的狀態，在腦海中看見眼前這片濕潤的大地。

回應夢境中的需求，是與自己的身體進行最有效對話的方式。透過深入你的夢行畫面來恢復和諧，意味著你主動促使自己的身體去面對與處理你的失衡狀態，而這些都是你的夢境所診斷的結果。換句話說，你可以認定自己的夢具備兩種功能：診斷與療癒。當你已經滿足夢行畫面所提出的需求，接下來，別忘了也要同時回應你每一天的眞實生活。就此狀況而言，或許這個夢是要提醒你多喝水！

夢境需求一如日常生活的需求。你若不承擔起責任，便會每況愈下；夢境中的世界亦然——廁所的水管阻塞了，就用活塞去通水管；窗戶髒了，就去清洗乾淨；若有入侵者要闖入你們家，那就報警抓人。但在夢行世界裡，你是你自己的警察。所以，用陽光編織一件防彈背心，穿上它，打開門，找出入侵者到底想幹麼。你可能會驚訝不已：所有的入侵者，十之八九最想要的是得到關切與注意力。因此，不妨將入侵者當成傳遞訊息的信差。如果你夢見腹中寶寶的臍帶繞頸，請用你夢中的雙手，帶著充滿陽光熱度的溫暖，深入子宮去解開纏繞的臍帶（請參考「練習96：鬆綁纏繞的臍帶」）。

你的身體以視覺心像來對你說話。透過回應這個圖像畫面，你吩咐你的身體去調適一切失衡的狀況。當然，你得要親自去執行我所建議的練習，然後再自行驗證是否對你有效。說穿了，沒什麼比身歷其境、親身驗證的結果更有說服力了。你若遵照這些練習的內容和步驟走，你將有很多機會來確認「善用視覺心像與身體對話」是否成效卓著。

矛盾的感受

你的寶寶已經展開她出生爲人的旅程，你也在夢中被明確告知這件事，而且這項消息亦經由你的驗孕結果與專業醫生的確認。此時此刻，你是否覺察到子宮裡有個不斷成長的胚胎？你是否爲此而興奮雀躍？抑或你對這些發生於你身上的事，感覺疏離而事不關己？或甚至有點害怕？這樣的事對你而言，是否太抽象或難以想像了？

在我們這個凡事講求速成與效率的現代世界裡，個人的感受，尤其是女性的感受，一般是不受重視的，所以，你的這些情緒起伏並不算突兀，也不難理解。大部分置身競爭激烈的職場或巨大壓力環境下的女性，鮮少有心力去觀照與檢視自己的情緒狀況。她們所面對的客觀環境，並未鼓勵或幫助她們可以同時放心追求事業與母職。懷孕中的媽媽若堅持己見，而不顧腹中孩子與自己的身體所傳遞的內在訊息，則她們通常會持續奔忙到最後一分鐘。她們之所以如此急著想把手頭上該處理的工作完成，是因爲她們擔心當小嬰兒出生後，自己原來的生活作息與工作節奏恐怕會被打亂。具備這些特質的母親，最後將發現自己難以適應寶寶的需求。

專注於外在的世界與事業，聽起來天經地義又合情合理，尤其對那些想在現實職場上一展身手或追求成功的人而言，更是如此。然而，那些合乎我們左腦理性與邏輯的思維，未必是最有效益的。職場上的功成名就，並不是唯一值得追求的成功模式。

一句「你懷孕了，你即將有個寶寶」的宣告，不論你如何無感或疏離，這樣的消息肯定會觸動你的心弦。不管你接受與否，你都已經踏入一個全新的領域，即便目前看似平靜如昔。這也難怪你至今仍對懷孕這件事無感，或感覺抽離而充滿不確定。從此以後，你的人生將不再一樣。就算懷孕是計畫中與預期中的事，就算你已對未來新生活的樣貌與形式瞭若指掌，但你仍會情不自禁地爲即將從你生命中失去的一些東西而感到難過與不捨。當你被告知自己的身體裡住了個小生命時，那份倏忽臨到的驚喜，會催促你去反省與檢視。就讓這份感性的心動時刻發生吧！花點時間去感受。你若容許那些充滿張力的情緒起伏同時並存，那麼它們將豐富你的生活。好好讓自己沉浸在張力十足的矛盾花園裡，盡情享受。

練習27

將矛盾的情緒清除殆盡

閉上眼睛。慢慢地呼氣三次，從3數到1，在你的心靈之眼中靜觀數字在倒數。看見數字1高大、清澈、明亮。

站在穿衣鏡前，感知、觀看自己，並且充分感覺到你的身體裡正懷著一個小生命。

呼氣。在鏡子前，看到一朵又一朵花，為你的不同情緒而盛開。請你一一為自己的情緒命名。

呼氣。當你擁有所有的花朵時，看看你手中緊握著的一束花，然後把不相稱的花挑出來棄置，把丟棄的花掃出鏡子，用你的左手將它們掃到你的左邊。

呼氣。當你對手中捧著的花感到心滿意足時，請把你的手放到鏡子裡，把整束花從鏡子裡取出，湊到你的鼻子前，用力聞一聞撲鼻的花香。你感覺如何？有什麼改變嗎？

呼氣。用睜著眼睛的狀態，在腦海中看見你手上這束花。

我們即將面對與處理出現在孕期中的不同情緒起伏，以及充滿張力與矛盾的想法或念頭。就現階段而言，能單純去感知——而非批判自己的感覺——誠然是件好事；只是若任由自己與情緒單打獨鬥，恐怕不是個好主意。找值得你信賴的朋友，和對方好好談談，譬如你的伴侶、你的母親、你的心理諮商師、向來支持你的年長女性、或曾經歷懷孕過程的朋友，這些人可以爲你所面臨的心路歷程，提供建設性的洞見，同時向你保證，你所面對各種不斷強化的深刻感受，是孕期中普遍常見的狀況，無需過度擔憂。一味地忽視內在這些暗潮洶湧的情緒起伏，只會使你對在子宮內成長的小生命更加無感。

問候你的孩子

現在，希望你更能敏銳地覺察自己的感受與情緒，也希望你更能接納自己的感覺。該是時候將你的注意力轉向子宮裡那個不斷成長的新生命了。

想想看，你的寶寶正在你的體內慢慢成長。你是她生長的最初環境，也是她遨遊的海洋。你的每一個轉變和起伏，對寶寶所置身的那片汪洋而言，或是漣漪四起，或是狂風巨浪，你所體驗的每一個感受都將影響她。你的寶寶尚未發展到可以用言語來覺察這一切，但別忘了，她已擁有體驗與經歷的意識。你的寶寶可以察覺，也可以感受。她在生理機能方面是與你同步一致的。你對她的影響與衝擊是在她的身體，而非她的意識心靈，請記得，她的右腦將把任何發生於她身體的狀況，以夢的形式記錄下來。如果這些夢行模式是劇烈或不斷重複的，那麼，寶寶未來的一生都將存取這些夢境與記憶，並將它們傳譯到意識層面的想法裡。

許多研究已經證實，你的寶寶早在子宮裡時便已開始學習了。研究人員至今仍無法確認到底記憶始於何時，但有一點是確定的，那就是當你的孕期進入第五週時（事實上是眞正受孕後兩週），你的寶寶已能對外在刺激產生反應。對於母嬰之間的感知，可以藉由催眠狀態下對記憶的模糊或詳盡做記錄，直接追溯與驗證，並從中獲得懷孕母親的證實與有利的證據。我自己也經常透過引導式的視覺心像，帶領學員進入他們尚未出生前的子宮裡，請他們描述在四個月的孕期中，他們當時的感受爲何，或身爲三個月大的胚胎，他們有何感覺。在大部分情況下，他們對於這麼做都能游刃有餘。有時候，我們甚至可以獲得某方面的證實。從一九七〇年代初期開始，許多研究已經顯示各種難以駁倒的證據，強調你腹中尚未出生的寶寶，早在最初的受孕成形階段，便是個有知覺、有感情的生命存有。

我們並不是生存於眞空管裡，你的孩子亦然。她與你是有關係的，不但與你相互連結，也透過你而讓自己的生命得以延續。她與你同住一個環境，一個更大的世界，甚至共享一個宇宙天地。於是，你對未出生寶寶的態度，是決定寶寶在子宮裡與出生後如何發展的唯一且最重要的因素。你若是接納與疼惜她，你若是非常在乎並關心她的成長；當你因爲自己的挫折沮喪而不經意影響到她時，你若能及時安撫並向寶寶保證你對她的愛，那麼，她一定能夠成長得茁壯而美好。她的身心靈都將更健康。原因無他，有太多證據與研究資料已向我們顯示，寶寶早在最初幾週便可充分感知到母親對她的關切或抗拒，而母親與腹中的新生命越早同步一致，對母嬰雙方都越好。

所以，想想看，你如何與這位存在於你之內、卻暫時看不見的小生命體溝通互動呢？你可能不知不覺便與腹中的這位小人物，自然地開始對話。也或許你覺得這麼做未免太奇怪或不自在，尤其你若認爲寶寶在十六週的孕期後才能發展完全的話。無論如何，任何一種介於你與寶寶之間充滿愛的互動形式，都無比重要。說話、唱歌、傳送甜蜜的影像畫面、以及輕撫你的子宮等，都是表達愛意與關切的具體行動。其實，將你的眼目轉向內在，留意觀照你的身體內部，是最強而有力的溝通。你的身體語言就是圖像畫面。對腹中處於初期發展階段的寶寶而言，她最能明白的語言便是圖像畫面。透過圖像畫面所經歷的一切，遠比單單想出一個結果，更能對你帶來深遠的影響。

接下來的練習，對你而言是孕期中最重要的。你應該每天做這個練習，直到第三十二週，屆時，你需要開始另一個完全不同的練習，亦即「爲分娩過程彩排」（練習62）。

現階段，請你每天進行這個練習一至三次。我建議你在中午時練習，然後休息半小時，再繼續你接下來的生活或工作。休息，對你與寶寶的身心健康都非常重要。

在進行這個練習之前，你需要參考一個表格，表格會顯示腹中的胎兒如何一週一週地發展與成長。你可以在網路上找到許多不同版本的表格。每一週，請你按表檢查與對照寶寶發展的狀況，同時觀想寶寶長得很完美、很健康。譬如，如果絨毛（胎盤的根）正根植於子宮內壁，那就觀想這些絨毛都牢牢地附著其中；如果寶寶此時正在發展她的手指，就請你觀想這些手指都長得完美無瑕。

這個練習對第二次或多次當媽媽、抑或準備生雙胞胎的媽媽都適合。只需要在觀想的過程中，把畫面想成兩個寶寶即可。你也可以同時與一位或兩位孩子對話。這個練習得以安撫、平靜與調和母親的身體，為不斷成長中的未出生寶寶準備最完美的生存環境，同時也為你與寶寶預備一個較為容易的分娩過程。

你若受到驚嚇或感到生氣、沮喪，你的身體節奏也會跟著改變，並影響到未出世的寶寶。若然，請你在經歷負面感受後盡快開始這個練習。你腹中的寶寶急需得到你的確認與保證。

練習28

進入子宮探視寶寶

閉上眼睛。慢慢地呼氣三次，從3數到1，在你的心靈之眼中靜觀數字在倒數。看見數字1高大、清澈、明亮。

將你的雙眼往內觀照，到你的子宮遊歷一番。你的雙眼像一束光，一路照亮你往內走向自己身體的旅途，將你引領至羊膜囊。當你到那裡時，請將雙眼移至透明狀、由薄膜包圍的囊泡，然後看著你的寶寶在清澈澄藍的羊水裡自由浮沉。

呼氣。對你的寶寶說話（稍後當寶寶發展到可以張開眼睛的階段，屆時你可以一邊和她說話，一邊和她對望，進行眼神接觸）。毫無保留地向寶寶傾吐你的愛，善用話語與視覺心像，對她說任何你想說的話。向她確認你對她的愛，告訴她，你有多期待她的到來。

呼氣。向寶寶說明你可能經歷了某些壓力或驚嚇。安撫她，請她不要擔心，一切都會沒事的，她在羊膜囊裡安全無慮，她會安穩地踡縮在你的心臟之下。

呼氣。根據你所參考的表格進度，提醒寶寶她正處於哪個發展階段，同時觀想她身上的器官或身體部位都完美地發展。（記得，身體的發展每週都在改變，所以，你要對每週不斷變化的發展進度保持高度關注，同時觀想每一個器官與部位都完美無瑕地成長。）

呼氣。告訴寶寶，你得離開了，但你向她允諾，你將在午餐與晚餐時間再度來探視她。告訴她，即便你正為許多事情奔忙，她在你體內，一定可以安穩無憂，而且你會悉心保護她，請她放心。

呼氣。讓你的雙眼從內在返回現實情境中。

呼氣。睜開雙眼，瀏覽你所置身的空間與環境，同時用睜著眼睛的狀態，在腦海中看見你的寶寶正舒服無憂地踡縮在你的心臟之下。

持續地觀想寶寶不斷變化的身體發展過程，直到你的孩子可以全然地爲自己的生命負責。「個人的旅程，唯有透過影像一途才得以完成。」（「世人行動實係幻影」）❶這段圖像視覺化的過程，不會隨著寶寶出生而終止，而是會持續一生之久。當你的孩子各方面的發展都已成熟穩定之後，你只要負責保留孩子最積極正面、最勵志向上的圖像畫面，將它們留存在你的心靈之眼，並繼續觀察。那並不表示你只透過美化的鏡片去看自己的孩子，事實上，你對孩子的一切瞭若指掌，你只是選擇將最美好的特質投射到孩子身上。慢慢地，你的孩子將負責自己的健康與各種發展。

古老的教導告訴我們，創造正發生於每一個當下，每一片草葉都藉由造物主在每一時刻的視覺心像而存在於這個世界上。❷如果一根青草、一片樹葉，都要藉由完整而有力的途徑被帶到這個世界，同理，你所創造的孩子，更需要你全心全意地將愛與專注傾注予她身上。那是你身爲創造者的天職與工作。

請留意，即便置身外圍的父親，他對孕程的態度也會影響寶寶在子宮裡的發展與成長，甚至會影響到孩子出生以後的狀況。身爲父親，除了某些變化需要留意一下，也可以一起進行這個練習（參考第八章「練習145：進入子宮探視寶寶——父親的作業」）。

懷孕初期的身心變化

有一條古老的卡巴拉理論提及，在發生大爆炸的頃刻間，神性自行退出，讓位給祂所創造的。於是，祂成了所有受造之母。祂創造了一個類似子宮的空間，以這樣的形狀與樣式來開發並承載祂的夢想。身爲一個母親，你也遵循類似的方式與途徑，你對受造的孩子而言，便是創造她的神性。就像俄羅斯套娃，你嵌入神

❶《詩篇》39:6。譯自 Rabbi Gershon Winkler, *Kabbalah 365: Daily Fruit from the Tree of Life* (Kansas City, MO: Andrews McMeel, 2004).

❷《創世紀拉巴》（*Bereishis Rabbah*），第十章。

性之中，而你的孩子則嵌入於你之內。

神性之母是否像今日的母親那樣，飽受與日俱增的痛苦？祂是否會疲憊不堪或噁心想吐？祂會變得焦躁易怒、動輒流淚，甚至失去理性嗎？騰出空間，從來不是件容易的事；為一張待哺的口四處張羅與奔忙，更是使人壓力倍增。這是事實。所以，不要像我的一位學員那樣，誤將任何突發的極度疲累或噁心想吐視為生病。她害怕聊及這些議題，因為她確信寶寶似乎有些狀況，而她恐怕會為此被責怪。切記，感覺疲累或筋疲力倦是正常的；而且近乎一半以上的孕婦都會經歷噁心想吐的症狀。所以，你並沒有生病。

你或許對正發生於體內的狀況毫無所悉（一切得等到你學會夢行修練！），但你的身體卻對此有所覺知。它了解自己的狀況，它會協助細胞與細胞、器官與器官之間互動溝通，它也參與受精卵的孕育，並投入架設與啓動新程式的過程。囊胚——空洞的細胞群，從原本的一顆細胞分裂成二、四、八、十六個細胞之後，在細胞開始分化之前，逐漸成形為桑椹胚——此時著床於子宮內。由此，囊胚的內部細胞開始成形為胚胎與羊膜囊，並以其外層細胞奮力掘地，鑽進你的子宮內壁，占據一地，成為胎盤。這塊胎盤，是你的寶寶藉以維持生命的系統。

一開始，寶寶的胎盤所分泌的荷爾蒙，被稱為人類絨毛膜性腺激素，此激素可以制止卵巢持續生產卵子，但卻提醒它要扮演起不斷分泌雌激素與黃體素的功能。這些突如其來且劇增的荷爾蒙分泌活動和細胞的成長，在子宮內如火如荼地進行，也自然使你感覺疲累、焦躁易怒，甚至可能因此而多愁善感，不時掉淚。

其實，你的身體遠比你的心靈來得聰明。透過這些早期孕程最典型的極度疲憊狀況，你的身體提醒你：「該休息了！」不要耗費寶貴而有限的能量在無關緊要的活動上。想想你若吃下一頓大餐之後，會發生什麼狀況？你會感覺昏昏欲睡，因為你所有的能量資源都必須協助消化系統去處理額外的食物量。在懷孕期間，你的身體被囑咐要架構一個全新的基礎設施，同時還要維繫一切理想的狀況，以確保一切穩妥健全。難怪你會覺得異常疲累啊！

有個簡單可行的方式可提升你的體力。記得，你在這個世上並不孤單。你與整個大自然持續不斷地互動。接下來的練習，要求你坐在一棵大樹下，使你記起「在光裡受孕」的練習（參閱練習23）。這個練習是以光合作用的原理爲基礎，藉由光合作用，植物運用太陽的能量，將我們所呼出的二氧化碳轉爲有機化合物並釋放出氧氣，那正是我們所吸進去的氧氣。我們高度仰賴植物的光合作用，藉此吸取大氣中的氧氣作爲存活的基本元素。

練習29

與樹一同呼吸

閉上眼睛。慢慢地呼氣三次，從3數到1，在你的心靈之眼中靜觀數字在倒數。看見數字1高大、清澈、明亮。

想像你抬頭仰望一座蔥蔥郁郁的高山，高山上矗立著一棵高聳入雲的大樹。把對樹的描繪與敘述，娓娓道來，說給自己聽。

呼氣。向那棵樹走去。坐在樹下，你腹中的寶寶正安穩地蹺縮在你的心臟下，你的背部緊靠著樹幹，你的雙膝彎曲。將你的腳趾插進肥沃的泥土裡，感受你的腳趾轉變為長長的樹根，盤根錯節。把你的手指也潛入泥土中，感覺到它們也長出長長的樹根。

輕輕呼出一縷煙霧，像抽菸般呼出一口煙，這些吐出口的煙，包含了所有拖累你、蒙蔽你、以及使你沮喪悲憤的元素。眼觀一縷輕煙緩緩升空，直達大樹頂端的樹葉，並被樹葉完全吸收。

看見你自己吸進一口又一口從大樹所釋放出的新鮮氧氣。

看著這巨大的呼吸圈圈，如何將你與寶寶跟這棵樹連結在一起。

當你繼續呼吸時，看著樹的精華與營養從根部貫穿整棵樹幹，也貫穿你的脊椎。留心觀看它的顏色。

繼續呼吸，直到你感覺體力恢復，精力充沛。

呼氣。抽出你的腳趾與手指，起身，大步遠離你所置身的大樹。轉身回頭看著那棵樹。留心檢視你與樹是否都有些改變？

呼氣。如果你的大樹看起來枯竭空虛，請你走到附近的一條小溪，以容器盛些水去澆灌大樹。後退一步，看看有沒有任何事發生。如果你覺得這棵樹看起來仍凋零枯悴，那就再澆一次水，直到你與大樹都感到滿意，而且因這段相遇而感覺被滋養與潤澤。

呼氣。下山，漸漸遠離這座青翠高山，感覺到你的腳步輕盈，精神煥發。

呼氣。睜開雙眼。

你可以在家裡進行這個練習，但如果可以，靠近一棵綠色盆栽席地而坐，或在外面的一棵大樹下進行，會更理想。你可以在一天之內隨心所欲地練習好幾次，只是每一次以不超過三分鐘爲限。但記得，不要在夜間準備上床休息之前練習，因爲這個練習會促進你的氧氣吸收，可能會令你精神大振而睡不著。

孕吐，懷有新生命的徵兆

孕吐這件事，實在沒什麼浪漫可言。噁心感伴隨偶發性的嘔吐，是孕程中隨時會發生的狀況。孕吐的英文是「morning sickness」，若按字面意思直譯是「清晨疾病」，但它並不只是在清晨發作，事實上，孕吐可能發生於任何時候，早上、中午或晚上，而且嚴格說來，它並非是一種疾病。我們可以稱孕吐爲一種調整的現象。在大部分情況下，孕吐狀況將在孕程的第三個月時急速消失。有些孕婦會持續孕吐到第二階段或甚至第三階段；而在一些較特殊的案例中，也有孕婦從懷孕一開始直到分娩，都處於孕吐狀態。噁心嘔吐的程度也各有輕重之別，從中度噁心到強烈嘔吐不等。一般而言，超過百分之五十的孕婦會經歷孕吐，所以，你若僥倖沒有任何孕吐狀況，那顯然你是不受影響的幸運兒，而且備受恩寵。

爲什麼懷孕過程中會發生孕吐？雖然沒有人能提供確切的答案，但有許多理論可以說明其中部分緣由——雌激素與黃體素的高度分泌、血液中母體血清前列腺素E2的程度、消化系統的肌肉組織放鬆，以及嗅覺感官的增強等等，都是造成孕吐的主要因素。此外，孕吐也可能起因於進化的因素：防止孕婦過度攝取肉類與刺激性的辛辣蔬菜，以免傷及胎兒。我們發現，那些身處「不吃動物性食物」傳統文化中的孕婦，竟不存在任何孕吐狀況。孕吐似乎對懷第一胎的孕婦情有獨鍾，這些孕婦通常對荷爾蒙的猛烈攻擊毫無防備，因此益發顯得束手無策，也就加劇了新手媽媽的焦慮和惶恐。備受壓力或對懷孕這件事鬱鬱寡歡的孕婦，比其他孕婦更容易孕吐。此外，也有研究指出，孕吐的原因似乎離不開情緒與生理性的因素。

這部分聽起來頗爲合情合理。我們都知道，當你感到驚恐、焦慮或壓力過大時，你會胃痛如絞。由於腦幹是負責掌控噁心與嘔吐的神經中心，因此，你爲了舒緩噁心而需要即刻學習的是，如何使負責掌控噁心想吐的腦幹中心平靜下來。別忘了，視覺心像是身體的語言，你可以善用它們，與身體中那些非自主性的功能建立一個互動的管道。

練習30 靛藍色的圓柱

閉上眼睛。慢慢地呼氣三次，從3數到1，在你的心靈之眼中靜觀數字在倒數。看見數字1高大、清澈、明亮。

想像現在是夜幕時分，你獨自坐在户外，被這片寧謐、溫暖而帶點靛藍的夜色包圍。

呼氣。感受你所置身的深夜，感知到你的頸背放鬆地靠著夜空。看見你的頸部慢慢變成了靛藍色，與這片夜色融合在一起，然後變得越來越寬、越來越長，猶如一根又寬又高的靛藍色圓柱。你的身體感知或感覺到什麼了嗎？

呼氣。用睜著眼睛的狀態，在腦海中感受這一切。

你也可以直接藉由安撫與平靜消化系統的顏色，來訓練你的腸胃不做任何反應。我們都知道，顏色對每一個人而言，與其特殊記憶有所關聯，所以，請選擇屬於你自己的顏色。

練習31

清理讓胃不舒服的顏色

閉上眼睛。慢慢地呼氣三次，從3數到1，在你的心靈之眼中靜觀數字在倒數。看見數字1高大、清澈、明亮。

將你的眼睛往內觀照你的胃部，看看不舒服的胃是什麼顏色。

呼氣。用你的左手，將這個顏色一把掃到身體的左邊去。

呼氣。找一個和剛剛清理的顏色明顯對立的顏色，以此新的顏色來塗滿你的整個胃部。如果你找不到完全對立的顏色，那就選擇藍綠色吧！你現在感覺如何？如果這個顏色能安撫你的胃，就要求你的身體在未來的二十四小時內，繼續將這個顏色保留在那裡。

呼氣。用睜著眼睛的狀態，在腦海中看見這個顏色。

面對與緩解孕期的焦慮

懷孕讓你鬆了一口氣，因爲你終於成功懷上孩子了；但同時，懷孕也爲你製造許多意想不到的新焦慮。尤其你若是第一次懷孕，你對不可知的未來簡直是束手無策。你可能會爲自己的疲憊、噁心嘔吐、越來越大的胸部、頻尿、懷孕初期增生的斑點、以及許多突如其來的身體變化而憂心忡忡。也或許你開始糾結於許多問題之中，甚至爲此掙扎不已：我該如何面對分娩的過程？我會是一個什麼樣的母親呢？生產完之後，我還能恢復到原來的身材嗎？我的伴侶是否能適應即將到來的大轉變？我的伴侶還會一如以往般愛我嗎？多了個孩子的家庭，會如何影響我與伴侶之間的關係、影響我們的生活作息、影響我們的經濟開銷呢？我要如何或何時在工作場域上宣佈這項消息呢？

一如你知道的，壓力並不利於你的身體，對腹中的寶寶亦然。但到底該如何面對與處理壓力呢？有一些值得信賴的方式，不妨一試，譬如：透過書籍、卡帶、與自己的母親對話，或與另一位可靠的資深女性或曾經成功經歷懷孕與分娩的朋友們談談，藉此提醒與幫助自己，從她們身上接收具有建設性的認知基礎，知道自己改如何期待，以及該期待什麼，皆有助於舒緩焦慮的心情。

不要聽信那些可驚可怖的危言聳聽。她們所說的只會增加你的焦慮與憂心，爲你的身體製造負面的影響。傳統老婦以平靜、平和與充滿美感的氛圍來圍繞著孕婦，在現代研究中已被證實對孕婦有極大的助益。現在，你已擁有自己的工具——夢行練習，也學會以平和的方式與你的身體對話，並從中引出最極致與理想的結果。這裡再爲你提供另一個練習。

練習32

畫一個光之保護圈

閉上眼睛。慢慢地呼氣三次，從3數到1，在你的心靈之眼中靜觀數字在倒數。看見數字1高大、清澈、明亮。

想像你抬頭仰望太陽日照之處，並將你的手臂高高舉起，向上伸展，去抓取一束陽光。

呼氣。畫一個光之保護圈，從雙腳一直畫到你的頭，讓你自己與你的寶寶都被包裹在裡面。你知道，所有不受歡迎的人或聲音，都被阻隔在光之保護圈的守護之外。你在裡面，安全無慮。

呼氣。睜開雙眼，看著這個環繞你與寶寶的光之保護圈。

當你不再需要這層保護時，請移除光之保護圈，將光束歸還給太陽。你可以睜開眼睛進行這項練習。

記住，你的念頭、情緒與圖像畫面，都會直接影響你的身體。這就是爲何我一再強調，爲了寶寶，你必須訓練你的心智、情緒和內在畫面，讓它們朝向傳統老婦爲孕婦推薦的那種冷靜、平和與充滿美感的氛圍。

每一次當你掃除掉一個根深柢固的念頭、棘手的情緒（恐懼、憤怒、怨恨、罪疚）、或任何負面的圖像畫面，並以健康的思緒、感受或影像取而代之時，你就是在爲自己開創一個積極的環境，一個對你、對你的寶寶友善而有利的環境。

練習33 掃除枯葉

閉上眼睛。慢慢地呼氣三次，從3數到1，在你的心靈之眼中靜觀數字在倒數。看見數字1高大、清澈、明亮。

看見自己站在一間鄉下老屋的門廊前。門廊上滿是枯葉。

呼氣。取一掃帚，將門廊上的枯葉都掃到左邊去。當你揮起掃帚清掃地面時，充分體驗身體的一舉一動所傳來的律動感知。

呼氣。看著乾淨的門廊，地上已不見一片枯葉。你現在感覺如何？

呼氣。睜開雙眼。

《聖經》裡有一則故事，值得我們留意。這則故事記載一群純色的綿羊與山羊，如何在交配時緊盯著斑紋樹枝而最終生出有斑紋的小羊。❸我們眞能凝視影響寶寶的遺傳基因嗎？關於這一點，沒有人知道。但我們可以確信的是，我們所見所聞，確實會影響我們的身體。我們面紅耳赤，我們心跳加快，我們的性慾被激起，我們恐懼得顫抖——這些反應都來自我們眼目之所見。所以，好好去面對與處理我們眼目所見是無比重要的，尤其在面對一些會引發恐懼感的情境時，更要謹慎留意。

練習 34

掃除憂慮

閉上眼睛。慢慢地呼氣三次，從3數到1，在你的心靈之眼中靜觀數字在倒數。看見數字1高大、清澈、明亮。

在鏡子前，看著你所懼怕的影像。

呼氣。用你的左手將那可驚可怖的影像掃到鏡子的左邊。

呼氣。凝視鏡子，看看有什麼元素會激發你的快樂。

呼氣。睜開雙眼，將那些帶給你喜樂的影像，珍藏於你的心中。

第一次透過超音波與寶寶相見歡

你第二次去見婦產科醫師，會是在你的孕程進入第七週時。雖然有些助產士反對看婦產科醫師，即便如

❸《創世紀》30:37-39。

此，你的婦產科醫師仍會替你進行例行性的超音波掃描，讓你第一次透過螢幕，與你的寶寶「相見歡」（其實你早已透過你的內在之眼見過寶寶了）。子宮裡的孩子是如此微小，外形上看起來甚至還不像個人的樣子。但是，你將第一次清楚聽見寶寶的心跳聲！

在孕程的第十八至二十週之間，婦產科醫師將按照慣例，再度進行第二次超音波掃描檢查，你將在這個時候看見你的寶寶在子宮裡的羊膜囊中載浮載沉。此時的她，看起來已像個眞實的寶寶了——有雙手和手指，有雙腳和腳趾，眼睛、鼻子和嘴巴也都長齊了，耳朵逐漸長成，頭上有著稀疏的毛髮；而且，你已經可以從寶寶的性器官判斷寶貝是男生還是女生了！你甚至還可看見寶寶在扭動身體呢！

什麼是超音波掃描？那是由極高頻率的聲波（3.5至7.0兆赫）所產生的影像，由傳感器接觸塗抹了凝膠的腹部皮膚，經由傳輸而發出的影像。塗抹在腹部的凝膠，扮演著聲波指揮者的角色。傳感器則被醫生握在手中，在你的腹部上來來回回移動，聲波在寶寶的身體上彈跳測量，同時在螢幕上產生影像。這些檢測與顯現於螢幕上的影像，讓醫生得以測量胚胎的成長，也可藉此掃描出任何可能發生的生理狀況。與此同時，你與你的伴侶正盡情窺探著伊甸園，那是在一九六〇年代以前的人們無從想像、更不曾做過的事。當你離開醫生診間時，你的手上已拿著一張寶寶的超音波照片了，不久便可把照片給家人與朋友欣賞了。那眞是令人興奮與期待的一刻！現在許多婦產科醫生都會爲前來產檢的孕婦，進行例行性的超音波檢測。

我要在這裡甘冒不得人心的風險，提出我對超音波攝影是否安全的質疑。當然，你的醫生或許會告訴你，那並沒有任何危險，然而，美國食品藥物管理局卻曾在二〇〇四年提出警告：「超音波是一種能量的形式，即便只有低度電力，實驗結果顯示它仍會對身體組織產生影響，譬如刺耳的震動與溫度的升高。」胚胎組織的溫度升高，已經證實會影響老鼠的神經元移行問題，而這部分的損傷，恰好與自閉症的人類腦部組織損傷不謀而合。❹當然，腹中寶寶不會像實驗室裡的老鼠接受那麼長的超音波掃描（長達三十五分鐘），但別忘了，她是個正在發育中的胎兒，這個超高音頻的聲波肯定會影響這個胎兒的成形，包括她正在發展中的腦部與身體。接受這些檢查，眞的是必要程序嗎？美國國家衛生研究院建議，孕程中的超音波影像不需要在例行性的產檢中被派上用場，除非是需要接受特殊療程的個案才需要接受超音波檢查。美國婦產科醫師學會也採取同樣較爲嚴謹的醫學立場。

或許你對「例行性產檢不需要反覆使用超音波」這個議題不以爲然，甚至不覺得此議題有必要接受強烈的質疑或挑戰（我希望你將來可以針對超音波影像進行個人的研究；當胎兒監測也使用超音波時，記得也要在這方面進行相關研究），我還是懇請你，當你需要進行超音波檢查時，請務必操練以下簡單的保護練習。練習過程不會占用你太多時間，最多僅需三十秒。

❹耶魯大學神經生物學系教授拉迪克博士（Dr. Radic）的研究文，*Proceedings of the National Academy of Sciences*。

練習35

用光之簾幕保護你和寶寶

閉上眼睛。慢慢地呼氣三次，從3數到1，在你的心靈之眼中靜觀數字在倒數。看見數字1高大、清澈、明亮。

抬頭仰望晴朗的天空，往上伸展你的手臂，抓取一片最明亮耀眼的光之簾幕，將光之簾幕往下移，覆蓋住你的身體與寶寶。

呼氣。感受到這片簾幕如何保護你免受外在的侵擾，祈求它按著你的需要，繼續保護你。當你的身體被這片光之簾幕所保護時，你體驗到什麼感受？

呼氣。睜開雙眼，留心觀照這片光之簾幕。當你不再需要被保護時，可隨時讓它離開。

科技爲我們帶來許多好處與便利，但沒有人會否認它也同時帶來了缺陷與弊端。不幸的是，科技的殺傷力與副作用，通常需要耗費一段長時間才能突顯出來，也才能讓人認清與承認科技優勢背後的缺點與代價。我在此要再度站在不受歡迎的立場，爲了在身邊近距離使用手機與無線電話的問題，表達一下我的主張。由加州大學洛杉磯分校所完成，以丹麥奧胡斯市一萬三千名孩童爲對象所進行的研究指出，使用手機的母親，有百分之五十四的比率會生下有行爲問題的孩子。當這群孩子日後也使用手機時，他們當中有高達百分之八十的人較可能有行爲問題。有鑒於手機對孩童所造成的危機，歐盟早已禁止孩童在校內使用手機，也不允許在學校附近蓋行動通信基地台（美國在考慮放棄或縮減手機使用率的相關措施上，晚了幾步）。手機的輻射會對孩童與成人造成不利的影響嗎？答案或許不太肯定，但根據一份加拿大的研究，將懷孕的老鼠曝露於類似手機的輻射中，研究人員發現，老鼠的後代會出現一些身體結構性的改變。看看今天，出現行爲偏差或體質上有問題的孩童，比率不斷攀升。我們是不是應當嚴正看待這件事，謹慎而穩當地採取一些因應措施呢？事實上，保護生育功能，維繫個人健康，延年益壽——爲了建立一生的好習慣，而讓我們的身體與手機保持適當的距離——難道不是一件值得追求與努力的好事嗎？

如果你在懷孕的過程中，讀到任何類似「太遲了」的警告提示，請謹記我在「前言」最後所提及的內容。我們的潛意識從未離開，它一直存在，且有極高而不變的可塑性。你只需要練習「進入子宮探視寶寶」（練習28），然後留心觀照你的孩子如何正常而完美地發展與成長。如果需要的話，你的「觀照」也可以運用在孩子需要修復之處。請務必要相信你「觀照」的力量。

結束懷孕初期的孕程

你已來到孕程初期階段的終點了。噁心感與疲憊感會越來越減輕，身體狀況會漸入佳境。（如果你持續地噁心嘔吐，雖然一般只會發生在少數孕婦身上，但仍建議你繼續操練為緩解孕吐而做的練習，並在日常飲食中減少攝取高油脂食物，遵照你的婦產科醫師或助產士的建議去做。）不消多久，你便會感覺自己元氣大增，體力恢復，並且對許多活動躍躍欲試。與此同時，你也感覺到自己的體型變得更大了，你開始覺得自己需要更多的安全感與守護。你和你的寶寶已經平安度過第一階段的孕程。這一路以來充滿了新發現的幸福感，以及在備受保護的孕程中所抱持的樂觀心態，都令你珍視有加。以下的練習可以幫助你平安過渡到下一個旅程。

練習36

光環的療癒力

閉上眼睛。慢慢地呼氣三次，從3數到1，在你的心靈之眼中靜觀數字在倒數。看

見數字1高大、清澈、明亮。

想像你坐在大樹下鋪蓋著厚厚一層草皮的青草地上。

呼氣。看見你眼前出現一個金黃色的巨大聖杯，聖杯裡裝滿了五彩繽紛的珍奇石子。

呼氣。當陽光照耀這些石子時，留心看看日光如何映照與烘托出各種顏色。

呼氣。看見這些多彩的顏色傳送出來，包圍你與你的寶寶，形成了多色光環圍繞著你們兩人。請你感受這圈光環對你的安撫、療癒與保護。

呼氣。睜開雙眼，用睜著眼睛的狀態，在腦海中看見這圈光環。

美麗與安撫人心的多彩色澤，是每一個孕婦都需要的。請容許伴侶縱容你一下。不要害怕提出你的需求，不管是請對方協助清理打掃、採買東西、下廚、或甚至要求買一件漂亮的新衣服。別忘了，你的伴侶也想要實際參與你的孕程。所以，就讓他/她藉此難得機會寵愛你一下，那是你給伴侶一個表達心意的絕佳機會。眾所皆知，孕婦偶爾會心血來潮忽然想吃某樣東西，所以，不要擔心會因此而耽溺或「墮落」。當然，你若隨時需要加倍的關愛與呵護，也請不要客氣，大膽索求吧！畢竟你現在身負重任，承載著家庭的寶藏，所以，你絕對有資格提出要求。

4

第4～6個月：沐浴在母愛的光輝

「人生因爲般切等待或醞釀一件事，而造就一段豐足踏實的時光。」

——作家　懷特（E. B. White）

你已經來到期待已久的第四個月孕程，這是個讓人引頸期盼的里程碑。對許多孕婦而言，這種感覺彷若從黑暗與潮濕的地底冒出頭來，重見光明。一旦你有了這樣的感覺，你對哀戚無味的日子，想必一刻也無法再忍受。就到此爲此吧！某天早晨醒來，你發現自己迫不及待要走出去。那種噁心想吐的不適感，幾乎消失無蹤了。發生了什麼事？還記得嗎，懷孕期間的荷爾蒙與劇增的雌激素息息相關，而這即是造成孕吐的原因。當胎兒已經穩妥地在子宮內著床成長之後，這些穩固胎兒的荷爾蒙便會慢慢減少分泌，因此，噁心想吐的不舒服也隨之煙消雲散了。忽然間，你感覺自己彷彿重獲健康般，充滿活力。自從知道有個小寶寶在你體內成長以來，這就像你第一次感覺又找回自己一般。腹中寶寶的胎盤，是你身體的一片天，也是寶寶的家，如今已牢牢地根植於你的子宮內壁。這是屬於你的黃金歲月，因爲太陽與月亮一同運作，使你看起來容光煥發，健康美麗，整個人散發出一股難以言喻的亮麗與光彩，彷若蒙娜麗莎。（她當時懷孕了嗎？她看起來散發著一股猶如「吞下金絲雀的貓」般的神祕感與滿足感。對你而言亦然，當你閃耀著心滿意足的光芒時，第二階段的孕期將使你看起來柔媚動人。）

而今，你那彷彿上過蠟、渾圓如月亮的肚子，再也無法隱藏起來了。肚子會越來越大，一如希臘的月亮女神塞勒涅（Selene），你將看見自己成爲了映照在黑夜湖面上的皎潔滿月。就像塞勒涅，你將發現自己比生命更宏大、更聰慧、更深沉、更難以探觸，就像創造之母，對自己既熟悉又生疏。你的光芒與腹中所懷的美好果實，將使你免於各種體力勞動，同時享有各種隨心所欲的特權，不管聽起來多麼不合理或霸道，請好好享受這段時間吧！這個階段的你，除了安心養胎，讓種子在肚腹裡成長茁壯，此外，你什麼也不必做。不要嘗試想當女超人。讓自己享受被呵護、被照顧的特權吧！

在你體內成長的寶寶，反映了太陽的仁慈和善意，太陽滋潤和餵養了每一個生命，同時也是一股提升生命的力量。太陽的光照與恩澤，隨後便由月亮反映到各個生動活躍的有機體上。許多外顯的轉化一一出現，譬如，忽然分泌旺盛的荷爾蒙、高度沉澱的色素散佈在乳頭周遭的乳暈上，在某些狀況下，有些孕婦的臉上甚至開始出現色澤不均的斑疹（生產後便會慢慢消失）。那條從肚臍下方一直延伸到恥骨部位的白線，開始轉黑了，那即是「妊娠線」。這一連串發生在你身上的記號與變化，宣告你正式步入「變形階段」，你將搖身一變成爲神祕的黑色聖母，在幽微黑暗的隱祕處，懷抱著祕密果實，就像夏娃，她的名字代表著所有生物之母。

接納身體的轉變

前三個月極有可能是你最艱難的孕程，但來到了此時，恭喜你已完成最艱鉅的挑戰，終於進入懷孕中期的孕程了。現在，你的身體外形顯現了懷孕的徵兆與記號。你的身體即將開始承受一些轉變，這一切將令你驚訝不已。你也開始樂於將那圓滾滾的大肚子，展現在與你同歡共喜的親友面前。抑或你開始爲自己的身材與外形等轉變而憂心忡忡：我還可能恢復原來的苗條身材嗎？那些出現在皮膚上的暗淡新紋路和痕跡，會不會越來越深？這些紋路會在生完孩子後消失嗎？我的伴侶會不會對我失去興趣而轉身離去？我會不會成爲一個令人嫌惡的人？與此同時，你的醫生不斷對你耳提面命要控制體重。或許對你而言，那已是一面充滿警告的紅旗了。這些針對身體形象的改變所造成的焦慮，不僅痛苦，而且令人吃不消，尤其當你置身於一個推崇纖瘦身形的文化衝擊下，你的憂心恐怕只會加劇。當然，如果你生活在崇尚「懷孕就要渾圓豐滿」的偏遠地區或部落社會的話，那麼，你大可放心地放下這些擔憂。

你是否快樂、是否對自己感到滿意，對你自己與腹中胎兒的健康都無比重要。雖然你的身體外形隨時都在歷經變化，但一生也唯有這樣的階段會經歷如此顯著而戲劇性的大轉變。你要知道，那不過是階段性的轉變，並非長久如此。這段孕程確實會令你的身形越來越「迅速發展」，然後等寶寶出生後，你將恢復成原來的苗條身材。所以，別擔心，盡情享受豐滿渾圓的曲線，以及許多溫柔的新發現，這一切都益發增添了你的女性特質。在第七章，你將進一步找到更多相關的練習，可以幫助你重尋自然的體態與形象，使你對自己更加滿意。

練習37

觀照孕程的身體變化

閉上眼睛。慢慢地呼氣三次，從3數到1，在你的心靈之眼中靜觀數字在倒數。看

見數字1高大、清澈、明亮。

想像一個陽光充足的大晴天，你走進一座茂密的樹林。感受到透過樹葉空隙灑落而下的日光，以及微風輕拂皮膚的舒適感，一邊聆聽大自然的聲音。

呼氣。你來到一個敞開的空間，那裡有一面穿衣鏡等著你。你看見鏡子裡的自己。

呼氣。你在鏡子前看著自己從懷孕以來不斷變化的身材。如果你感受到最明顯的變化是體重增加太多，就請你毅然將鏡中的影像掃到左邊去，然後，從鏡子裡看見懷孕期間恰到好處的體重。

呼氣。繼續如此觀照與調整你從鏡中所看見的外形變化，一直到生產的那個時刻。

呼氣。看見你把寶寶抱進你的臂彎中。接著，你把孩子放在樹蔭下的青草地上。

呼氣。繼續看著鏡中的自己。看見自己的身體歷經不同階段的變化，渾圓豐滿的身材逐漸被結實與活力十足的外形所取代。你繼續對著鏡子自我觀照，一直看到你完全滿意為止。

呼氣。看著鏡中所顯示的日期，那是你對自己的外形最滿意的時間點。

呼氣。以雙手捧著你圓滾滾的肚子，將你的滿懷愛意傳送給腹中的寶寶。你深知這整個孕程肯定會讓你增加一定的體重，但當寶寶出生以後，你將會回到過去結實、苗條又充滿活力的體態。

呼氣。睜開雙眼，用睜著眼睛的狀態，在腦海中看見這段外形轉化的過程。

記得你的潛意識是操之於你的視覺心像，而你的身體又深受這些視覺心像的命令所左右。你若對自己充滿負面想像，你的身體也會對這些負面感受照單全收。所以，我建議你開心而優雅地接納這段懷孕期間無可避免的身材變化，但也可以同時發揮你的潛意識視覺心像，觀想自己在分娩後，你最期待的身材與模樣。每一次當你對自己這典型的孕婦外觀感到焦慮不安時，就可以進行這項練習。你已準備要設定自己的強烈意圖，讓自己回到原初的模樣。意圖是很具力量，也非常重要的，時間到了，你的身體就會回應你的意圖。

盡情享受這趟身體外形的轉變之旅。或許你可以考慮爲自己添購幾件舒適又時尙的孕婦裝，好讓你即使身材變胖了，仍可感受時髦與優雅的美感。

令人又期待又憂心的現實狀況

因著你所展現的身形，不管是你或周遭的人都非常確定你懷孕了。寶寶在你的子宮裡不斷成長，勢不可擋，如此一來，你必然要面對一個事實，那就是：六個月後，你將生下一個寶寶。你也將因此轉變身分，爲人父母。

或許你會爲此而興奮歡呼，甚至忘情地高唱哈利路亞，擁抱令人期待又戰兢的時刻。然而，你也可能感覺被困住，而那其實是正常的自然反應。這些初期出現的徵兆，使你倍覺責任重大，當然那不是對你自己的責任，而是爲了你所孕育、脆弱無助的腹中肉的責任。如果你至今仍未學會如何爲別人犧牲自己，此時此刻，正是接受自然天地挑戰的時候了。悉心呵護與養育孩子，教導他們學會無私與慈悲的功課，爲此，你必須學會把孩子的需要置於你個人的需求之上。但你大可放心：走上這條路之後，你必定會愛上這份無私奉獻的學習與體會。

在這個階段，你的寶寶快速成長，並在月亮陰晴圓缺的範疇內蛻變與成形。他的全身開始長滿細毛，猶如生長在地表上的青草。他全身的骨頭開始併結起來，像一棵樹的結構般堅固。他將開始由內而外慢慢地發展觸覺、聽覺、味覺、嗅覺與視覺。這些敏銳的感官將伴隨他這一生，延續一趟又一趟的冒險旅程。我們稱此行動為「渴望」。

當你的寶寶依著他的生理時鐘與時間表慢慢成長之際，你自然會想知道寶寶的狀況是否按著生長計畫發展。過去，你需要耗盡心力去適應一個仿若陌生的身體與各種變化，而今，你的體力已逐漸恢復，你有更多時間留心聆聽你的內在聲音。也許你又深陷一些破壞性的舊習慣之中，或發現自己受到熟悉的憂慮與疑惑之聲所困擾。但是我們必須了解的是，我們永遠不可能完全脫離毀滅性的聲音或是對負面聲音免疫——我們唯一能做的，就是學會活在當下，把握此刻。

練習38

清理具破壞力的聲音

閉上眼睛。慢慢地呼氣三次，從3數到1，在你的心靈之眼中靜觀數字在倒數。看見數字1高大、清澈、明亮。

聆聽令你心生恐懼的聲音。仔細明辨，這些聲音從哪個方向傳來？從你的左邊、左後方，右邊或右後方——哪個方向呢？

呼氣。將你的雙臂朝著太陽高高舉起，抓一把光束，讓自己被光所包圍。一旦受到保護之後，請你轉向那個聲音，看看到底是誰在說話。

呼氣。對著聲音的方向，舉起一個巨型的圓錐體。緊抓住那個聲音，將它放進圓錐體裡，看著那個聲音回到製造它的人那裡，與他產生共鳴。

呼氣。將這個圓錐體推開，一直推向對方的空間去，一直到圓錐體、那個聲音與那個製造聲音的人都徹底消失。

呼氣。聆聽全然寂靜的沉默。享受靜默的美好。

呼氣。睜開雙眼。

一旦你徹底清理了那些侵擾你的聲音源頭，你仍需要學習處理與面對你的壞習慣，學會與之相處。你的身體充滿並累積了各種習慣，且早已習慣聆聽各種聲音，所以如果你的身體開始模仿那些聲音，請不必感到驚訝。你只需要留意，其實那些聲音和習慣並沒有你想像中的巨大，也不至於對你全面圍攻。只不過有些壞習慣——譬如抽菸、暴飲暴食、酗酒、焦慮、多疑或令人厭惡的聲音等等——罄竹難書，格外需要我們將之一一清理掉，一如我們用心將家中的灰塵掃除殆盡般。

練習39

清理壞習慣

閉上眼睛。慢慢地呼氣三次，從3數到1，在你的心靈之眼中靜觀數字在倒數。看

見數字1高大、清澈、明亮。

拿一把小掃帚，將那些侵擾你的聲音都掃到左邊去。

呼氣。睜開雙眼。

你可能需要維持一段長時間的清理工程。習慣是長時間累積下來的生活習性，因此無法僅靠一、兩次的行動就徹底清除乾淨，而是需要定期清理。所以，每一次有任何聲音浮現時，就起來清理一番。你若踏實地貫徹始終，我可以向你保證，總有一天，那些不斷侵擾你的聲音會消失得無影無蹤。

如果你所聽到的負面聲音並非來自某人，而是發自你的內心深處，那麼你要記得，就連你自己最負面的聲音也足以「驅動一部公車」。你可以透過以下練習來清理你的負面聲音。

練習40

吹散頭頂的烏雲

呼氣，將你呼出來的氣視為一縷黑煙，聚集在你前頭與上方的天空，然後轉變成一朵烏雲。持續呼出黑煙，一邊持續呼氣，一邊凝視越來越大的烏雲聚集在前方。持續呼氣，直到你的呼吸變得越來越清澈透明。

現在，用力對著烏雲呼氣，將烏雲拆解成數以千計的碎片。

第二次呼氣，看著那些碎裂的烏雲一一解體，然後消失。
第三次呼氣，看著一束束黑煙，在空氣中消失得無影無蹤。現在的天空，重見蔚藍澄澈。
睜開雙眼，凝神看著湛藍澄澈的天空。

這個練習在對抗焦慮方面，成效卓著。其實，焦慮感有助於促使你去揭開肩頭壓力的眞正緣由。但假若你的焦慮感根本找不到任何緣由，但卻令你感覺喘不過氣來，那麼，或許該是時候好好面對與處理它了。建議你每天早上規律地做這個練習，持之以恆地持續練習二十一天，藉此好好訓練與教導你的身體如何有效率地進行負面習慣的大掃除。如果對你而言二十一天還不夠，那麼請你暫停七天，然後再開始另一個二十一天的循環。你將能藉此訓練，幫助自己破除與改變那些充滿殺傷力的焦慮感。記得，堅持不懈會帶來一個迥然不同的新世界。

以平常心看待產檢

即便你從未被焦慮感擊垮，但我想你肯定問過自己這個再明顯不過的問題，否則就太不符合人性的自然傾向：「我的寶寶健康嗎？寶寶的發展是否健全？我是不是應該接受更詳盡的檢測？」在妊娠期第十六週至十八週之間，你的婦產科醫師會建議你接受一系列不同的檢查項目，因爲醫生想要進一步檢查寶寶的染色體、皮膚與血液。

在你決定接受這些檢查之前，請善用你已經學會的工具。別忘了我們曾進行過的練習——進入子宮探視寶寶（練習28），那是你這個階段最重要的練習。你將雙眼往內觀照，去「看」你的寶寶。相信你自己的內在雙眼：它們是你深入直觀與直覺的有力工具。

倘若你的憂心與疑慮如烏雲罩頂般遮蔽了你的內在視覺，你可以藉由你的夜間夢行來登入。當你的意識心靈進入睡眠狀態時，你將更容易把事實看得清晰透澈。上床睡覺之前，記得要「掃除枯葉」（練習33），否則你的憂慮將入侵你的夢境，讓你惡夢連連。但也有些時候，那些惡夢是眞的想要告訴你一些訊息。在那樣的情境下，記得，你的那些夢，不只是診斷的工具，同時也是療癒扭曲狀況的方式。所以，不要輕忽你的夢境，請嚴謹以待。帶著想像力，適度地回應夢境的需要。如果必要的話，請聯絡你的醫生。

在大多數情況下，你的惡夢突顯了你的焦慮。隨著你的荷爾蒙日漸加劇，你的夢境也會越來越深刻而強烈。你夢境中的夜生活形象，可以從理性的女人，搖身一變成爲話題女王。千萬別把她看得太認眞。我們要學會去覺察與辨別話題女王的夢境與預知夢境之間的差別爲何。

你不確定嗎？請返回夢行狀態中，問問自己：這是個充滿焦慮的夢嗎？你將很快聽到答案。然後，選擇相信這個答案。因爲早在你清醒地意識到身體上的任何轉變之前，作爲事件發生的載體——你的身體——已然「知曉」一切。因此，身體透過夢與內在視覺來轉告你。

你還是不完全相信你只是做了個充滿焦慮的夢嗎？如果你覺得無論如何，自己就是需要進行檢查才會比較安心——可能是你的家庭背景、就醫紀錄、或高齡問題——請你謹記，沒有任何檢查是全無風險的。所以當你謹愼衡量之後，就要爲自己和腹中的寶寶準備好去面對這些檢查的程序。

這個階段最常進行的檢查是羊膜穿刺，藉此檢測子宮羊水內的胚胎細胞、化學物質與各樣微生物。醫生會將一根長長的空心針，穿透你的腹腔，直探你的子宮內部，取一些寶寶的胚囊所置身的羊水。當針筒直探你的體內時，你感覺不到任何疼痛。醫生會從螢幕判斷寶寶的位置，然後再謹慎地將針插入子宮，不讓針靠近寶寶，盡可能離寶寶越遠越好（此時，記得任何與超音波相關的檢查，都要進行「練習35：用光之簾幕保護你和寶寶」。別忘了觀想你的寶寶移動到羊水的另一邊，直到整個檢查程序結束。寶寶會向你的內在圖像畫面做出回應。你也可以在螢幕上獲得證實。

練習41

幫助你和寶寶準備好接受產檢

閉上眼睛。慢慢地呼氣三次，從3數到1，在你的心靈之眼中靜觀數字在倒數。看見數字1高大、清澈、明亮。

以明確而精準的角度，針對即將發生的事，為你的身體進行觀想，並徵得身體的同意，允許醫生為你的身體進行接下來的檢查項目。

呼氣。如果你的身體拒絕接受檢查，問問你的身體有什麼需求，好讓它能接受進一步的檢查步驟。以視覺心像來回應身體的需求。

呼氣。一旦徵得身體的同意後，接下來問問你腹中的寶寶是否同意接受檢查。

呼氣。如果你的寶寶拒絕接受檢查，問問你的寶寶有什麼需求，好讓他能接受進一步的檢查步驟。以視覺心像來回應寶寶的需求。

呼氣。持續地進行，直到你的身體、你的寶寶與你自己都取得接受檢查的共識。

你將在本書的附錄中，找到一個更爲完整的練習版本——花園：準備接受檢查（練習156）；這個版本結合了「你和寶寶的祕密花園」（練習45）。

你若在羊膜穿刺檢查之後感到些許痠疼或不舒服，那是正常的。接下來是你可以自行做的練習。

練習42 舒緩痠疼不適的顏色

閉上眼睛。慢慢地呼氣三次，從3數到1，在你的心靈之眼中靜觀數字在倒數。看見數字1高大、清澈、明亮。

將你的下背部與下腹部觀想為紫紅色，長達一分鐘。

呼氣。睜開雙眼，用睜著眼睛的狀態，在腦海中看見這個顏色數秒鐘。❶

等待結果的過程中，情緒難免會起伏跌宕。你爲此而緊張不安，但你有沒有想過自己究竟在期待什麼？你知道你已經按部就班地操練所有練習了。你也已經知道，你的思緒與念頭不但活化了圖像畫面，且以積極的正能量來影響你的身體與你的孩子。此時，不要讓你的思緒隨著「萬一……」、或災難性、或任何負面想法的念頭而糾結纏繞。你要相信那道光會引導你的腳步，走向幸福快樂的道路，那是一條不會令你失望且會持續牽引你的道路。還有，別忘了要返回你的子宮去探視你的寶寶，你可以藉此確保你們都平安無恙。

你越專注於寶寶的美麗與完美，便越能助大自然一臂之力，讓它盡全力來保護你所創造的寶貝。這從來不是虛幻的盼望，但你必須透過以下的練習，來進一步驗證我所說的話。你與神性、也與大自然，一起成爲共同創造者。

❶色彩療法的說明，採納自丁夏博士（Dr. Darius Dinshah）的著作《讓光照耀一切：全光譜色彩療法》（*Let There Be Light: Practical Manual for Spectro-Chrome Therapy*），Malaga, NJ: Dinshah Health Society。

練習43

散發光芒的孩子

閉上眼睛。慢慢地呼氣三次，從3數到1，在你的心靈之眼中靜觀數字在倒數。看見數字1高大、清澈、明亮。

你看見一間商店的窗户上方掛著一個招牌，上面寫著：「女士們的快樂」。

呼氣。從那家商店的窗户，你看見你的孩子散發著光芒，宛若聖者，被來自世界各地的美麗珍寶簇擁圍繞，高高坐在寶座上。

呼氣。睜開雙眼，用睜著眼睛的狀態，在腦海中看見你光芒四射、幸福快樂的孩子。

感受初期胎動

長久以來，你一直等著確認自己是否懷孕，耐心等待第一階段孕期的結束，好讓你可以漸入佳境。現在，你等著第一個徵兆出現，我們稱之爲「胎動」。這是一個令人聞之精神抖擻的美麗詞彙，標示著一個生命的躍動與勃發。胎動是孕期中的一個里程碑。對我而言，第一次感受到來自肚腹之間的震動時，眞是令我欣喜若狂！我忍不住大叫大笑。那種感覺有點奇特，能感受到寶寶在肚子裡動來動去是如此美好的體驗，就好像有人在我的大肚子裡輕輕撫弄或搔癢。我稱肚子裡的寶貝「我的小魚」。

你將開始在懷孕的第十六週至二十二週之間，感覺到這些特殊的動感，因爲你的寶寶已經成長到一個階段，大到足以探觸他所置身的子宮邊界。你若在第十六週時仍未感覺到任何胎動，不必太擔心，你還有時間。即便你尚未有任何感覺，但請你放心，寶寶一如以往般在你的子宮裡緩緩游動，通常第一次可感知的動感是非常輕微與微弱的。忽然有一天當他攪動「羊水」時，頃刻間，你的子宮肌肉會因爲被刺激而抽動，那時，你可能就會經歷到一陣陣來自子宮內胎兒的動作，就在你的下腹部傳來拳打腳踢的觸感，或像一陣輕輕拍打岸邊的浪潮動感。再過一些時日，當寶寶越來越大時，他的特技表演會越來越像飛毛腿，在你的子宮裡踢得不亦樂乎。

當你初次感受到這些來自身體的新奇顫動時，你會爲那一陣陣的觸感而驚詫，而雀躍歡喜。你的寶寶是如此有生氣、有活力！即便你已在螢幕上見過他在子宮裡轉動伸展，但來自肚皮的胎動仍令你忍不住讚歎，那可是你第一次眞正「感受」到他的存在啊！你會想要牽著伴侶的手，在你的肚子上追蹤和感受這份來自生命的奇蹟。

之後，當然了，你將開始謹慎地留意寶寶的一舉一動，然後，一遍遍好奇自問，上一次感受到他的胎動是多久以前？但請容我提醒你，不要讓自己太執著於此。一開始，胎動的感覺可能只會隔天來一次。一直到寶寶越來越大了，你才會感受到頻繁的胎動，但有時候如果你太忙碌或當你熟睡時，你可能不會那麼明顯地感覺到胎動。漸漸地，你甚至可以緊盯著肚子而看見你的寶寶在裡頭移動的軌跡。寶寶往往在夜間時分比較活躍。以下的練習可以幫助你平靜下來，同時強化寶寶的胎動。

練習44

吸走對你和寶寶不好的能量

閉上眼睛。慢慢地呼氣三次，從3數到1，在你的心靈之眼中靜觀數字在倒數。看見數字1高大、清澈、明亮。

想像你置身一個開滿白花的原野。你摘下白花，紮成一大束花束。高草叢生之處，緊鄰著一條小溪，你躺臥在草地上。

呼氣。摘下白花的花瓣，將一片片花瓣覆蓋在你的腹部上。感受花瓣的精華與生命力，滲透並深入你的子宮裡。

呼氣。感受並看見花瓣完整地吸收所有對你與寶寶不利的東西。

呼氣。當花瓣把不好的元素都吸納了，便開始轉為暗褐色。把已經完成任務的花瓣從腹部取下，聚集起來丟進附近的溪流裡。

呼氣。一次又一次反覆地做，直到你放置於腹部的花瓣不再轉為暗褐色，而是維持原來的白色。

呼氣。休息，感知到寶寶在你之內翻動。感受到天空那無邊無際的圓頂，以其保護性的藍色光環，覆蓋著你與尚未出生的寶寶。

呼氣。睜開雙眼，感覺到令人精神奕奕的清新感。

寶寶的動作，是他進行溝通的方式。當他驚恐害怕或生氣沮喪，或甚至受到刺激時，他會在肚子裡輕拍或踢動。一旦你懂得辨識寶寶在子宮裡的一舉一動所傳遞的訊息時，你便可以開始以輕撫或輕拍腹部同一個位置，來及時回應他的踢動，藉此與他建立溝通的管道。你也可以試著輕拍他，看看你的寶寶是否回應你。你可以設定一個間歇性的固定節奏，類似摩斯密碼，來輕拍以回應你的寶寶。如果他也能回應你，那就太美好了！但提醒你，不要過度輕拍。你的寶寶需要長時間的睡眠，他必須在不受干擾的環境下安穩地睡覺。你很快便能透過他的動作，來掌握他是否清醒。就像你的生活作息般，寶寶也有一套清楚明確的入眠與起床時間，那是他獨有的生活作息，所以你不需要擔心他是否建立「正確」的作息。他有的，而且做得很好。你只需要輕撫他，使他感到安心。隔著肚皮輕拍，與寶寶溝通之餘，也與你未出生的孩子建立一種玩樂的趣味。

與寶寶一起在愛中安歇

當你進入孕期中段，你會變得越來越豐滿圓潤，你的身體與腹中的寶寶也需要更多關注。其中很重要的一點是專心休息。請你輕鬆面對與練習，不要費力進行。過度警覺是一種禁忌。請學習悠然盤旋於你所置身的寬廣新世界。像隻孵蛋的母雞或棲息於巢中的鳥那樣，坐著夢行，與你的後代子孫進行一場充滿共鳴與理解的溝通和對話。

在你的夢行狀態中，你與夢中的寶寶合而為一。事實上，在希伯來文中，「夢想」（chalom）這個字，與甜的辮子麵包「查拉」（chala）是同一個字根，那是猶太人每週的安息日都會端上桌的食物。這樣的字根連結，預示了你的夢境是那份神聖麵包中不可或缺的重要成分與原料。同理，你對夢境的專注與慈悲，在「醞釀」你未出生的寶寶上，也扮演了舉足輕重的角色。不管你為何事而奔忙，都不要停止以正念、以眞愛來澆灌你未出生的寶寶，以此來強化並建立你和孩子之間的互動、交流與情感的連結。

練習45

你和寶寶的祕密花園

閉上眼睛。慢慢地呼氣三次，從3數到1，在你的心靈之眼中靜觀數字在倒數。看見數字1高大、清澈、明亮。

想像你站在一個有著圓形圍牆的花園前。你繞著圍牆走，直到你找到入口。你找到大門的鑰匙，然後開門入園。

呼氣。走進花園裡。花園的景致如何？繁花盛開嗎？什麼顏色？聞起來的味道如何？

呼氣。如果花園需要整修打理，請捲起袖子開始動手做，直到花園看起來就像你期待中的理想樣貌。

呼氣。再往花園裡走去，一直走到正中央。找一棵美麗挺拔的大樹，樹葉茂密，綠蔭如蓋，找到一個有遮蔽的角落，席地坐在厚如鋪棉的青翠草地上。

呼氣。聆聽附近水流潺潺。聆聽周遭傳來的大自然聲音。感受自己沉浸於大自然中，隨著大自然的律動與輪轉來去的節奏，慢慢呼吸。

呼氣。感受並看見你的寶寶回應了你的呼吸，因為他也跟著你，與大自然的節奏調和對焦。

呼氣。休息，放輕鬆，享受大自然，享受寶寶在你之內的感覺，直到你的身心煥然一新。

呼氣。起身，回頭走出去，離開花園。你的寶寶安全又安穩地蹉縮在你的心臟之下。當你離開時，留意觀察自己是否和之前有所不同。

呼氣。將門關上，上鎖，把鑰匙帶走，或藏在安全的地方，下一次當你想再來時，可以輕易找到鑰匙。

呼氣。睜開雙眼，祈求那種放鬆休息的平靜安適，可以充滿你和寶寶，不停地延續一整天。

允許自己放鬆休息，並非縱容，而是一種必要的需求。不論是你或寶寶，都需要這麼做。你的身體需要全神貫注在吸收必要的營養與維持足夠的體力，以確保你的健康，同時得以餵養正在子宮裡不斷成長的新生命。你的寶寶正在長大，所以格外需要你賦予他肉體的力量與心思的能量。此刻的你，應該很清楚你的心力對寶寶各方面的發展，一如體力般不可或缺與無比重要。所以，試試看每一天至少好好休息一次。你可以在午餐後休息一下。如果可以的話，躺下來休息半小時，清空你的心思意念，趁這時候去探視寶寶。你可以把「你和寶寶的祕密花園」（練習45）與「進入子宮探視寶寶」（練習28）一起合併操練。這些練習所需要的時間都很短，頂多三至五分鐘，卻可使你頓時感覺彷彿休息了很長一段時間。容許你自己進入夢中，才能獲得深沉的休息。所以，不但要在白天有意識地進行這些練習，也要在夜間讓潛意識去執行這項功課，好讓你與寶寶都能藉此獲得超乎你預期的優勢與好處。

眞正認識你的孩子

當你讓自己充分休息並完全沉浸於孕程中時，你對寶寶各方面的「認識」，便會處於一種沉默無語、潛意識的階段。你「知道」他不斷進化的神經系統、腦部與皮膚發展，你感受到他的器官開始建構並承擔屬於他自己的職責。你的孩子從一顆受精卵成爲肉體的過程，越來越眞實並清楚地顯化出來。此時，你的右腦沉浸在經驗中，而你的左腦忍不住開始提問，因爲那正是左腦的本能：這孩子是誰啊？我會喜歡他嗎？我們能夠和平共處嗎？我自己在懷孕的過程中，心中經常不由自主地冒出這些問題。我與這個難以言喻的神祕事物暗中過招，就像手裡拿著一份未拆開的聖誕禮物，從一隻手把玩到另一隻手。我持續與這些提問爲伍，延長了夾雜著興奮與懼怕的期待。每一天，我都如此祈禱：讓我們能彼此融合與適應，使我們互相欣賞與接納，讓我們能夠彼此了解。

命名的問題，開始成爲我們家的熱門議題，或許你也同樣在此階段面對這個問題。我們該如何稱呼這份奧祕的禮物呢？關乎姓名的探索，突顯了一些糾結的惱人問題。因爲孩子的名字，意義深遠。許多古老的傳統都認定，名字不但會影響一個人的一生，並且掌握了強勁有力的振動眞理。名字，界定並影響一個人的人格，以及他所懷抱的目標。我的繼子想叫我肚子裡的兒子「扎克」（Zack）。但我就是「知道」他不是扎克。這個名字感覺太緊張、太曲折了，就像那年夏天空中的一道閃電，呈Z字形閃現於天空。我詢問我的夢：孩子長得如何？他該叫什麼名字？

夢中，我看見一張有著木條柵欄的嬰兒床。站在嬰兒床裡的嬰兒，兩手各握著一條蛇，將蛇扭擠致死。我聽見有個聲音大喊：「我的名字是山姆（Sam）！」

如果你和我有一樣的成長背景，熟知希臘神話的故事，那麼你會馬上就認出那個站在嬰兒床裡親手殺死兩條蛇的男孩是誰。他是年輕的海克力斯（Hercules），意即希臘神話裡的大力士，或被稱爲大力神。他的體格高大壯碩，威猛有力。

這個夢境充滿洞察力，可以從兩個無可否認又極具說服力的角度來看。雖然我當下並不曉得，但後來經過證實，原來我兒山姆的兩位已離世的親生曾祖父與外曾祖父，都叫山姆。以離世的長輩姓名作爲後代子孫的姓名，是符合猶太教傳統家庭習俗的。對山姆而言（是的，我們後來遵照夢境指示，爲他取名山姆），他也成爲凜然強壯的男生，以重要而充滿影響力的方式，存在於我們當中。他現在已經二十六歲了。我們母子之間建立了自然而互相了解的親密關係，回首凝視，那不就是我最初的禱告嗎？

有些母親會把孩子看成如陌生人般。她們與孩子之間缺乏默契與共鳴，甚至水火不容，那眞是令人遺憾與悲哀！一切就從現在開始吧，開始去眞正「認識」你的孩子。透過潛移默化的方式來學習。找機會和他一起做夢，你將從中學習和他一起編織一張五彩繽紛且構圖美麗的漂亮掛毯。

練習46

編織孩子的生命掛毯

閉上眼睛。慢慢地呼氣三次，從3數到1，在你的心靈之眼中靜觀數字在倒數。看見數字1高大、清澈、明亮。

想像你坐在織布機前。你的膝上擺放了一束束不同顏色的毛線。

呼氣。將你的雙眼向內觀照你的孩子，與他接觸。問問孩子，你該使用什麼顏色。仔細看看跑出來的顏色，掌握了顏色之後，就可以開始編織了。

呼氣。每一次當你要變換顏色時，先跟你的孩子確認，再看看跑出來的是什麼顏色。

呼氣。當你感覺自己編織的掛毯大功告成了，請看看你編織在掛毯上的圖樣。

呼氣。你若覺得有些地方還需要修改，請勿猶豫，即刻動工，一直修正調整到你滿意為止。

呼氣。將你的雙眼往內觀照，跟你的孩子確認，看看他是否喜歡這張為他所編織的生命掛毯。

呼氣。詢問他的名字。你若對此姓名很滿意，請把名字編織進掛毯中。

呼氣。睜開雙眼，用睜著眼睛的狀態，在腦海中看見你所編織的掛毯，同時聽見孩子的姓名。

身體失衡時的處理

懷孕，是一段以感恩與欣喜之心，接納自己的身體不斷轉變的過程。每一個徵兆的轉變都是一個證據，證明你的寶寶正穩妥地成長，證明你的身體越來越適應寶寶的存在。有時候，你會從中發現自己的緊張與壓力，此時，你的身體或許需要一些幫助。一如中醫指出的，我們每一個人的體質，先天上便或多或少存在一種失衡的狀態。我們對某些元素的需求總是過猶不及，不是太多，就是太少：在五行中，有些人「火」太旺而「土」不足，有些則是「氣」太多而缺乏「水」。爲了維繫懷孕期間的健康，重新讓你的身體恢復平衡便顯得極爲重要。很多時候你需要的只是一些簡單的運動，藉此來重新調整你的身體狀態。

貧血、高血壓、水腫、背痛、腳抽筋、手指麻痺、喘不過氣、睡眠障礙等，都是這個階段可能會發生的身體失衡狀態。我們將針對這些不算會造成太大壓力的問題，加以面對與處理。其他還有更嚴重的挑戰，譬如前置胎盤或子宮早期收縮等，都是比較罕見而嚴重的問題，你可以在附錄三中找到適合相關症狀的練習。

貧血

在孕期第二階段，尤其到了第二十週，當腹中的寶寶不斷成長時，你的血容量也會跟著增多。你將需要更多鐵質來製造紅血球。你的醫生會開補充鐵劑的處方給你，同時建議你多攝取含鐵量高的食物，例如朝鮮薊或帶皮馬鈴薯。但你的身體對鐵質的吸收與儲存，恐怕很快就會被營養不足、害喜孕吐、接連懷孕或懷上雙胞胎等身體負荷所耗盡。貧血的症狀包括：極度疲倦、虛弱、蒼白、心悸與間歇性暈眩（因大腦供血不足所引起的暫時失去知覺）。

你若發現自己的身體出現以上症狀，抑或你純粹想要提升血含量與增強體力，建議你進行以下練習，我稱之爲「那道充滿於你的藍光」。這個練習最好在早晨進行，因爲晚間準備就寢前，並不適合強化你的體力與精神。這個練習的時間以不超過三分鐘爲限，切勿過長。

練習47

那道充滿於你的藍光

找個不易被打擾、能讓你徹底放鬆且安靜的地方。坐在一張有扶手的椅子上，雙臂與雙腳自然平放。閉上眼睛。

將那些干擾你的因素、那些令你疲於奔命且心力交瘁的事、那些模糊不清的糾結都呼出來。

將那些烏煙瘴氣的感受呼成一縷輕煙，讓這縷輕煙輕而易舉便被你周遭的植物所吸收。

當你的呼吸來到吸氣時，把這股吸進來的空氣視為充滿陽光的藍色光束，就像從天而來、閃閃發亮的藍色光束。

看見這股藍色光束充滿你的鼻腔、你的口腔與喉嚨，然後流向你的背部，彷若一道巨河之光。看見它充滿你的雙腳、雙足與腳趾，並把你的腳趾用力拉長，宛如那道光的天線。

看見那道光從你的雙腳旋轉環繞而上，直到充滿你的骨盆。

看見澄澈的藍光環繞並承載著置身羊水裡舒服浮游的寶寶。看見那道光緩緩往上升，一直升到你的胸部，充滿你的乳房，明光照耀著它們。

看見這道光自由流動，自由進出你的心臟，直到你的心臟成為一盞灼熱的藍燈。

看見這道光往下流向你的手臂，就像光之小河，充滿你的雙手與手指，再伸展拉長你的手指，宛如那道光的天線。

當你持續吸進藍光時，看著那道光持續充滿你。

看見那道光開始照射你身上的關節連結處，你的腳踝、膝蓋、臀部、肩膀、手肘與腰部。

看見那道光充滿你，一直到它從四面八方照射你的肌膚。

將自己看成是一個充滿光的水晶花瓶，用光線調節一片藍色的羊水之海，那是你的寶寶自在浮沉的地方。看見你自己發射出亮光，照耀周遭。

呼氣。睜開雙眼，用睜著眼睛的狀態，在腦海中看見此狀態數秒鐘。

進行這個練習二十一天，然後暫停七天，再接續練習二十一天。很快地，我們的潛意識就會自動爲你進行這個練習，你便不需要再持續練習了。當然，你偶爾還是可以視情況來進行，藉此提醒自己或提升自己的身心狀態。

高血壓

懷孕期間，血壓指數會起伏不定。懷孕初期時，血壓還在基準值，進入第七個月時，血壓會先降再升。壓力、焦慮或匆忙倉促的生活，也會影響血壓指數。不過大可不必爲此過度憂心，很多時候，擔憂反倒會讓血壓飆高。此時，請常常練習「回歸呼吸的自然節奏」（練習16），這個練習可以幫助你徹底放鬆。一旦血壓飆高，你的醫生會讓你知道。但醫生需要至少藉由兩次判讀，才能確定你確實是高血壓。

與此同時，你若仍爲你的高血壓而擔憂，下面提供一個很好的練習，透過這個練習，或許可以證明，眞正掌控你身體的，是背後的思緒與心靈。要提醒的是，你若沒有高血壓，切勿進行這個練習。

練習48

降低血壓指數

閉上眼睛。慢慢地呼氣三次，從3數到1，在你的心靈之眼中靜觀數字在倒數。看見數字1高大、清澈、明亮。

想像你站在巨大的白色大理石台階上，你從第一層開始一步步登上階梯。當你往上走時，身上衣服的顏色慢慢變淺了。直到你走上階梯頂端時，衣服的顏色已完全變為白色。

呼氣。現在請你環顧四周，然後穿著一身潔白衣服，緩緩步下階梯。記得，觀想自己穿著一身白，走到階梯底端。

呼氣。睜開雙眼，看見自己身穿白色衣服。

現在，請護理人員再為你量血壓。

如果你有慢性高血壓的問題，請你每天做這個練習三次，或依著你的需要增加次數。建議你連續進行這個練習二十一天，然後暫停三天，接著再從頭循環一次。當你一邊為你的潛意識創作更好的圖像畫面時，你也需要調整你的飲食，多喝水，並確保你有得到充分的休息與放鬆。

水腫

手腳出現水腫狀況，是身體懷著寶寶的副作用之一。你的身體本來就沒有強壯到足以承載另一個有重量的負荷，而且還是個天天增重的負荷。脫掉鞋子，讓自己多休息，或來個幾分鐘輕快悠閒的小散步，強化一下血液循環。水腫和身體系統裡累積過多殘餘廢物有關。因此，多吸取水分可以幫助你將那些有害物質排出體外。不妨試試看以下這個練習。

練習49

舒緩腫脹的狀況

閉上眼睛。慢慢地呼氣三次，從3數到1，在你的心靈之眼中靜觀數字在倒數。看見數字1高大、清澈、明亮。

想像你走在陽光普照的草地上。你聽見流水潺潺的聲音。你朝著這個聲音緩緩走去。

呼氣。你朝著山間小溪清澈的水面往下看，看到了河床底層的沙石。脱掉你的衣服，同時告訴你的寶寶，你將要走進小溪裡，躺在淺沙石的河床上，頭朝著山，雙腳朝向海洋。

呼氣。感受河水從你的頭到腳，流經你的全身，洗滌你，使你感到舒適清涼。水流輕撫你的雙乳、你的肚腹、你的雙腳，打開你的每一吋肌膚與毛細孔。

呼氣。現在，你的毛細孔都打開了。河水開始流經你的全身，環繞著羊膜囊，一直往下環繞至你的雙腳與腳趾，再到腳底，將堵塞住你身體的一些廢物或有害物質都洗除乾淨。繼續待在原處，直到你的身體呈半透明狀，你甚至可以看見你的寶寶在他獨享的羊水裡，安靜自在地優游。

呼氣。從河中起身走出去，讓自己在陽光下伸展筋骨。盡情地歡唱起舞，直到你的身體都乾了。

呼氣。穿上衣服，你發現你的舊衣裳都不見了，眼前只有顏色柔和或白色的寬鬆衣服等著你。把這些為你準備的新衣穿上，感受新衣服的美好質感撫慰著你赤裸的肌膚與腹部。透過衣服撫摸你的寶寶，感受煥然一新與歡喜雀躍的心情。

呼氣。睜開雙眼，看著自己身穿新衣服，你的雙腳與雙手端正勻稱，你的寶寶舒服安穩地蜷縮在你的心臟下。

這個練習可以幫助你降低水腫的狀況。你若吃下或喝下不合宜的東西，也建議你善用此練習，你將能感到症狀立即獲得舒緩的快慰與舒暢。

即便你在練習之後稍感舒緩，但如果你的腫脹伴隨體重的劇增與血壓飆高，我還是建議你盡速去給醫生看，因爲那些症狀有可能是子癲前症（也稱爲妊娠毒血症）的前兆。由於子癲前症與高血壓息息相關，因此，別忘了要接連三天，在每小時的整點時分進行「降低血壓指數」（練習48）的練習，然後接下來二十一天則是每天練習三至四次。如果「子癲前症」這個名稱把你嚇壞了，記得，你不是診斷結果的受害者，你也不是得要完全仰賴外在的幫助。你有別的選擇，你可以進行心智的正念練習，以此緩解你的狀況。

當然，你還是要遵照醫生的囑咐，但也要同時善用「心勝於物」這個工具。你的視覺心像是隱藏在免疫系統背後的發電廠。這本書所收錄的所有練習，都是爲了驅使你去尋找具體的改變。好好操練，然後將所有成果記錄下來。你練習得越多，想像力的「肌肉」就會越結實，而結果與成效自然也會更理想。

背痛、腳抽筋、手指麻痺、手足末梢刺麻、喘不過氣

你知道我爲什麼要將這所有的症狀都集中談論嗎？有沒有一種練習可以同時緩解這些症狀呢？想想你身上所背負的負荷。你的寶寶每分鐘都在成長，體重也在不斷增加，而你還不能「卸貨」，所以只能想辦法讓自己以俯臥前傾的姿勢來承載日益增加的負荷；你藉此姿勢來減輕脊椎的負荷，換來背痛的片刻舒緩。但這麼做，是否能有效緩解你的腳抽筋、手指麻痺、手足末梢刺麻與喘不過氣的問題呢？

壓迫到神經的腫脹，是造成手指麻痺與末梢刺麻的其中一個因素，也可能是導致腳抽筋的元凶。你已經知道如何處理腫脹的問題了。我們之前才學會的「舒緩腫脹的狀況」（練習49），此時就可以派上用場了。

但最終，導致這些不同症狀的最主要因素是你的脊椎健康問題。你的脊椎是由三十三塊脊椎骨所組成，這些脊椎骨由大量軟骨所鋪成，椎間盤則扮演吸收與緩衝震動和衝擊的角色，它們在你舉起重物時壓縮，當你放鬆休息時則回彈至原位。你的脊椎神經分岔到主要的器官與四肢，而壓縮的椎間盤所導致的麻痺或刺痛將擠壓著神經。

每一本懷孕用書都強調運動的重要性。有氧舞蹈（動作不能太激烈）、柔軟體操、重量訓練和瑜伽，都是可以爲孕婦的需求而量身設計的絕佳選擇。然而，大部分訓練系統沒有告訴你的是，視覺心像——潛意識心靈所明白與接受的語言，並將之視爲指令的提示——可以透過啓動肌肉的微動作，來達到外在身體的運動。

練習50

啟動肌肉的微動作

閉上眼睛。慢慢地呼氣三次，從3數到1，在你的心靈之眼中靜觀數字在倒數。看見數字1高大、清澈、明亮。

看見你自己在跑步。接受所有合宜的感知。觀察你的小腿肌肉怎麼了？呼氣。睜開雙眼。

如果你集中注意力的話，你將感受到小腿肌肉微弱的收縮。微動作能真正訓練你的身體。善用「心勝於物」，將比一般沒有觀想的運動，更能激發你的肌肉動得更快。奧運選手所接受的指導，即包括要針對他們的跳躍或滑雪道進行觀想。每一位歷經過產痛的母親，都是接受過嚴格訓練的奧運選手。分娩的英文「labor」同時含有「勞動」的意思，強烈暗示了好的健康狀況的重要。透過視覺心像的練習，你將更容易滿足運動的挑戰。我將提供精確的視覺心像練習來訓練你「分娩」（勞動）。

接下來是這個練習的第一步，可以幫助你建立良好的體態。以此運動來延伸你的脊椎，可幫助你的椎間盤免受壓迫，同時訓練你維持更好的姿態。做這項練習時，請勿移動。只需要讓視覺心像來移動身體即可。如果在練習過程中感覺到任何疼痛，請暫時停止。

練習51

伸展你的身體

閉上眼睛。慢慢地呼氣三次，從3數到1，在你的心靈之眼中靜觀數字在倒數。看見數字1高大、清澈、明亮。

感知、看見並感覺到自己彷若置身仙境的愛麗絲，此時的你，伸展頸部，努力往上、再往上仰視，直到你的頭部觸碰到天花板。

呼氣。頭往下看。你的雙臂和雙腳看起來如何？更長嗎？還是更短？或者和之前沒什麼兩樣？如果它們不夠長，那就讓它們長得更長一些。看著你的雙腳往下生長，穿越地板直到土地裡。看著你的雙臂不斷伸展，穿越地板，而你的手指已經可以觸碰到大地了。

呼氣。現在，請仰起你的頭，往上伸展頸部，穿越天花板，然後穿越屋頂，一直深入到天空。回頭看一下屋頂。

呼氣。慢慢轉動你的頭，回頭看你的右肩膀和後方。不要讓自己過度緊繃。凝視屋頂。

呼氣。現在，請慢慢把頭轉回原位，再緩緩轉向你的左肩膀和後方，然後再回到原點。

呼氣。抬頭仰望天空。現在，讓你的頭後方去觸碰你的脊椎，然後再回到原位。

呼氣。現在，把頭向下，轉向你的胸部，然後再回到原位。

呼氣。讓自己穿透屋頂，返回地面，恢復成原來的樣子。於此同時，也將你的手臂與雙腳回歸到原來的大小與長度。

呼氣。現在，要求你的身體，在某一個區域、某一部分或身體任何想要的部位，都增加一吋。然後，留意看看是身體的哪個地方發生「延伸」現象。

呼氣。用睜著眼睛的狀態，在腦海中感知這一切變化。

這裡提供一個簡單的練習。

練習52 讓身體得到支撐

閉上眼睛。慢慢地呼氣三次，從3數到1，在你的心靈之眼中靜觀數字在倒數。看見數字1高大、清澈、明亮，猶如一根高大、明亮的圓柱。

進入數字1。感覺到你的身體與又高又亮的圓柱合而為一。感覺到你的大腹便便如何被延長的脊椎支撐著。

呼氣。睜開雙眼，用睜著眼睛的狀態，在腦海中觀照並感知延長的感受。

拉長你的頸椎，可以舒緩你一路延伸至手指的神經。拉長你的腰椎，可以舒緩你延伸至雙腳與雙足的神經。當你的神經感到舒適而放鬆時，手足末梢刺麻的症狀也會隨即消失。拉長的動作也可以幫助受擠壓的胸腔回復到原來的位置。放鬆你的肺部與橫膈膜，有助於緩解喘不過氣的問題。

記得，在你的身體開始動作之前，先觀想你所有的行動。當你在觀想時，請盡情發揮所有的感官，這將使你所投入的身體訓練計畫大有可爲，而且成效卓著。

睡眠障礙

對你而言，或許睡眠從來不是個問題，但不知從何時開始，你忽然發現自己經常輾轉難眠，睡覺這件事變得越來越困難。有時候你半夜起來上廁所，然後就再也難以入睡了；你經常爲了找個舒適的姿勢而備受困擾，不停地翻過來、轉過去。你的寶寶在肚子裡拳打腳踢。你的頭腦開始盤算，家裡多個孩子要養的現實問題，思考著身邊的伴侶是否能適應寶寶的存在，還有自己未來的工作該如何安排與選擇。你的肌膚感覺繃得很緊，你的肚子發癢，你的痔瘡疼痛難耐，你的寶寶在肚子裡蹦跳個不停，而你的腸胃越來越難伺候，老是消化不良，還有啊，你不久前才上過廁所，現在又要再起床去尿尿了！

好吧，別想著吃東西了，直接上床吧！讓你自己有足夠的時間好好消化肚子裡的食物。不要趴著睡而壓迫到肚子，也不要仰頭大睡。建議你側睡，然後放一顆大的軟枕頭在兩腿之間。這個姿勢會讓你比較舒服。但最重要的是，要讓你的思緒沉靜下來。要達到這個效果，不妨在床上進行以下練習。

練習53

光之海洋(1)

閉上眼睛。慢慢地呼氣三次，從3數到1，在你的心靈之眼中靜觀數字在倒數。看見數字1高大、清澈、明亮。

想像你在一個滿天星斗的溫暖夜晚，獨自在海邊散步。滿月高掛夜空，月光照耀整片海洋。

呼氣。想像你躺臥在一片光之海洋上。感受這片海洋支撐與承載著你和你的寶寶。感受到你的身體慢慢放鬆，從一隻腳到另一隻腳，你的脖子與頭都沉入柔和、輕柔的月光之中。感受到那光芒環繞著你，支撐著你。

呼氣。當眾星為你唱催眠曲時，側耳聆聽它們所演奏的交響樂。

我們還可以找到其他平靜思緒的好方法。如果你進行上述練習之後，依舊難以成眠，就請接續以下的練習，你將感覺異常輕鬆自在。回頭檢視你的生活，抽離當下，倒帶回去。當你留心觀看時，放下批判或評論，容許自己沉醉於你所看到的一切，單純地按著它的實相去認識與接納它。

練習54

抽離當下，倒帶回去

開始檢視你一天的生活點滴，從當下抽離，倒帶回去。在你關燈之前，你當時正在閱讀一本書。你看到自己在閱讀，你從剛剛讀到的內容中吸收了一些想法。上床前，你先去刷牙。倒帶重述：上床，離開浴室，刷牙。覺察到剛剛刷牙時，你的感覺與想法。就這樣，一步步往前推移，一步步回顧你當天所過的生活點滴，留意每一件事發生的脈絡，以及你每一次的感受。如果你那天剛好跟某人有摩擦，呼一口氣，再度向寶寶確認你和他都沒事，請寶寶安心。然後想像你正面對那位與你產生衝突的對象，你開始站在對方的立場，對他的處境感同身受。你現在開始能從對方的角度來看自己。從那一刻起，對方儼然成了你夢中的真實寫照。你將從對方的觀點，重新檢視你自己看起來如何，你的行動如何，行為舉止如何……，尤其當你們發生衝突時，你的話語聽在他耳裡，感受如何。回到你自己的位置，以全新的眼光看著那個人。接下來，請繼續進行檢視與回顧。如是反覆，直到你不知不覺睡著，或一直回顧到當天清晨。

大部分人在倒帶回顧到當天清晨之前，便已呼呼入睡了。這個練習也被稱爲「意識往後的測試」。你若每晚都規律地練習，你將能好好針對白天發生的事進行盤點、反省與整理，好讓你隔天能整裝待發，以嶄新的眼光與胸懷，開始新的一天。而且你也可以擁有更優質的睡眠，隔天醒來會更有精力。

尋求支持和建議

我一直以來所談及的壓力，通常不過是極爲膚淺的壓力。就像夏天在海邊被蚊蟲叮咬般，並不足以破壞你的快樂。你的第二階段孕程是一個充滿興奮的期待，當然也難免會有一些偶然浮現心頭的小小焦慮感。不過，無論如何，現在該是時候好好思索，到底該到醫院待產或選擇居家生產；同時也是時候報名去上一些生產的課程，也要想想是否該請個陪產婦（分娩指導員，同時提供產前與產後的支援與協助）。你將進一步探索自己想要什麼樣的分娩方式，以及何時感覺需要女性的建議和支持。也許你已經從家族裡那些生過小孩的成員或朋友身上，得到類似的支援了。

也可能你是孤立無援的，就像我一樣。我剛來到美國時，眞可謂舉目無親，我的母親在法國，我的老師柯列女士定居以色列。所幸我的丈夫是位充滿同理心的醫生，他總是樂於傾聽我的心聲，也因此，我一直不覺得自己在女性友人的陪伴上有任何匱乏，直到有一次我和作家安妮．迪勒（Annie Dillard）在樹林裡散步時，我才有所醒覺。我想，我的言談舉止或許已經隱約透露出我內在的渴望，所以就在我們散步後的隔天，安妮邀請我到一家餐廳，在那場出乎我意料之外的聚會裡，她竟邀請了二十位女性朋友在那裡與我見面，聊聊有關她們各自的生產經驗！在場的一名童書作家南希．沃森（Nancy Watson）告訴我：「生小孩是前所未有、最美好的高潮經驗！」身爲八個孩子的母親，她絕對有資格發表這番言論，因爲她的八個孩子都透過自然產的方式分娩。南希和安妮是我動筆寫這本書的其中一個緣由——感謝這群可敬可愛的朋友，贈予我如此豐盛的禮物與笑聲。

請記得，你的身邊不乏許多資深的婆婆媽媽們，不妨開口向她們討教，和她們聊聊，但要慎選談話的朋友。不要輕信那些世界末日般的負面言談。她們所說的內容會影響你，甚至違背你的意願或信念。請選擇那些對人生充滿正向觀點，積極而正面的朋友！

另外還有一種值得一探究竟的支持系統——與你的祖先建立連結。即便你可能對自己的親生母親或祖母的根源毫無所知，但你家族的根始終在你之內，而且「根深」柢固。原因很簡單，因爲沒有一個生命不是透過母親來到這世上的，因此，你是這個偉大母親的生命鏈中，重要的一份子。如果生命是一棵樹，你便是其中一棵生機盎然的樹，你那淵源流長的生命，可以回溯至一條綿延不息的生命軸線。而你回過頭來，也參與了這無比奇妙、環環相扣的奧祕——由你開始，孕育尚未出生的孩子，準備將接續生命鏈的孩子帶到這個世界上。

練習55

尋求祖先的支持

閉上眼睛。慢慢地呼氣三次，從3數到1，在你的心靈之眼中靜觀數字在倒數。看見數字1高大、清澈、明亮。

環顧周遭那些積極正向且樂於支持你的女性朋友們，凝視她們的臉。總共有多少人呢？

呼氣。在你的女性朋友之後，請你留意關注，細細回顧你的女性祖先們，一路追溯到夏娃。

呼氣。邀請她們在你身邊圍繞著你，讓她們從你背後擁抱你。

感知並曉得在眾多女性之中，那位神聖之母也在其中，她支持她們，而她們也支持你。沉浸在她們溫柔的臂彎之中，讓自己被深深擁抱。

呼氣。睜開雙眼，用睜著眼睛的狀態，在腦海中感受到她們的支持。

練習56
生命樹

閉上眼睛。慢慢地呼氣三次，從3數到1，在你的心靈之眼中靜觀數字在倒數。看見數字1高大、清澈、明亮。

把自己視為一棵生命樹，有一道明亮的綠色光環，從四面八方環抱你和你的寶寶。你們沐浴在光環中，享受宇宙充滿綠意的平靜。

呼氣。睜開雙眼，用睜著眼睛的狀態，在腦海中感受到這份寧謐與平和。

在第二階段孕程即將結束之前，你可以從容地回溯這段走得還不錯的旅途。你學會了照顧自己，以及腹中的寶寶。透過心智的正念練習，你已充分享受了所有孵育過程的安頓與沉靜。你休息、靜心與夢行。就像一名稱職的長跑健將，緊接著，你將進入這場比賽的最後一段路。你已經調整好速度，摩拳擦掌準備去面對最後一站的衝刺，好讓你可以安然抵達終點。

5

第7～10個月：爲分娩做準備

「我未將你造在腹中，我已曉得你；在你還未出母胎之前……」

——耶利米書1：5

在生產前的最後一段路，你與寶寶之間共生共棲、生命共同體的關係，越來越接近完美的境界。在這最後階段，你的身體正緊鑼密鼓地做好萬全準備，譬如皮膚已準備猛地打開讓「子宮裡的果實」掙脫而出。不久的將來，這顆即將成熟的果實，會沉重得令人難以支撐。它最終將瓜熟蒂落，開展屬於自己順應大自然的旅程，一步步朝著自主化的成長與發展邁進。在這個時刻，你的生命盛開宛若花朵，卻也難以觸碰，就像童貞女聖母瑪利亞身懷著上帝。你就像她一樣，所懷的孩子亦神聖無比，由此美好的奧祕所開啓，並深入到你的身體之內，而今已逐漸成熟。你本身就是創造之神，歷盡千辛萬苦地攀越這座高峰，而今，你被眼前高峰頂端的壯闊風景震懾得興奮不已。你的心情擺盪於疲憊昏睡與忙碌奔波之間。或許你難以將這些糾結的感受訴諸於言辭，但你卻常在內心深處引頸期待，希望寶寶快快出來和你見面。當子宮裡的果實日漸成熟時，你會越來越意識到自己沒時間放空晃蕩了，該是回到現實，好好爲孩子的降臨做好準備的時候了。

成爲母親之前的喜悅與惶惑

這六個月來，你一直都知道自己即將成爲人母，但現在，當時間越來越逼近時，這樣的想像對你而言，開始具有另一層不同的意義。倒數計時了。雖然無法確切知道你生產的時日，但不遠矣。你全力以赴，而且沒有回頭路了。終於來到讓夢想成眞、爲新成員預備一個溫暖的窩的時候了！

也許你全心全力的準備，只爲這一次，但卻絲毫不減你無比興奮的殷殷期待。事實上，你就像一隻母鳥，發現自己越來越忙碌——忙著重新整頓與佈置你們的家，訂購嬰兒床，還要決定嬰兒房的牆壁要粉刷什麼顏色。你得趕在孩子出生以前，把這一切大小事都處理和預備妥當，以免到了最後關頭才手忙腳亂。這些具體而踏實的準備工作，將占據你大部分的時間，讓你稍稍紓解一下迫不及待的緊張與疲憊。

這份爲孩子的到來而費心準備的工作，也常會引起難以言喻的惶惑。有時候，你會忽然被迫要面對一個似眞似幻的實況——一個全然脆弱的生命，將完全地依賴你。不要將自己與其他外表看起來得意滿足的準媽媽們相互比較。坦白說，就算看似自信滿滿的她們，也會有懼怕憂心的時刻。你若認定她們都是「完美媽媽」，那就跟你老是擔心自己無法成爲完美媽媽一樣，都是不合理又牽強的臆測與推論。一旦你的孩子出生了，你將赫然發現，原來「母親」這個角色，是如此自然而然、與生俱來的天職，只要我們留意聆聽，那份爲人母的召喚，就能從內心深處泉湧而出。別擔心，你就是知道該怎麼做。

到這個階段，會有哪些害怕或恐懼感騰然升起呢？害怕承諾與奉獻，害怕無法勝任好媽媽的角色，害怕像自己的母親，害怕身體的親密接觸……。事實上，如果能在孩子出生以前認眞面對與處理這些問題，無疑是件好事，以確保沒有任何情緒或情感上的障礙在途中阻撓。

害怕承諾與奉獻

但凡一想到必須承擔起照顧一個完全脆弱無助的小生命，一股排山倒海的壓力便不由得迎面而來。時間的付出與情感的投入，絕對不容小覷或低估。或許你長久以來一直習於在充滿競爭的職場上工作，早已習慣發揮自己的創意，也擁有自己的權限來決定許多事情。放棄你的理想抱負而成爲育嬰女傭，恐怕會令你感到挫折沮喪。但這卻是合情合理又合法的事啊！其實，你未必需要像你自己的母親那樣離開職場，全心回歸家庭，身兼全職家庭主婦與媽媽的角色。套句作家兼人類學家瑪莉．凱瑟琳．貝特森（Mary Catherine Bateson）說過的話，你得學習爲自己「編排一個含括你不同興趣的人生」。然而，此時你不禁開始認眞思索，要如何在迎接新生兒的同時，兼顧一份工作與另一半的關係；而如果你還有其他年紀更大的孩子，你還得想辦法分心去照料他們。凡此種種現實的考量與權衡，將使你因疲於奔命而心生不滿，也會令你對自己那僅有的一點點時間斤斤計較。你可能會想：「那我自己呢？」你怎麼可能帶著如此焦慮而慌亂的心情，來面對並處理即將發生在你身上的大事？

害怕當不了一個好母親

什麼原因令你覺得自己不會是個好媽媽？是不是家裡的手足向來在各方面都比你有能力，也比你成熟？或許你感覺自己不可能成爲一個好母親，是因爲你沒辦法親自養育孩子。也或許你感覺自己還沒眞正成熟長大，都還需要被教導與養育呢！

練習57

釋放內在小孩

閉上眼睛。慢慢地呼氣三次，從3數到1，在你的心靈之眼中靜觀數字在倒數。看見數字1高大、清澈、明亮。

告訴腹中的寶寶，你現在要進行一項練習，不論過程中你感受到怎樣的情緒起伏或波動，都與她無關。請向她確認，一切都平安無事，她在羊膜囊裡安全無慮，且安穩舒適地蹺縮於你的心臟之下。

從你的腦海中去看孩子。她在哪裡？她在做什麼？她若有任何需要處理的狀況，隨時給予協助。比方說，如果孩子在角落哭泣，就採取必要的安撫行動。

呼氣。把孩子帶到寬敞的青草地上，讓她在那裡奔跑玩耍。陪她一起玩。告訴她，她現在享有充分自由玩樂的時間，並且向她保證，你會陪她一起玩。

呼氣。睜開雙眼。

你已經將自己失落的某部分修復過來了。在你的孩子到來之前，你可以越來越安住當下。記得，不管你的母職風格與態度如何，你的孩子所求於你的，就是成爲一個母親。你是如此吸引她，再也沒有其他東西能像你的味道與聲音，成爲她所追尋的目標。你就是她所期待的母親。她也屬於你，除非你把她趕走。

害怕像你的親生母親

但如果你害怕像自己的親生母親呢？無論好壞優缺，我們都是透過模仿而學習的。即便你可能對自己母親的爲母態度不以爲然，你還是不知不覺從她身上學到了一些行爲模式；那是你潛意識的一部分包袱。萬一你的某些行爲舉止和態度像極了她，該怎麼辦？萬一你也變得像她那樣，成了個愛生氣、暴力、拒絕與缺席的母親，該如何是好？這可是個無比眞實的恐懼啊！「釋放內在小孩」（練習57）可以幫助你面對一件事：你自己就是一位母親。另一個練習「告別你身體裡的母親」（練習59），則有助於你面對自己原生家庭的母親。

練習58

療癒那個曾被母親傷害的你

閉上眼睛。慢慢地呼氣三次，從3數到1，在你的心靈之眼中靜觀數字在倒數。看見數字1高大、清澈、明亮。

告訴腹中的寶寶，你現在要進行一項練習，不論過程中你感受到怎樣的情緒起伏或波動，都與她無關。請向她確認，一切都平安無事，她在羊膜囊裡安全無慮，且安穩舒適地蜷縮於你的心臟之下。

回到你生命中最初與母親發生衝突、你們母女最難相處的時刻，看看當時的你，處於何處？當時發生了什麼事？你那時候幾歲？

呼氣。想像成年後的你，慢慢移動腳步，站在童年時的你身邊。告訴那位年幼的你，你現在會好好保護她，她可以自在地向母親表達她真實的感受。她必須以幼年的童稚聲音來訴說這段話。

呼氣。告訴年幼的自己，你將毅然把橫擺於你和母親之間的所有負面繩索，一刀切斷。現在，請切斷繩索。發生了什麼事？如果小女孩的母親逐漸消失，那表示你切除了正確的繩索；不然的話，你得重新找找看，是否還有其他隱藏的繩索需要被切斷。這一次，請以利劍來斬斷。看著小女孩的母親漸漸消失。

呼氣。把小女孩帶到一片寬敞的青草地上，讓她在那裡自由地奔跑玩耍。陪她一起玩，告訴她，她現在可以自由無慮地成長了。

呼氣。看著小女孩開始在你眼前長大，一眼看盡她的成長期，從童年、到青春期、到成年早期，一直到現在這個階段，你們的身高一樣，而且面對面站著。

呼氣。定睛凝視另一個自己，看著她的眼睛，然後擁抱她。當你擁抱時，留意觀看與覺察那份存在。

呼氣。感受到她與你之間漸漸融合為一，一度失落的自己也開始重新返回，你為此而心懷感激。

呼氣。睜開雙眼。

當面對你的母親，並切斷所有負面繩索時，你已將自己從情緒起伏的痛苦記憶中釋放出來。現在，你應該把你的母親從你的身體裡除去：不是取走你對她的愛（這部分一定要保留），而是除去她的肉體與特質。如果她依舊在那裡，你將忍不住仿效她的言行舉止。我們的潛意識，是由某個情緒創傷事件的聲音、氣味、味道、觸摸與觀察角度設定好的。如果母親對待你的方式造成了情緒創傷，那麼，這樣的方式也將烙印在你之內。不過，記得嗎，你剛剛已經切斷一切連結的繩索了。現在，你需要學會的是如何把她從你身上、從你的潛意識裡除去。但也別忘了，你今天從身上拿掉的母親，或許只是占據你整體體驗中的其中一個母親經驗。沒關係，只要你感覺需要，任何時候都可以反覆進行以下這個練習。

練習59

告別你身體裡的母親

閉上眼睛。慢慢地呼氣三次，從3數到1，在你的心靈之眼中靜觀數字在倒數。看見數字1高大、清澈、明亮。

告訴腹中的寶寶，你現在要進行一項練習，不論過程中你感受到怎樣的情緒起伏或波動，都與她無關。請向她確認，一切都平安無事，她在羊膜囊裡安全無慮，且安穩舒適地蹺縮於你的心臟之下。

將你的雙眼往內觀照，尋找你的母親在你體內寄宿之處。告訴母親，你已經是個成年人了，她不適合繼續住在你的身體裡，然後有禮貌地請她離開。

呼氣。如果母親不願意離開，將你的雙手高高舉起，朝向太陽，伸展你的雙臂，直到雙手緊靠著太陽。感受雙手越來越溫熱，並且開始發光。將你的手放進你的身體內，從你的雙肩上把你的母親帶離你的身體。要將她放在你的右邊或左邊，由你決定。

呼氣。在母親曾經居住的空間裡，潑灑冰冷而清澈的泉水。請你身體裡的每一個細胞回歸到它們最原始、最自然與最健康的排序和位置。

呼氣。睜開雙眼，感受到前所未有的自由與完整。

從你身上拿掉母親，你藉此決定讓自己不再成為過去經驗的受害者。你要為自己負責任，那意味著你選擇以主動出擊作為回應的方式。這有助於你成為夢想中的父母：公平而充滿愛心，並且有能力以平靜的方式來面對或安撫孩子的情緒。你也知道，小小孩總是活潑好動又很情緒化。如果為人父母懂得處理並控制自己的情緒，一定可以使你更輕鬆地教導你的小孩如何控制好自己的情緒。

害怕跟你想要親近的人有身體上的親密接觸，通常出自被傷害或被虐待的童年經驗。對舊有的恐懼放手，其實可以不必大費周章地返回那些陳舊的傷痛點，就能輕而易舉地完成；那就像你丟棄垃圾時，並不需要仔細去檢查垃圾袋裡的穢物一般。

練習60

讓破壞性的記憶煙消雲散

閉上眼睛。慢慢地呼氣三次，從3數到1，在你的心靈之眼中靜觀數字在倒數。看見數字1高大、清澈、明亮。

告訴腹中的寶寶，你現在要進行一項練習，不論過程中你感受到怎樣的情緒起伏或波動，都與她無關。請向她確認，一切都平安無事，她在羊膜囊裡安全無慮，且安穩舒適地蹤縮於你的心臟之下。

想像你站在一個圓柱形鏡子前，這鏡子正緩慢地轉動。當身體記憶的幽微或交疊之處，開始騰然升起裊裊煙霧時，請留心觀察。你不需要去了解這些記憶的內容為何；你只需要把它們視為煙霧。當圓柱形鏡子停止轉動時，你的身體就必須在今天以前，讓所有準備好要放下與忘懷的記憶，煙消雲散。

呼氣。從圓柱形鏡子觀看自己，你已不再被那些記憶纏繞與牽絆，你恢復自由身了。此時此刻的你，看起來如何？

呼氣。睜開雙眼，感覺無比輕盈且煥然一新。

害怕身體接觸的親密感，也可能是因爲身體的類型不同。如果你是偏向纖瘦的神經質體質，你可能就不屬於那種喜歡親密摟抱的類型。然而，懷孕將使你變得越來越肉感，那對你而言無疑是件好事，因爲寶寶需要與母親建立許多摟抱與肌膚上的接觸，尤其是剛出生的階段（參考第七章，你將找到一些有助於你與寶寶建立連結的練習）。不論什麼狀況，不管那是出於你的身體類型，或是因爲你曾遭受的傷害抑或受虐經驗，建議你遵照以下練習，給自己一些溫柔與愛的呵護。你可以把這個練習當成自我療癒的過程。

練習 61

給自己溫柔與愛的呵護

閉上眼睛。慢慢地呼氣三次，從3數到1，在你的心靈之眼中靜觀數字在倒數。看見數字1高大、清澈、明亮。

想像你在晴朗明亮的白日，置身青翠草原上。將你的雙臂朝向太陽，高高舉起，感受雙手的延伸，直到你的手越來越接近太陽。感覺到雙手越來越溫熱，然後轉而發光。

呼氣。雙手放下，與身體保持數吋距離，擺動你的雙手，手掌朝向你，從雙足到你的臉頰，然後越過你的頭，直到你的後背。因為你的手臂非常長，這些動作對你而言輕而易舉。

呼氣。想像你把雙手放在腳底下，然後再循序漸進往上移到你的身體。如此反覆三次，感覺到一股溫熱與發亮的暖流，流經你的身體。

呼氣。想像你躺在青草地上。你的手離臀部數吋距離。感受你的手所發出的溫熱與亮光，感受你的臀部與雙腳的放鬆自在。接受任何冒出來的感覺。如果某些記憶倏忽湧現，讓它們從你的身體裡像一股煙霧般隨風而逝。

呼氣。將兩隻手放在胸部的高度，離胸部數吋距離。感受你的手所發出的溫熱與亮光，並接受任何冒出來的感覺。如果某些記憶倏忽湧現，讓它們從你的身體裡像一股煙霧般隨風而逝。

呼氣。睜開雙眼。

慢慢來，不要把自己逼得太緊。你可以每天反覆練習一次。當你開始愛自己的身體時，你對孩子身體的憂心與恐懼也將隨之降低。這裡的許多練習都將幫助你重新取回自己身體的主導權，包括所有的感知、歡樂與痛苦。這麼做，需要勇氣。恭喜你！重新取回身體的主導權，可幫助你更能活出自我，也能幫助你與孩子展現自我。

爲即將到來的分娩做好準備

就如我一再強調的，父母的職責，始於寶寶眞正出生之前。爲你的分娩經歷做好準備，是當父母的一部分功課。你和你的孩子都置身於非比尋常的爆發性活動邊緣，這項活動將把你們這階段的冒險之旅帶往最後一站。我說過，「分娩」的英文，與勞動是同一個字，之所以要如此辛苦，是因爲分娩乃是一項涉及身心投入和努力的大工程。一如奧運選手力求最佳表現，你也需要讓自己準備好。所以，建議你透過觀想來預習與彩排所有步驟，引導你一步步取得輝煌戰績。

你知道的，視覺心像是你的身體語言。當你把身體想要達到的目標，準確地視覺化，你也就同時發出指令，讓你的身體以微動作去回應。你正在進行暖身練習。你也同時幫助你的身體去理解，此時此刻要發生什麼樣的事情。

建議你在孕程進入第三十二週（第八個月開始）時，開始預習和彩排。若你懷的是雙胞胎，那就提早從第二十八週開始進行練習。你可能需要每天至少練習一次（依著你的需要和期待，也可以練習更多次），一直到寶寶出生。建議你在午餐後的休息時間練習，那是你可以休息以及重新與寶寶建立連結的好時段。同時提醒你，在進行這個練習之前，務必先練習「進入子宮探視寶寶」（練習28）。你將在接下來的內容中，找到一個整合後的修訂版本，那將成爲你爲分娩所做排練的主要練習。

練習62

為分娩過程彩排

閉上眼睛。慢慢地呼氣三次，從3數到1，在你的心靈之眼中靜觀數字在倒數。看見數字1高大、清澈、明亮。

將你的雙眼往內觀照你的身體。你的雙眼炯炯有神，明亮得足以照亮前方道路。你一路走進羊膜囊裡。

呼氣。當你臨近此處時，看著你的寶寶自在而舒適地漂浮在一片清澈的藍色羊水裡。

呼氣。與你的寶寶眼神交會，對她微笑，和她說話，告訴她你今天想對她說的所有話。

呼氣。告訴你的寶寶，你即將和她一起進行她的生產彩排。你要向她一一解說與指示所有生產的細節和過程，讓她知道要準備好出生了。告訴她，你一想到即將親眼見到她、擁她入懷，你是何等興奮與期待。你將引導你的寶寶觀想一段完美的出生過程。

呼氣。觀想寶寶的頭朝下轉，臉朝你的薦骨，那是最完美的出生姿勢。看見臍帶在肚臍上方浮起，自由自在，毫無阻礙，維持一切最佳狀態，直到生產。

呼氣。看見寶寶的頭部宛若靠在一支倒立的花莖上，原來含苞待放的花蕾逐漸盛開，一瓣一瓣，直到整朵花完全盛開。

呼氣。現在請觀想你的寶寶隨著一股沖刷而下的水流和潤滑油，朝花莖往下滑動；臍帶依然自由自在地漂浮。

呼氣。看見你的寶寶透過倒立而盛開的花朵，探身而出，進入一座景色優美的花園，同時投入你伴侶的臂彎中。

呼氣。看見你的伴侶將寶寶抱在胸前。當你把孩子接到手中，第一次抱著她、端詳她時，好好感受那股難以言喻的興奮與喜樂。諦聽全世界為這位新生嬰兒的到來而歡欣鼓舞。

呼氣。睜開雙眼。

雖然我們並沒有臨床測試可以評估這項練習的成效，但我們有不計其數的個案所累積的佐證，從中再再證實了這個練習對母親和寶寶都受益匪淺。我們也發現，那些持續不斷在分娩前進行這項練習的媽媽，孩子出生前以頭下腳上（俗稱「頭位」），以及骶前姿勢（一般指寶寶的頭朝向媽媽的背部）的正常胎位者居多；此練習顯然也已削減了臍帶包覆的狀況，使得分娩過程更輕鬆、更令人滿意。出生後的寶寶看起來安靜而機靈，母嬰之間的連結也能很快漸入佳境。除此以外，媽媽和寶寶的免疫系統也因此而提升，但我們還需要更多臨床實驗來判斷與提供更爲明確的數據。

另外，你也需要學習正確的生產呼吸技巧。世界的創造始於B，因爲《聖經》如此告訴我們。記載有關創世故事的最原始版本是以希伯來文書寫的，《聖經》第一卷開宗明義即：「起初」（In the beginning），希伯來文是 **Bereshit**。希伯來文的B字母，發成「bet」的音，意思是「房子」。這個字含括了「空間」與「起頭」兩種意義，房子的功能，一如我們的身體。

練習發出「嗶嗚」（beuu）這個音，你將能體會你的身體如何蜷曲於腹部，你的骨盆往前傾，因此你得以輕易推擠，就像你平常用力排便那樣。事實上，當你要發出B字母時，一定得要呼足了氣，才能將B完整發音。如果你能從自己之內更深處的部位唱出這個音，你將感受到肛門與陰道漸漸開啓。當你推擠時，B是最適合大聲唱出來的聲音。

在分娩的第一階段，請回到之前的練習「回歸呼吸的自然節奏」（練習16）。在不改變呼吸的前提下，更集中於你呼出來的氣。當你發出那一聲仿若微風的微弱「beuu」音時，請留心聆聽。那一聲「beuu」是近乎安靜無聲的。

當我們感覺疼痛時會傾向憋氣，但這樣的反應其實違背了身體的實況，因爲身體在疼痛時，正是努力要敞開的時候。此時，身體的行動也跟著想要敞開。當子宮收縮而出現陣痛時，請吐氣。你的疼痛感會藉此降低，得到舒緩。

練習63

「嗶嗚」呼吸法

慢慢地呼氣。那就好像透過一根長吸管，從你的下腹部開始呼出來的一口氣。

發出非常輕聲的「beuu」音節來進行呼氣。一開始，你在口裡發出這個聲音，然後再慢慢帶到你的喉嚨，最後到你的腹部。漸漸地，這個聲音應該像一陣輕風吹拂樹葉般不著痕跡。嘗試以非常微弱而輕柔的聲音來發出，把它想像成麵糰上一條又長又柔軟的彩帶。持續練習這個呼吸法，直到你能毫不費力地完成這個呼吸練習。

另一種讓自己保持柔軟與放鬆的方式，是讓自己的身體維持滋潤，這有助於開啓你的身體，使你更容易將寶寶推擠出來。如果你飽受便祕之苦（這是一般孕婦經常抱怨的問題），以下的練習或許能助你一臂之力。你若有孩子，如果孩子也面臨類似的問題，不妨試試看這個方法。你不僅可以幫助孩子解決便祕問題，也可藉此見識視覺心像的效果。練習的效果將使你備受鼓舞，讓你更有動機想要持續練習。

練習64

陽光油滴

閉上眼睛。慢慢地呼氣三次，從3數到1，在你的心靈之眼中靜觀數字在倒數。看見數字1高大、清澈、明亮。

想像你捕捉了一束太陽光線，裝入一個水晶小瓶子裡。雙手握著小瓶子一段時間。看著瓶子裡的光線轉為液態黃金油。

呼氣。喝下那瓶油，看見它往下滑入你的臀部，一直到骨盆腔的骨頭結構裡。看見它在你整個骨頭結構上塗抹油料塗層，然後再進入你的肌肉組織裡。

呼氣。看見那瓶油如何開始慢慢擴散，進入你的骨盆周遭。看著肌肉慢慢變得柔軟且彎曲自如，骨頭結構開啓，與油一起呼吸。看見骨盆底層變得越來越柔順與敞開。

呼氣。看見油滴滴入你的子宮，然後持續擴大並軟化你的組織。看見你的子宮頸輕輕鬆鬆便開啓了。看見會陰部的肌膚變得柔軟、如黃金般發亮、充滿彈性，並且伸縮自如。

呼氣。想像你的寶寶正朝向正確的姿勢旋轉，並且被包裹在黃金油中，輕而易舉便順滑而出。

呼氣。睜開雙眼。

關於排便：看見黃金油流經你的消化系統，直到最後的腸道出口，在腸道與肛門開口處塗上一層溫熱的油層。

想要在子宮收縮時維持最佳的輕鬆方式，而且還能自然地呼吸，你或許可以求助於一位能訓練和引導你的人，使你藉由視覺心像練習來度過收縮與陣痛的過程。許多女性對以下這兩種方式的反應非常好，分別是「成爲水」（練習67）與「安頓在水之中」（練習95）。現在就開始這些練習，好讓你可以更駕輕就熟，也更快建立起各種圖像畫面和感官的對焦與調和。這些圖像畫面與感官，都需要在關鍵時刻被引導出來。

你的生產計畫

現在該是集中思緒，想想你的生產方式的時候了。觀想你想要的生產方式，以及其中的意圖。記得，先有最初的意念，才有後來的實現。你所觀想的一切，終將成爲你落實的行動。如果你心中已有一幅清楚的視覺圖像，你與醫生、助產士或陪產婦之間的溝通將會更爲簡單明瞭。看得清楚而明確，有助於你表達得清楚而明確。

在這個關鍵點上，你與你的寶寶握有最終的決定權。一切都在你的掌控之中。不論任何時候，你都可以按著自己與寶寶的需求而改變你的計畫。所以當我們提及生產計畫時，我們曉得那是一套可以修正與調整的計畫。

我想，你或許已經猜到我傾向自然分娩。我深信你的身體知道要如何生產。爲身體排除並清理障礙，好讓身體自行完成它的任務，那就是我在這幾章所致力強調的重點。然而，到底什麼是自然分娩呢？簡單說，就是對你和寶寶而言最自然的方式。畢竟，寶寶是帶著她自己的行李與包袱來到這世界，此即是佛教所謂的業力。也因此，她也有權表明自己要如何出生。

不管你如何定義自然分娩，你都需要讓協助你生產的人了解你的優先選擇爲何。以下列出你需要確認的項目：

- 醫院、生產中心或在家生產；水中分娩
- 醫生或助產士
- 陪產婦、你的伴侶或指導員
- 剖腹產或陰道生產（自然產）
- 硬脊膜外麻醉或無痛藥物治療
- 持續性的胎兒監測、不定期胎兒監測或都卜勒超音波
- 選擇會陰切開術：是或否
- 延後剪斷臍帶
- 全天候母嬰同室（不是在一般的育嬰室）
- 別忘了決定你要什麼樣的氣氛或設備，譬如微弱的燈光、音樂、枕頭

不要因爲這份清單而有壓迫感。如果你能進行這些練習，你將能更好地準備好去聆聽你的身體，然後作出決定。以下的練習將幫助你觀想不同的結果，以及可能發生的事，讓你藉此選擇對你最正確、最自然的方式。

醫院、生產中心或在家生產；水中分娩

面對要在醫院、生產中心或在家生產，你可能沒有太多選項。但你若屬於高危險妊娠對象，那麼你毫無選擇地必須到醫院生產。高風險未必表示你或寶寶不健康。如果你的年齡超過三十五歲，你的產科團隊可能

會建議你在一個醫療設備較爲完善齊全的地方生產，這對你與寶寶是比較好的選擇。有些醫院設有生產中心，裡面的設備可提供你雙重選項——你可以在生產中心分娩，但你若需要醫療介入，醫院就在同一個地方。你若選擇在家生產，請確保你的助產士具有醫院、產科和婦科的專業背景，以及緊急情況下可用的交通工具。

你若沒有任何立即性或明顯的安全顧慮，那麼你可自行做出選擇。你要什麼？你如何看待寶寶的出生？哪一種方式對你而言比較舒服自在？訪視各種不同的設施，針對不同朋友的經歷向她們取經探問，同時閱讀不同選擇的說明等等，都是現階段無比重要的事。當然，你會想要跟你的伴侶一起討論各種可能的選項，但最終的決定權仍在你手中。哪一種情況對你而言是最自然、最舒服的選項，完全仰賴於你內心的想法。

練習65

為自己做決定

閉上眼睛。慢慢地呼氣三次，從3數到1，在你的心靈之眼中靜觀數字在倒數。看見數字1高大、清澈、明亮。

問問自己，對你而言，哪一種分娩方式最舒服與安全。留心觀照出現了什麼影像畫面。接納這些影像畫面，並且深知你的內心已經道盡實況。

呼氣。睜開雙眼。

如果你面臨衝突，不管是基於你個人的問題，或是因爲你與伴侶之間無法達成共識，你恐怕會看不見、也聽不到你內心眞正的想望。你仍可隨時向你的夢提問（練習2：針對夜晚的夢提出關鍵問題），也或許你想要嘗試更強而有力的練習。

練習66

接受並相信你的選擇

閉上眼睛。慢慢地呼氣三次，從3數到1，在你的心靈之眼中靜觀數字在倒數。看見數字1高大、清澈、明亮。

看著正義女神。她的左手拿著黃金天秤。看見她把紅色的真理之羽放在天秤裡。呼氣。看見你自己的關鍵問題——將這個視為夢想目標——放在另一個天秤上。如果天秤傾斜了，你便曉得答案是否定的。如果天秤維持平衡，則答案為是。呼氣。不要試著去改變或影響你所看見的一切。接受從你內心深處所出現的答案——不但要接受，還要相信。

呼氣。睜開雙眼。

如果你的情況改變了，譬如出現新的健康問題，還是你或寶寶有任何併發症，請不要重複做這個練習。

如果你選擇在家生產或去生產中心，那麼你還有水中分娩這個選項。水中分娩最初是由法國婦產科醫師米歇爾・奧登（Michel Odent）所推廣。他首先注意到，水對很多產婦似乎具有一種難以抗拒的吸引力，無論是洗澡或泡在泳池裡，只要她們能找到機會，總不放過。一旦浸泡在水中，產婦常常捨不得起來，於是他開始想到在水中分娩的可能性。

根據奧登醫師的觀點，溫水對「具備低壓力荷爾蒙和催產素釋放劇增」的女性而言，具有止痛效果。研究顯示，這一類產婦接受水中分娩要比一般生產更爲安全。需要注意的是，水中的溫度必須維持與體溫一樣。除非你的子宮頸已經至少開了五公分，否則先不要下水。關於這方面的細節，你的婦產科醫師會讓你知道。

一如我所強調的，水對產婦而言具有強烈的吸引力，水有助於放鬆身體，並提醒你全然放鬆與跟隨水的流動，如此，將使每一個過程變得較爲輕鬆自如。如果你計畫要進行水中分娩，這裡爲你提供一個練習。你若無此打算，你更有理由要做這項練習。這是個讓你準備好進入分娩的美好方式。

練習67

成為水

閉上眼睛。慢慢地呼氣三次，從3數到1，在你的心靈之眼中靜觀數字在倒數。看見數字1高大、清澈、明亮。

看見你自己走在鄉間路上，聆聽水流的聲音。你來到一條小溪旁，溪水清澈而涼爽。你寬衣解帶，走進緩緩流動的溪流中。

呼氣。浮在水上，讓水流承載你。某種程度上，你與水融合為一，你成為了水。

呼氣。當溪水開始流得更急、更快時，請你全然放鬆。記得，你是水。當你輕輕鬆鬆滑向石頭與障礙物周遭時，感覺自己輕而易舉便擺脫了這些屏障，順勢而流。

呼氣。感受到你從小溪流向海洋。你成為了海洋。

呼氣。感受到自己輕而易舉便融入海洋之中。

呼氣。恢復成你自己。踏出海洋，將寶寶抱在懷中。

呼氣。看著你的寶寶，對著她笑，當她也以笑臉回應你時，請看著她的雙眼。

呼氣。睜開雙眼，用睜著眼睛的狀態，在腦海中看見寶寶。

醫生或助產士

既然你早在懷孕初期便已選定醫師，你可能已決定要尋求醫師的協助或助產士的幫忙。但是假如你對目前的選擇不太滿意，記得，你永遠可以自由地改變心意。選擇婦產科醫師，代表你將在醫院分娩；你若選擇助產士，則意味著你將在生產中心或在家生產。如果你決定要在家生產，請確保你的助產士與一群婦產科醫療團隊是緊密連結的工作夥伴，一旦面對緊急狀況時，你可以即刻被送進離你最近的醫院。醫院的支援與緊急載送的交通安排，都是在家生產不可或缺的必備元素。這也說明了爲何荷蘭的醫療系統如此受到矚目。在荷蘭，百分之三十的嬰兒是由助產士在家協助接生的。如果產婦要求住院，入院的交通安排早已在離產婦家最近的醫院待命。助產士也會隨著產婦進入醫院。那裡的助產士服務了百分之四十六的低風險荷蘭婦女，高風險的產婦則由醫院的婦產科醫師負責處理。荷蘭建立了完善的整合醫療系統，助產士與醫生緊密合作，那是美國所缺乏的體系。在美國，我們對助產士的工作頗不以爲然，對那些選擇在家生產的產婦也不表認同。所以當你要做決定時，請將這一切謹記於心。接著，開始進行「爲自己做決定」（練習65）的練習。如果你遲遲未做任何決定，轉而詢問你的夢吧，或是進行「接受並相信你的選擇」（練習66）來決定你該找誰來協助生產，要知道，你的選擇將決定分娩的地點。

陪產婦、你的伴侶或指導員

不論你是要聘請陪產婦，或只找你的伴侶或朋友陪伴你，都是很重要的決定；指導員則是能確保你擁有所需要的持續性支持，這樣的需要是你的醫師或助產士無法撥冗提供的服務。當然，你可以聘請陪產婦，也同時邀請你的伴侶陪伴。一切就看你的伴侶是否能隨時在你身邊，且能提供必要的支持和協助。我建議，如果你開始練習視覺心像，不妨聘請接受過「靈性胎教」訓練的陪產婦，讓她陪伴你度過漫漫產期。在你即將生產之前，你的身體將與圖像畫面高度調和與連結。你將知曉如何不費力地便輕易進入夢行狀態，你的身體將充分理解你的心思，而這份心思並不反對身體爲了平安生產所做的努力。我要不厭其煩地再度強調，許多女性朋友已回應視覺心像練習對她們助益甚大。「靈性胎教」的好處是，即便你無法在你的住處周遭找到「靈性胎教」的陪產婦，你仍可在電話中進行視覺心像練習。許多產婦透過電話與陪產婦進行視覺心像練習，在她們準備分娩的剎那，即便沒有陪產婦隨伺在側，仍經歷了非常滿意的分娩過程。充分關注並聚焦在她們的夢行狀態，同時有伴侶/指導員協助的產婦（一般而言，伴侶與指導員都接受過「靈性胎教」的訓練，參考第八章），也證實成效不錯。

無論如何，你還是轉向內在問問自己，如果只有伴侶或指導員陪伴與協助，你是否感到滿足自在？抑或你還需要更多其他方面的支援？一切由你來決定。建議你再一次進行「爲自己做決定」（練習65）的練習，同時詢問你的夢，或進行「接受並相信你的選擇」（練習66）來做最後的決定，看看該由誰在生產現場扮演支持與保護你的角色。

剖腹產與陰道生產

剖腹產或許從未列入你最受歡迎的清單中，你寧可不去想它，也不願這樣的事發生在你身上。你的大腦早已決定好以陰道生產來迎接你的寶寶。不過，提早準備以免有所遺憾，還是比較穩妥。如果你知道如何面對剖腹產，那麼，一旦你的身體或你的孩子最終要求你不得不採取剖腹產時，你就不至於太震驚或手足無措。

選擇剖腹產——要求這項生產需求的產婦，在美國估計約占百分之二點五——對某些女性而言是合理的要求，尤其是一些有著特殊背景的個案，譬如遭受強暴或性騷擾，抑或產婦的精神狀況或家族病史，使她在情緒上難以面對生下寶寶的必經過程，都是情有可原的前提。但這類狀況必須獲得醫生的同意，因爲美國婦產科醫學會的指導原則顯然支持陰道生產，除非特殊狀況下需要醫療介入。其他一般產婦，恐怕沒有其他選項。

剖腹產屬於大型手術，也是一項安全的程序。既然是手術，當然無法排除一些潛在的風險，那也意味著你必須面對術後的麻醉不適與傷口的疼痛。在一些國家，尤其巴西，剖腹產的比率很高，公立醫院的比率是百分之三十七，私立醫院的剖腹產比率則高達百分之八十的驚人數據。在美國，最近公佈的剖腹產比率大約是百分之三十四，雖然各家醫院政策不盡相同，但持續提升的數據來自一些因素，有些是健康因素，但其他則未必是。在荷蘭，剖腹產的比例低至百分之十三點五——嬰兒出生死亡率也低得多（荷蘭是全球十個嬰兒出生死亡率最低的國家之一）——這樣的比例顯然說明了，其他國家的高比例剖腹產其實是可避免的。

哪些產婦沒得選擇，只能接受剖腹產呢？前一胎剖腹橫切；妊娠糖尿病或其他疾病；皰疹感染發作（如果沒有發作，你仍可以選擇陰道生產）；前置胎盤（胎盤覆蓋子宮頸）；胎盤早期剝離（胎盤從子宮壁剝離）；子癲前症，也稱妊娠毒血症（由此而引發的妊娠高血壓）；抑或寶寶的頭圍太大，與你的骨盆腔不成比例；胎兒的臀部和腳朝下，或胎兒橫位；或已經過了預產期二至三週，子宮的環境品質已經開始下降。如果因爲以上這些理由而必須安排剖腹產手術，那就選個與你的家庭日子（練習21：找出最佳受孕時辰）相符合的日期，準備進行手術。

如果你的生產條件與狀況一直維持得很好，但你的身體或寶寶卻亮起了必須剖腹產的紅燈，請不要因此感到洩氣沮喪。不要覺得自己是個失敗者。眞正令人遺憾的是，必須動手術以解除醫療危機時卻抗拒不從，進而導致孩子或母親的身體受害，那才是眞正的失敗。孩子的安全是你最重要的考量與顧慮，永遠將這個觀念牢記在心。有現代醫療的手術處理以確保平安生產，那眞是值得開心的事。不怕一萬只怕萬一，記得，一旦你已進行爲剖腹產手術而設定的練習，你將可爲無法預料的緊急狀況做好萬全準備，從容面對。

這裡提供一些最常見的緊急剖腹產原因：生產或推擠程序失敗；胎兒窘迫（參考「練習71：緩解胎兒窘迫」）；產前沒有診斷出的問題，譬如前置胎盤或胎盤早期剝離；臍帶脫垂而面對擠壓時，恐怕會使得胎兒無法接收到氧氣。

你爲何在沒有任何醫療需求的情況下，自行選擇要剖腹產呢？爲什麼不選擇陰道生產呢？害怕生產的痛苦：或許你曾見證自己的姐妹經歷又漫長又痛苦不堪的分娩過程。害怕生產的過程：可能你家族中的母親或祖母，在生產時曾瀕臨死亡邊緣或因難產而死。審美觀：也許你害怕失去曼妙身材，身形鬆弛走樣。對肉體的嫌惡：你可能對祖先懷有極深的恐懼，或塵封舊事所引起的某種恐懼。有一位曾經被強暴的媽媽拒絕讓她的寶寶從陰道生出來，縱使她的子宮頸已經全開，而且寶寶的姿勢也很正確完美，但她卻執意不肯且不斷嚷著：「下面那裡很骯髒！」（如果你也曾經歷類似的創傷，請參考「練習5：清空並洗滌你的包包」與「練習6：清理你的子宮」。）

有時候，有些醫生會爲剖腹產爭辯，告訴他們的病患，剖腹產遠比陰道生產來得安全。眞的嗎？不盡然。通常，最理想的方式是讓最自然的方式來告訴你該怎麼做。許多研究資料顯示，自然產的寶寶比剖腹產出生的孩子擁有更顯著的優勢。其中原因極有可能源於高度的荷爾蒙交替與強勁有力的子宮收縮，讓寶寶透過產道推擠出來，因此，自然產的孩子比剖腹產的孩子擁有更強壯的免疫系統，後者較容易在出生第一年發生食物過敏與腹瀉的問題，此外，發展遲緩的比例也相對比較高。當然，在大部分的剖腹產個案中，寶寶依舊能順利地出生。

事實上，你已進行過這種形式的練習了（「練習45：你和寶寶的祕密花園」，另外，你也將在後續內容中找到類似練習的生產版本，即「練習86：放手讓身體作主」）。只是你還必須額外增加兩樣東西——而且至關重要——那就是徵詢身體的同意，繼續進行這些程序，同時要在最完美的光之中，親眼看著這些程序一一完成。

練習68

讓剖腹產順利進行

閉上眼睛。慢慢地呼氣三次，從3數到1，在你的心靈之眼中靜觀數字在倒數。看見數字1高大、清澈、明亮。

你正繞著圓形圍牆的基地行走。從圍牆上方，你看見了群樹頂端。一直走，直到你找到大門。鑰匙就插在鎖頭上：打開大門，走進花園裡。

呼氣。你的花園看起來如何？如果你不滿意，那就動手整理吧！

呼氣。再往花園更裡面走去，找到一片綠意盎然的青青草原，旁邊有一棵大樹，還有一條水流潺潺的小溪。

呼氣。在樹蔭遮蔽下，你自在地躺在草地上，聆聽溪流的水聲與蟲鳴鳥叫。感受到你的身體節奏與大自然的節奏，相互共鳴與對焦。

呼氣。現在，邀請你所信任的人，一個接一個進到這座花園來，請他們以半圓形圍繞著你席地而坐。感受到他們的愛與專注。

呼氣。當所有的見證人都陸續進來且圍著你坐時，你感覺舒適自在又輕鬆。請把此時此刻的情境與感受，以準確無誤的視覺心像，向你的身體展示，一旦需要剖腹產時，所有的情境與感受亦復如是。徵詢你身體的同意，容許並接受這樣的剖腹程序，同時提醒你的身體，剖腹產是經由醫生建議的做法。

呼氣。如果你的身體否決這項提議，再問問你的身體，你要如何做才能取得共識。以圖像畫面來回應身體所發出的需求。

呼氣。一旦你的身體同意了，邀請你的醫生、助理與護理人員進入你的花園，也請他們帶著藥物和醫療器材進來。當他們站在你面前時，你看著耀眼的陽光灑落在他們的頭上、深入他們的臂彎與雙手中，以致他們觸碰過的每一件東西——藥物、器材與你的身體——都變得閃閃發亮。

呼氣。大功告成，完美執行。你的寶寶完整而健康地出生了，小嬰兒正躺在你胸前。你對著寶寶微笑，感受湧現的美好與幸福。

呼氣。剪斷臍帶，胎盤被移除，你的傷口已經縫合，醫生的工作也宣告完成了。你看著醫生、助理與護理人員一一離開。

呼氣。感受到你所愛的人仍在你身邊守護與保護你；你感受到他們的同在與他們的喜悅。等你準備好了，就讓他們一個一個離開你的花園。最後一個人離開之後，大門就被關上。而今，就只剩你和你的伴侶，以及剛出生的寶寶。

呼氣。感受大自然的節奏，感受你的身體與寶寶隨著大自然的節奏緩緩地呼吸。

呼氣。等你準備好了，請你抱著寶寶，和你的伴侶一同起身，慢慢走出你的花園，關上門，把鑰匙帶走或藏在某個你容易找到的地方。

呼氣。在伴侶的陪伴之下，你抱著寶寶走進你們的未來。

如果你已經知道自己即將接受剖腹產，請持續進行這項練習三天，每天三次，而且要在早晨進行。

如果你並沒有計畫要接受剖腹產，但想進一步了解如果不得不接受手術時，自己可以如何做準備，那麼，請你好好閱讀這一段，再邀請你的伴侶、陪產婦或助產士也一起閱讀。屆時，如果醫生在緊急狀況下決定你的身體情況需要立即進行剖腹產，你身邊的人將會記得這個練習，知道如何以這些步驟來幫助並陪伴你度過這個過程。這個練習只需要一分鐘。

屆時，還有另外兩個練習也要同時進行（參考附錄二）。第一個練習「舒緩腫脹的狀況」（練習49），是為要消除麻醉藥的效果，這部分要在手術後盡快開始練習，甚至在恢復室就可以進行。第二個練習「修復傷口(2)」（練習158），是為要使你的傷口快速復原。謹記這些練習的內容，或是請你的指導員或陪產婦幫你記得。

硬脊膜外麻醉或無痛藥物治療

沒有人想要承受痛苦。但《聖經》中記載上帝對人類始祖夏娃說：「我必多多加增你懷胎的苦楚；你生產兒女必多受苦楚。」❶那是否意味著我們必須承受夏娃所犯的罪而飽受生產之苦？今天的普遍共識是，當然不！我們可以有所選擇。

在醫療發達的今天，醫生想方設法要將病患的痛苦降至最低。不論對母親或嬰兒而言，這些麻醉醫療的危險性都不大。而對母親的副作用是，會造成生產速度放慢；對嬰兒而言，則可能造成出生遲緩，在某些極為少見的個案中，偶有呼吸困難或吸吮困難的狀況發生。

既然如此，為何不先提前表明接受硬脊膜外麻醉的時間點呢？理由是，你可能根本不需要。所謂硬脊膜外麻醉是一種局部麻醉藥，注射到你的硬膜外腔，以阻隔你感受生產之痛。當麻醉藥發作時，你的骨盆和雙腳將會失去知覺。原來會發生於你和寶寶之間的感覺都將被移除，藉由這一劑麻醉藥，你將對自己的身體完全失去控制。所以，為何不稍等一會兒再看看？當你真的急切需要無痛藥物時，或甚至純粹想要無痛藥物，沒有人會拒絕你。所以，你有充裕的時間來做決定。你可以告訴你的醫生，一旦你提出要求，請醫生為你準備好硬脊膜外麻醉。

有沒有一條可以與痛苦和平共處的出路？有沒有一條可以以正念來調和身體的出路？當你在大腦皮質裡迷失時，你強烈「意識」到自己與東西的隔離，也失去與自己經驗連結的能力。這便是痛苦的來源。

但你其實可以找到一條返回經驗的途徑：透過你的夢行意識。夢行意識來自較為久遠與初階的大腦結構——下視丘與腦下垂體。夢行狀態使你活得精采而踏實。返回你的夢行意識，意味著你並非想著你的經驗，而是活在你的經驗中。乍聽之下，這似乎有違我們一貫的思路：誰想要與痛苦共存？但是，請試試看「成為」你的痛苦，如此一來，你將不再感受到任何痛苦。

提倡水中分娩的婦產科醫師米歇爾．奧登曾經說道：「當一個女人在生產時，身體內最活躍的一部分是她的原始大腦……。此時，以執行理性為主的原始大腦，即大腦皮質的活動力會下降。」❷當你做夢或做白日夢時，整個人沉浸在你的夢中，渾然不覺周遭發生的事。你在夢行狀態中無拘無束，自由自在，一如你沉醉於暗夜中顯明生動的夢境裡。這就是為何奧登醫師主張，分娩中的產婦應該被安置在不受干擾的環境裡，

❶《創世紀》3:16，Bereishis (New York: ArtScroll Mesorah Publications)。
❷米歇爾．奧登，法國婦產科醫師，撰寫了許多有關生產的書籍。

除非她主動提出需要你陪伴在她身邊。你若打擾她，那就像是你把處於深層睡眠中的她吵醒一樣，對她而言是一種干擾，她有可能因此找不回原來的節奏。

當你把理性思緒收藏起來，只讓你的夢行心智徹底主導，同時與你的身體融合共處時，一切疼痛的概念與念頭將煙消雲散。你正經歷與體驗的一切，只有完全的當下與存有。如果有人打擾或驚嚇到你，或試圖帶你遠離你的經驗，你不舒服的程度將會提升。以下的練習，可幫助你設定自己的身體去漠視這些侵擾。

練習69

減輕分娩時的疼痛

閉上眼睛。慢慢地呼氣三次，從3數到1，在你的心靈之眼中靜觀數字在倒數。看見數字1高大、清澈、明亮。

看見一棵光做成的樹在空中倒立，樹根在空中的水裡漂浮，閃閃發光的樹幹與樹枝往下朝著你的體內生長。看見樹枝在你的下半身散開，環繞著你的子宮、子宮頸與會陰。

呼氣。在每一根樹枝上，緊緊地綁上粉紅色絲帶，如此一來，便不會有任何痛苦的訊息往上延伸到這棵樹。

呼氣。設定好時間來顯示你的決心。譬如說，從現在開始算起，把時間設定為四十八小時。

呼氣。決定好了，當四十八小時一過，粉紅色絲帶就會自動消解。

呼氣。睜開雙眼。

設定時間很重要；潛意識的身體將遵守你的設定。想要測試這個練習是否奏效，最好的方式是在下一次可預期的疼痛時嘗試使用。我每一次上牙醫診所時都如法炮製，且屢試不爽。我已經好幾年看牙齒都不曾打麻醉藥了。

以下第二個練習是「陽光油滴」（練習64）的另一個版本，是我在一個陪產婦工作坊裡一起共事的朋友克勞迪婭．萊肯用來處理疼痛的方法。

練習70 舒緩子宮收縮的油

閉上眼睛。慢慢地呼氣三次，從3數到1，在你的心靈之眼中靜觀數字在倒數。看見數字1高大、清澈、明亮。

看見你的脊椎與脊椎的神經末梢開展得宛若一棵倒立的美麗大樹。看見許多悠然飛揚的樹枝，源源不絕地提供養分到你的骨盆周遭。

呼氣。抓一把光束，放進一個裝滿油的水晶小瓶子裡。手握瓶子一會兒，然後一飲而盡。

呼氣。看見喝下的油，往下流到你的臀部與骨盆的骨骼結構。看著這些陽光油滴蔓延、圍繞並包覆你身體中心的末梢神經，就在骨盆腔區域與子宮、子宮頸周遭。看見油層包覆每一條神經末梢，阻隔所有的疼痛接收感應器，確保你所感受到的每一個收縮與陣痛，其壓迫感是開闊而散開的。

呼氣。油層包裹與水流的包覆已萬無一失，而今只有感知到壓迫感，而那壓迫感是開闊、寬廣與自在的——一直到你的孩子出生。

呼氣。睜開雙眼。

持續性的胎兒監測、不定期胎兒監測或都卜勒超音波

胎兒監測器是用來檢查胎兒的心跳，以及分娩時子宮收縮的強度與長度，會有一條帶子包覆著你的腹部，然後連結到螢幕上。當你與機器連接上，你的行動就會受到限制，想要四處走動或甚至動動手與膝蓋都會變得加倍困難。你感覺綁手綁腳，無法行動自如。

都卜勒超音波是個手持式的超音波器材，用來放大與監控孩子的心跳。都卜勒超音波取代了傳統的聽診器。過去，一般醫生只能將聽診器放置於母親的身體上，藉此聆聽寶寶在子宮裡的動靜。

為什麼寶寶的心跳需要如此大費周章地監聽與檢測？主要原因是，寶寶在出生時，要歷經艱辛，奮力穿越狹窄而封閉的骨盆，這是一段必經的嚴酷考驗。在每一個收縮的剎那，寶寶都被推擠、被擠壓與壓縮著往

前移動。她必須極盡擺動與扭動之能事，努力尋找出路。在這千鈞一髮的過程中，如果寶寶的臍帶和胎盤有任何狀況，或分娩時間過久，胎兒窘迫的狀況隨時可能會發生。

在大部分低風險的分娩期間，一般每隔二十至三十分鐘進行間歇性的胎兒監測已經足夠，其餘時間你可以自由活動。都卜勒超音波則是適合在家分娩或選擇在生產中心的個案使用。

如果發生胎兒窘迫的狀況，記得你可以進行一些練習來與你的寶寶溝通對話。如果你能準確地善用你的視覺心像，就可以化危機爲轉機，爲緊急狀況帶來及時而有效的轉變。這個基礎練習（練習28：進入子宮探視寶寶），你已經做過許多次了，對你來說應該已經駕輕就熟。以下提供另一個調整過的版本，可用來應對上述的情境。

練習71

緩解胎兒窘迫

閉上眼睛。慢慢地呼氣三次，從3數到1，在你的心靈之眼中靜觀數字在倒數。看見數字1高大、清澈、明亮。

將你的雙眼往內觀照你的身體，一路往下走到你的子宮。你的雙眼炯炯有神，閃亮如兩道光束，一路照亮前方路途。當你抵達目的地時，看看到底是什麼情境使寶寶發生胎兒窘迫的狀況。滿足她的需要。

呼氣。明確而肯定地告訴她，一切安好，讓她知道你一直在那裡，陪伴並守候著她。

呼氣。安撫她，並指示她前往產道的方向。持續與她對話和溝通。

呼氣。睜開雙眼。

這個簡易版本的練習，是爲要提醒你，你可以在整個分娩過程中與你的寶寶對話。當你的身體正費盡艱辛讓她掙脫困境時，寶寶也在努力讓自己遠離危險，展開她的旅程，進入這個「勇敢而全新的世界」。

選擇會陰切開術：是或否

會陰切開術是個小手術，是從外陰部後方處切開一道裂縫，一直到肛門處，以確保寶寶有個更大的「出口」可以順利出來。這道切口可以是垂直的一條線，或從中間外側（可以是任何角度）處切開。爲免母親的會陰部在分娩的劇烈過程中造成不規則的撕裂，進而導致後續的縫補與修復困難，婦產科醫生通常會先切那麼一刀。會陰切開術在美國極爲普遍（不過，美國婦產科醫學會並不鼓勵常態性使用會陰切開術），在其他國家亦然。一般認定，這個手術有助於寶寶的頭露出，尤其可以降低分娩時對寶寶的頭骨造成創傷。然而，許多研究報告卻發現，寶寶與母親在沒有例行的會陰切開術下，反而表現得更好，自然的撕裂傷也比會陰切開術的傷口復原得更好、更快。

當然，會陰切開術有不得不施行的情況與理由：如果寶寶的頭太大；如果寶寶的肩膀卡在產道上（肩難產）；如果已經開始催生或子宮收縮來得又快又急，唯恐造成嚴重的撕裂傷等。

如果我們別無選擇，只能接受會陰切開術，你要先接受局部麻醉，而切開過程並不會令你感到疼痛。你不但對整個切開手術渾然不覺，當寶寶出生以後，你對整個縫合的過程也完全沒有感覺。

在美國，有百分之三十一的產婦仍接受會陰切開術。然而，蟹足腫的狀況（組織疤痕的增生）是會陰切開術的後遺症，有可能造成往後性行爲的疼痛。如果可以，請事先讓你的婦產科醫生或助產士知道，除非情況危急，否則你不傾向接受會陰切開術。然後，再展開避免這個手術的計畫。

你可以在孕期第三十四週時，開始請你的伴侶使用維他命E滋潤油來幫你進行會陰部按摩。你也可以自己按摩，一天一至兩次，每次大約一分鐘即可。爲了強化身體的按摩效果，鼓勵你同時進行視覺心像按摩來柔軟與伸展你的肌膚。

練習72

五十根手指的按摩

閉上眼睛。慢慢地呼氣三次，從3數到1，在你的心靈之眼中靜觀數字在倒數。看見數字1高大、清澈、明亮。

想像你站在綠草如茵的草地上。天空澄澈蔚藍。你抬頭看著太陽。太陽在哪裡？看著日光在空中移動，直到它移動至你的頭頂上。如果太陽在你後方，請轉身去面對它。

雙手朝著太陽，高高舉起。感受兩隻手不斷往上伸展，手臂不斷伸展得越來越長，直到手指接近太陽，充滿亮光而且倍感溫熱。

呼氣。看著你的雙手。看著一隻小小的手從每一根手指的頂端長出來。現在，你擁有五十根發光的小手指在你原來的手指頂端。

呼氣。將高高舉起的手臂慢慢放下來。以你那多出來的五十根小指頭，開始按摩會陰部的肌膚。感受你的五十根小手指在會陰部的上下快速移動。看著血液在肌膚裡流動，一邊撿起細胞中的毒素，同時以氧氣來充滿每一個細胞。

呼氣。看見血液流經會陰部，將毒素排除殆盡。

呼氣。把肌膚視為富有彈性而發亮的物質。用發亮的手指讓肌膚得到伸展。每一次當你按摩時，都對肌膚多施點力，讓它多伸展一些。

呼氣。舉起雙手，朝向太陽，看著你的一隻隻小手慢慢回到原來的手指裡。

呼氣。你的雙手依舊閃亮，把雙手放在會陰部。感受到一陣溫熱滲透進入你的肌膚裡，使那部位變得柔軟與放鬆。

呼氣。睜開雙眼。

同時進行「練習64：陽光油滴」。你可以藉由觀照兩隻充滿著陽光油滴的手，將兩個練習合併使用。雙管齊下的進行，有助於強化皮膚的柔軟度。

延後剪斷臍帶

在西方的醫療世界，一般的做法是孩子出生後便把臍帶夾起，立即剪斷。爲什麼要請你的醫師或助產士延後剪斷臍帶呢？臨床研究顯示，延後三分鐘剪斷臍帶，可以使大約一百毫升的胎盤血液傳輸給新生兒，提供額外的鐵質給寶寶，有助於預防寶寶在出生後第一年鐵質不足的問題。

請你的醫師或助產士稍安勿躁，待臍帶停止劇烈顫動後再切斷（最多可能需要等個五分鐘）。或許你的伴侶想要親手剪斷臍帶。其實，剪斷臍帶是個非常神聖的一刻，彷彿開啓了孩子生命中第一個宣告獨立自主的時刻，預示了她離開你的身體，自行成爲一個獨立的個體。或許你會想要以一個禱告或某種特殊的儀式，來標示這個無比神聖的一刻。

臍帶連著胎盤，胎盤在孩子出生後也將被排出你的體外。你可以提出保存胎盤與臍帶的要求，也許你可以將它們埋在你認爲神聖的地方。你也可以將整個胎盤保留起來，製成藥丸；胎盤含有不同而多元的營養成分，不管對你或你的寶寶，都是重要的營養來源。你若想要保留胎盤與臍帶，請務必提早告知你的婦產科醫師。

寶寶的胎位正確嗎？

如果寶寶的胎位不是頭下腳上的正確胎位，且不利於順產的話，那麼，你的陣痛可能會因此大受擾亂或破壞。如果寶寶的不正胎位屬於伸腿臀位（寶寶先露臀部，臀部在下，兩腿伸直向上並靠近臉部），或雙足先露胎位（其中一隻腿或雙腿都往下直伸），或橫位（寶寶在子宮裡側身橫躺，亦稱爲肩膀先露的不正胎位），則你的婦產科醫師或助產士會徒手在你的肚腹上嘗試推擠或轉動，努力將肚子裡的寶寶轉到正確且期待的胎位。另外，進行華人傳統的針灸療法，也有助於身體的放鬆，使身體恢復到最理想的狀態。

但是，爲何不在一開始便試試看以視覺心像來轉動寶寶的姿勢呢？一旦成功了，你將再度證實視覺心像確實是個有效的工具，使你在操練視覺心像語言的過程中，慢慢累積更多自信。如果你試了第一次仍不見寶寶轉動到正確胎位，不妨繼續嘗試與反覆練習。

練習73

幫寶寶調整胎位

閉上眼睛。慢慢地呼氣三次，從3數到1，在你的心靈之眼中靜觀數字在倒數。看見數字1高大、清澈、明亮。

這是個晴朗的白天，你看見自己置身一片青草地上。

呼氣。伸展你的雙臂，迎向太陽，感受雙臂越伸越長，直到你的雙手非常靠近太陽。看著你的雙手越來越溫熱，並且逐漸發光。

呼氣。現在感受到你的雙臂恢復到原來的長度。

呼氣。把你的手帶入身體裡的羊膜囊中。輕柔而小心翼翼地托住並移動你的寶寶，直到把寶寶的位置調整成最理想的出生胎位：頭部朝下，臉面向你的背部，臍帶鬆垮地在上方浮動。

呼氣。將你的手抽離身體內部，放在肚臍的位置。傳送一份溫暖與確定感給你的寶寶，讓她知道那是正確而理想的胎位。

呼氣。用睜著眼睛的狀態，在腦海中看見你的寶寶為出生而調整好一個最理想的胎位。

信任自己可以做得很好

你已做好萬全準備，等著迎接大日子的到來。好好享受那個時刻，你終於可以好好休息與放鬆了。尤其這個時候，你開始放產假，一心一意期待分娩時辰的來臨。所有主要的決策與重要的採買都已告一段落，寶寶的嬰兒房也準備妥當了。

你真的可以好好享受這種大功告成的滿足感，帶著覺知準備迎接寶寶的出生。夜深人靜時，你可能想要徹底放鬆，相信你的身體有足夠的能力備戰，同時完成寶寶出生的大工程。以下提供簡易可行的「視覺心像祈禱」，你若對冥冥之中更高深的力量深信不疑，歡迎你好好實踐這個練習。建議你在準備就寢前的夜晚時分進行練習。

練習74

安住在神聖者手中

閉上眼睛。慢慢地呼氣三次，從3數到1，在你的心靈之眼中靜觀數字在倒數。看見數字1高大、清澈、明亮。

看著神聖者的手從天而降。你進入那隻手中，然後躺下。感受到你與你的寶寶都深獲扶持與保護。

呼氣。持續觀看這個畫面，一邊進入睡眠狀態。

如果你不是信徒，你可以用「光之海洋」（練習53和練習75）來取代這個練習。

練習75

光之海洋(2)

閉上眼睛。慢慢地呼氣三次，從3數到1，在你的心靈之眼中靜觀數字在倒數。看見數字1高大、清澈、明亮。

看著你眼前這片金光閃閃的海洋。進入這片海洋，躺下，讓自己漂浮於這片金光之海中。感受到你與寶寶都深獲扶持與保護。

呼氣。持續觀看這個畫面，一邊進入睡眠狀態。

請閱讀接下來兩章的內容，現在就開始熟悉有關分娩與親子關係的連結，因爲等你生產完、寶寶也出生了，你將會忙得不可開交，沒有時間可以好好閱讀與消化。回頭檢視你已針對分娩所提早完成的許多相關練習。如果你一直對「爲人母」心懷恐懼與不確定，那麼，關於親子關係的連結等練習（第七章），能有效幫助現階段的你面對惶惑與恐懼，對你特別有助益。提早預見與做好準備，是很好的練習，而且事半功倍，因爲你對前行的道路已了然於心，胸有成竹。

此時此刻的你，爲了殷切期待的大日子，已經初步完成了所有該準備、該做的事。你的心智已被教育好與你的意見達成共識，你的情感已被檢驗與轉化成爲你的最佳能力，必要時，你將使出渾身解術，把所學的功課發揮得淋漓盡致。當你的寶寶出生後，你將赫然發現，時間根本不夠用！如果你是新手父母，請好好珍惜並把握最後這段自由自在的日子。恭喜自己這一路走得穩妥平安，在寶寶即將到來之前，把握最後這段與伴侶共處、祥和寧靜、緊密同行的時刻。

【第三部】

生 產

6 生產：迎接你的寶寶

「柔弱微細，生之徒也。」

——《道德經》

你已抵達這場競賽的最後一役。一如希臘豐收女神德墨忒耳（Demeter）——女神、母親、女主人、聰慧的智者——你摩拳擦掌，積極準備好你的門戶與通道，等著迎接孩子的臨到。你是配合者，同時也是創始者：竭力開闢門戶讓你的孩子順利穿越，猶如創造女神，努力推出儲藏與孕育了九個月的創造物。創始者不是你的意識心智，不是你所想所知的那些知識，或是由你的醫生來告知你預產期等等。眞正的創始者是你至高無上的身體，這個身體昭示了所有潛意識的知識，而這些知識與孩子的基礎認知是一致的，並且同時決定了一觸即發的時機。一開始或許速度會慢一些，延長至好幾天或好幾週。但每一個動向與時機，都在集結並累積能量。養精蓄銳之後，伺機而動，至終必登峰造極。你終究會知道寶寶即將臨盆的時間點。你所有累積和壓抑的情緒，九個月來的殷切守候與準備，所有的盼望與期待，一切都聚焦於完成眼前的當務之急——把你的寶寶順利生出來。

把孩子帶出來，無疑是一件神奇的事。所以，請好好享受。事實上，你也別無選擇。此時的你，就像坐在雲霄飛車上。如果你緊張焦慮，那麼，那種倏忽騰空而上、瞬間又跌落谷底的興奮刺激，恐怕早已被你的恐懼淹沒了。想辦法與你的感知和平共處——維持原來的狀態，讓自己置於高點——可以幫助你全然享受當下的騎乘與起伏的快感。如果你有所保留或壓抑，那麼，你就是違背了另一股比你更強大的力量。那是生命力的承接，一如其他原始力量般，這股生命力將透過你，轟然來去。因此，交付出去，完全放手，讓自己隨遇而安。從某個定點直到終點，你若徹底與這股原始生命力彼此包容和接納，你將可以善用這股能量將你的孩子推出。這個經驗將使你與生俱來的力量與成就感，獲得前所未有的意義。

在生產的時刻，你毫無保留地徹底敞開，不計一切懼怕與顧慮，只能完全專注於當下的任務。你對等著你的生命啓示與欣喜雀躍雖然無法全然明白，但卻驚詫不已。你很快就能親眼凝視寶寶的臉龐。他將睜開深不可測且純眞的雙眼看著你。你將跌入孩子給你的神奇奧祕中，墜入彼此的深愛之中，而且滿懷狂喜，就像《聖經》故事中那位久久不孕、老年得子的撒拉，生下孩子之後爲他取了個具有「歡笑」之意的名——以撒。

產前徵兆：腹輕感與胎頭固定

在你生下第一胎的前兩週至前四週，也或者你可能不是初次生產，然而當你非常接近預產期時，意味著腹中的寶寶已經往下移動至你的骨盆腔。我們稱這種產前徵兆爲「腹輕感」——原因或許是因爲你釋放出更多空間讓你可以自由呼吸與消化，因而令你倍覺輕盈。但另一方面，你也將在你的骨盆腔底與膀胱處，感覺到不斷激增的壓迫感，那意味著你會越來越頻尿。當子宮頸越來越薄時，表示寶寶越來越往下沉墜，那是個明確的訊號，告訴你最後的產期已迫在眉睫。與此同時，你的陰道也將分泌比平時更多的分泌物。如果你的分泌物呈粉色且黏稠，你應該要知道你的黏液塞開始把原來在孕程中緊閉的子宮頸慢慢鬆開了。那也是其中一個告知你即將臨盆的預警。

當你的寶寶開始經由骨盆不斷往下墜落時，你只需要看看下墜的大孕肚，便自有分曉。你的伴侶和朋友也看得出來。你自己可以明顯知道，因爲你身體的平衡感與重心開始偏離。這是應有的正常狀態。

不過，萬一你的寶寶沒有往下沉墜呢？你可以怎麼做？你的預產期是否過了？有些女性的孕程會拖得比較久，尤其是頭一胎，狀況更明顯。不過，即便過了預產期兩週，都還屬於正常範圍。一直到產期進入第四十二週仍毫無產兆時，你的醫生或許就會透過醫療介入來進行必要的催生。當寶寶姍姍來遲時，爲何不著手做些事或準備剖腹產手術呢？其實，想要讓寶寶順利往下移動，重力是你要啓用的第一個工具：走動。除此之外，也應該善用你至今已經越來越熟悉與信任的工具：你的視覺心像。記得你在孕期最後三個月的主要練習項目：「爲分娩過程彩排」（練習62），練習去觀照你的寶寶一步步進入倒立的花莖中。

練習76

幫助寶寶就定位

閉上眼睛。慢慢地呼氣三次，從3數到1，在你的心靈之眼中靜觀數字在倒數。看見數字1高大、清澈、明亮。

看見你的寶寶頭朝下，面向背後，臍帶自由地漂浮其上，穿越含苞待放、敞開的花莖，開始準備降落。

呼氣。把一切恐懼或焦慮像一縷黑煙般呼出去。看見那煙霧變得越來越輕。吸氣時，看著你吸入太陽的黃金光束。將這道光束視為包覆寶寶皮膚的一層金油，然後澆灌入那支花莖裡。

呼氣。看見你的寶寶輕而易舉地滑落到漏斗狀的花莖，再緩緩地一路往下滑落，再滑落，直到寶寶的頭觸碰到盛開的花朵。

呼氣。你知道花開自有其節奏與時間，它終究會慢慢開花，而且肯定會讓寶寶取道並穿越而出。

呼氣。睜開雙眼。

我曾經教過一位產婦這項練習。當時的她正值預產期前三週，但因為胎便染色的問題（觀察到羊水變色，意味著你的寶寶在子宮裡排便，那是寶寶不安穩的警示），醫生確定寶寶不會往下轉動，換句話說，這名產婦不得不接受剖腹產手術。我們為她進行這項練習，觀想她的寶寶頭部往下移動到正確胎位。就在練習後一小時內，寶寶已完全胎頭固定，醫生為之驚詫不已，而她的產程也完全正常順利。她最後以陰道生產的自然方式，生下一個可愛的男寶寶。

假宮縮與待產時該準備的事

如果你感覺子宮開始出現不規律的緊縮感（一般而言沒有痛感），意味著你正在經歷讓你先預習的子宮收縮，稱之爲布雷希式收縮（Braxton Hicks contraction），或假宮縮。你很快就能確定那並非眞正的宮縮或是準備要分娩了，因爲你一旦變換姿勢，宮縮也就隨之舒緩，甚至停止。

眞的有假宮縮這回事嗎？其實不然。之所以稱爲假宮縮，是因爲這些過程還不足以強烈到引發分娩。但假宮縮確實啓動了子宮頸變薄與擴張的過程。在這過程中，你的醫師會告訴你，下一次產檢時，你將已進入子宮頸擴張的階段。萬事俱備，但還沒正式要生產。

至於何時才要生產，你會知道的，因爲你的宮縮會越來越頻繁，而且是規律性地一波接著一波，強度也不斷累積中。在這一切尚未發生之前，或許該是時候檢查一下你該做的練習，尤其是「爲分娩過程彩排」（練習62）（至於準備進行剖腹產者，請參閱「練習68：讓剖腹產順利進行」）、「那道充滿於你的藍光」（練習47）、「舒緩子宮收縮的油」（練習70），以及「成爲水」（練習67）。

你的身體是個無比奇妙的器具，它會在潛意識中面面俱到地照顧與打點好你所需要的一切。身體的呼吸、消化、排泄、流汗、促使血液循環，甚至早在你意識到任何狀況之前，便已傳送訊息到各個器官。你的身體知道自己需要什麼。所以，請你帶著敬意，好好照顧自己的身體，一如你用心照顧你最愛的寵物般。你若對牠珍愛有加，牠也將以最佳態度來回應你；但你若對牠漫不經心或輕忽牠的需求，那麼牠可能會反咬你一口。你的下一個練習是，詢問你的身體在生產之前需要做好哪些方面的萬全準備。

練習77 詢問身體是否準備好要分娩了

閉上眼睛。慢慢地呼氣三次，從3數到1，在你的心靈之眼中靜觀數字在倒數。看

見數字1高大、清澈、明亮。

將你的雙眼往內觀照，看見雙眼的光芒照亮身體的內部。詢問身體的每一部位，是否已準備好要分娩了。如果身體的某個部分尚未準備好，請它向你展現一個圖像畫面，看看你需要如何配合它。然後再以圖像畫面來回應它的需要。

脊椎——呼氣
肩膀——呼氣
肋骨——呼氣
骨盆——呼氣
子宮頸——呼氣
子宮——呼氣
陰道——呼氣
臀部——呼氣
雙腿——呼氣
雙足——呼氣

任何你感覺必須詢問和關切的身體部位，都請一一探問。

呼氣。睜開雙眼。

以下提供一個專爲臀部需求而設計的練習，好讓身體的這個部位在眞正開始分娩之前，獲得額外的關注與溫柔的疼惜，這是因爲臀部需要擴張與打開，好讓寶寶得以暢通無阻地穿越產道，順利出生。

練習78 溫暖下背部與骨盆

閉上眼睛。慢慢地呼氣三次，從3數到1，在你的心靈之眼中靜觀數字在倒數。看見數字1高大、清澈、明亮。

想像你站在一片青草地上。抬頭仰望天空。太陽在哪裡？如果太陽在你的左邊，觀察它緩緩在空中移動，一直到它抵達天頂。

呼氣。將你的手臂朝向太陽，往上伸展。感受手臂越來越長、越來越長。你感受到陽光的溫熱將雙手轉而成為光。

呼氣。將發光的雙手放下，深入你的身體內。謹慎地讓這道光從身體最深處開始蔓延到髖骨。

呼氣。將雙手伸出，放在臀部上，感受到發光發熱的雙手滲透入骨盆周遭。

呼氣。睜開雙眼。

讓子宮頸口擴張

你的身體設計與結構，是爲要將一個生命帶到這世上。你可能是其中幾位身材體形較瘦小的產婦，或是你的骨盆腔無法承接頭圍過大的寶寶（胎頭骨盆不對稱）。若然，你可能已經提前被你的醫生告知需要爲你安排剖腹產手術。但是，一如法國人所說的，例外證明了規律存在的意義——意思是，你的陰道口或許可以大到足以讓你的寶寶穿越產道。在「爲分娩過程彩排」（練習62）中，你看見花兒朵朵盛開，這有助於支持你的身體完成它該敞開與擴張的任務。你可以一邊想著它，一邊進行以下練習，把它當成「凱格爾視覺心像運動」（練習127）的對立版。

古人另有一套隱藏版的方法，可以有效幫助子宮頸敞開。在所有古老的神聖語言中，通道門口的神祕字母往往都以D開頭：希臘文爲de，希伯來文是dalet，梵文是dwr，凱爾特文是duir。這些字都被帶入我們所擅長的英文字，意即「門」（door）之中。門口被視爲女人的神聖通道，因此經常被漆上紅色。

練習79

讓神聖的通道敞開

呼氣並發出「滴」（de）的聲音。將聲調拉高為deeeeee……，盡己所能地按著你感覺舒服的程度來延長這個聲調。如果你很專注，你將感覺身體的下半身部位從裡而外全都敞開了。感受到你的外陰部逐漸打開。

吸氣，讓空氣進來。將吸進的空氣視為一道金光，流動並往下深入你的子宮頸與外陰部，以溫暖的金黃色日光將它們包覆起來。

重複上述動作三次。

呼氣。睜開雙眼。

這是爲了子宮頸的擴張而設計的練習，但不是爲了推擠。別擔心，當關鍵時候到了，我們將特別針對推擠而複習獨特的「嗶嗚」發聲練習。你可以在預產期前的最後三週，或即將開始生產時進行這個練習。千萬不要在更早以前進行這個練習。

其他有助於敞開與擴張的練習，還包括「鴨子呼吸」（練習80）與「擴張下半身」（練習81）。

你的身體是按著正反兩面被造的，就像鏡子與影像。你的左邊是右邊的鏡中影像，你的下半部是上半部的鏡中影像。那意味著你臉部的開口與會陰部的開口是緊密相連的，如果上方的開口非常緊繃，則相對應的下方也會感覺緊閉。你的口若放鬆，你的外陰部也會跟著放鬆。

練習80

鴨子呼吸

透過放鬆的嘴唇來呼氣，反覆吹出空氣，藉此震動你的唇部，同時讓兩片唇共鳴微張。觀想你的唇反覆振動。感受並看著你的外陰部是否有任何狀況。

你或許想要讓唇部或外陰部開得更寬鬆。這裡為你提供另一個練習，讓你可以更放鬆，同時敞開嘴巴的內部。仔細留意這項練習如何影響你的子宮與子宮頸內部。

練習81

擴張下半身

閉上眼睛。慢慢地呼氣三次，嘴巴微張，嘴唇放鬆，從3數到1，在你的心靈之眼中靜觀數字在倒數。看見數字1高大、清澈、明亮。

呼氣。你正走進一座種滿桃子的果園裡。摘下一顆小桃子，感受到陽光照耀的溫熱，接著把整顆桃子放進嘴裡，感覺桃子在你嘴裡不斷變大，大得塞滿了整張嘴。

呼氣。感受並觀察身體下半部敞開的狀況。

呼氣。現在，桃子在你口裡融化了。嘗嘗桃子的金黃汁液。感受並觀察這些瓊漿玉液往下流經你的下半身，包覆你的子宮與子宮頸內部。

呼氣。感受到桃子果核抵住舌尖的粗糙感。現在，請噘起嘴唇將果核吐出。

呼氣。睜開雙眼。

你越是放輕鬆，下半身便可越快敞開。當我寫到這裡時，剛好收到一封電郵，內容說：「我們的兒子昨天出生了。我們一起進行的練習對我們助益很大。分娩的過程很快……只需要一個小時便從三公分開到八公分！」

生產的進程

你若感到一股忽然湧現的水從你的雙腿間流出來，那意味著你身體內裝水的袋子（薄膜裡有可讓你的寶寶在裡面安全浮沉九個月的羊水）已經破裂了。若然，你可以開始在未來的十二至二十四小時內，期待你第一個真正的宮縮。羊水流出來時，請趕緊聯絡你的醫師。對某些產婦而言，她們的羊水薄膜會一直到開始分娩時才破裂。在另一種情況下，如果羊水薄膜並未自然破裂，你的醫生會決定是否需要主動使它破裂（你不會有任何感覺），或乾脆就讓你的寶寶在「水袋」裡出生。但無論如何，羊水薄膜都要弄破，好讓你的寶寶可以自主開始他的第一口呼吸。

即便你的羊水在公眾場合破了，也無需爲此擔心。這樣的狀況鮮少會發生，因爲當你或站或坐時，寶寶的頭其實是擋著產道的。最常發生羊水破了的情況是，當你躺臥下來時。羊水淡而無味，並且會以極快速度泉湧而出。那種感覺與尿失禁不同。當羊水薄膜破裂時，記得提醒自己進行水中生產的練習，請參考「成爲水」（練習67）。

以下列出分娩的三大階段：

第一階段是分娩。此過程另外還有三個進程：一、早期產程——子宮頸變薄，並擴張達三公分（早期分娩症狀可能發生在孕期的最後三週，或在幾個小時內發生）。二、活躍期產程——子宮頸開到七公分。三、過渡期產程——子宮頸開到十公分。你已經到完全開的階段，可能感覺快撐不住了而忍不住大叫：「我沒辦法了！」請你的伴侶或指導員提醒你，你已快要進入推擠的階段了。在分娩過程中，你需要做的是隨著你的宮縮與陣痛的浪潮往前推進。你的身體與寶寶的身體都齊心協力在奮力工作。

第二階段是把你的寶寶推擠並送出來。你要與宮縮串聯好，齊心應戰。當子宮竭盡所能地奮戰，努力將寶寶「驅逐出境」時，你的用力推擠將促使與加速整個過程。當宮縮來的時候，你積極而主動的推擠，遠比身體自行推擠更有成效。事實的眞相是，無論你或你的寶寶，都需要盡快完成這個階段的重責大任。

第三階段是排出你的胎盤。有時候當宮縮來得溫和時，你甚至渾然不覺它的蠢動。

只有當你的宮縮來得規律且不斷加劇時，才算是正式進入待產階段。你的伴侶或指導員可以幫你計算每一次宮縮的間距，即從一開始的宮縮，一直到下一次宮縮開始時，兩段宮縮之間的時間差距。

在分娩時，你可能發現自己準備好要做的練習竟消失得不見蹤影，不復存在於你的心智中，因爲身體已接管一切。不需爲此憂心。只要你在生產前已提早進行這些練習，你的潛意識將會知道如何去整合與融會貫通，而你對潛意識的指示，也將成爲身體所遵行的目標。

第一階段：三進程的分娩

早期產程

在最初進程的分娩，請努力讓自己睡覺或想辦法讓自己感覺舒服些。你若感覺焦躁不安或想讓自己忙於一些家務，就去做吧，不需要壓抑自己的想望。事實上，你或許在分娩前的二十四小時都處於忙碌工作的節奏裡，奔忙於「築巢本能」中，那也是一種可信的警訊，標示著分娩已經迫在眉睫了。因此，你會想要充分利用寶寶出現前的最後時刻，確認所有細節已經打點好，確保你可以放心地專注於生產之事上。休息、放鬆或讓自己投入於工作中，都是面對與經歷這段最初分娩期的好方法。如果你覺得饑餓，可以吃點東西、喝些飲品，儲存一些體力與能量，因爲待會兒正式生產時，可是需要燃燒許多熱量。還有，別忘了要常排尿。

如果你想要休息與放輕鬆，最好選個安靜的地方。

練習82

在安靜之處獨處

閉上眼睛。慢慢地呼氣三次，嘴巴微張，嘴唇放鬆，從3數到1，在你的心靈之眼中靜觀數字在倒數。看見數字1高大、清澈、明亮。

找個安靜且安全的地方，好讓你可以感覺自在舒適。你也可以到你的祕密花園。

待在這個安靜之處一會兒。你在哪裡？一切看起來如何？感覺如何？形容給自己聽。

呼氣。睜開雙眼，用睜著眼睛的狀態，在腦海中看見這個地方。

如果你在分娩前最後幾個小時還在汲汲營營於安頓與整理自己的房子，那麼，當你終於完成工作時，請進行以下練習。

練習83

欣賞你的家

閉上眼睛。慢慢地呼氣三次，嘴巴微張，嘴唇放鬆，從3數到1，在你的心靈之眼中靜觀數字在倒數。看見數字1高大、清澈、明亮。

看見你的房子整齊乾淨、井然有序。你可能想要再進行最後的整理和修飾；也許你還想要搬動和調整一些東西。

呼氣。當你對眼前的擺設感覺滿意了，走到外面的青草地上，摘一把野花。嗅聞撲鼻而來的花香，沉浸在色彩繽紛的美麗與香氣中。把這束花插在花瓶裡，擺在家中。

呼氣。後退一步，開心地欣賞眼前你精心佈置的美好景致。

呼氣。睜開雙眼，用睜著眼睛的狀態，在腦海中看見整理好的房子裡所擺放的花瓶。

你已經把家裡打掃得一塵不染，也安頓好一切。你已處理好外在的環境，現在，該是時候好好潔淨你自己，準備好迎接最神聖、最莊嚴的時刻到來。以下的練習，是以古老的傳統潔淨儀式作爲基礎來設計，你可以先確認自己的宗教信仰，確認你是基督徒、猶太教徒、穆斯林或印度教徒。這個練習在於讓自己沉浸在流動的水池裡，讓水來潔淨你所有的罪，使你恢復最初的天眞與單純。

練習84

沉浸並滌淨自己

閉上眼睛。慢慢地呼氣三次，從3數到1，在你的心靈之眼中靜觀數字在倒數。看見數字1高大、清澈、明亮。

你站著，旁邊是一座很深的天然水池，水源來自天然泉水。

呼氣。脫衣，把脫下的衣服堆放在池邊觸手可得之處。

呼氣。踏入水中，讓自己完全沉浸在水池裡，連一根頭髮都不外露於水面上。為自己禱告，將那些妨礙你無法輕鬆快樂地生產的困惑和焦慮，一一清理乾淨。浮出水面上。

呼氣。再度沉浸水裡，這一次要沉得更深。觀看並感受到清澈冰冷的池水包圍著你。為自己禱告，將自己的身體所要歷經的過程都交付出去，然後讓自己隨著水流而浮沉。

呼氣。讓自己第三次沉浸水中，進入水深之處。聆聽無聲的寂靜。感受到自己被四周的水所承載。為自己禱告，讓自己與神聖之母的子宮合而為一，好讓她能賦予你力量去面對挑戰。

呼氣。走出水池。讓自己在陽光下伸展身軀，讓自己高歌跳舞，直到濕透的身體漸漸乾了。

呼氣。你剛剛脫下的衣服都消失不見了，但旁邊已為你準備好全新的乾淨衣服，那是淺色或白色的衣服。你穿上這些衣服。你的頭髮是乾的或溼答答呢？長或短？或維持原來的樣子？你的表情如何？

呼氣。睜開雙眼，看見自己穿上全新的衣服。

活躍期產程

當你的宮縮間距越來越急促，縮短爲每四分鐘一次的規律節奏，或每隔四十至六十秒便來一次劇烈宮縮，同時伴隨中途一次高峰劇痛，那意味著你已來到活躍期產程了。當宮縮越來越快速、急切而強烈時，請你將每一個新來的宮縮想成衝浪的浪頭。你騎乘在浪頭之上。浪潮起伏，它湧上，抵達巔峰，而後墜落，沒入海中。然後，你在山谷中休憩。浪潮起伏跌宕，你則安然休息。休息可以是躺下、自由移動你的身軀、跳舞、或做任何令你感覺舒服自在的動作。

練習85

隨波起伏(1)

宮縮開始時，吹出一縷輕煙，把心中可能累積的壓力、恐懼或痛苦都吹出來。

抬頭仰望金藍色的天空圓頂。讓這道金藍色光束進入你的鼻腔，然後再往下流入你的背部，進入你的子宮，並且完全充滿你的子宮。感受並看見你的腹部像天空的圓頂般拱起來。

緩慢地呼氣。將那道金藍色光束吸進去，看見它往下流動，串流到你的子宮頸、外陰部、臀部、大腿與雙腿，使得這些部位變得柔軟、放鬆並包覆在這層金藍色光束中。

恢復原來的自然呼吸節奏，在一陣波濤洶湧之後，享受片刻的安歇。你知道一切都按部就班地進行，無比美好。

在休息時段，記得要躺下，進行「光之海洋(1)」（練習53）或「安住在神聖者手中」（練習74）的練習。你也可以選擇走進花園裡。這裡爲你提供一些額外的祕訣，讓你可以加在「你和寶寶的祕密花園」（練習45）中，以防你在快要失去耐心而怒氣沖沖、怨憤不已或開始自哀自憐時，可以適時派上用場。其實，這些都是可能在我們感覺極度不舒服時出現的負面情緒。但是隨著這些負面情緒起舞，只會使我們與身體的共鳴漸行漸遠，進一步使所有不適與痛苦倍感沉重而難以負荷。但你若返回你的夢行狀態，那些情緒與不適感都將煙消雲散。運動員稱此爲得心應手、進入狀況的「出神」狀態。他們形容這樣的狀態是意識層的高度心流體驗，時間彷彿戛然而止，所有動作是如此毫不費力、輕盈完美。這是一種「特殊的高峰境界，所有呈現都異常傑出與一致，自然而然，流動順暢。運動員渾然忘卻所有壓力，他/她任由自己的身體隨著長久以來的練習表現自如，完美精湛地呈現。」❶

❶ Michael Murphy, *In the Zone: Transcendent Experience in Sports* (New York: Penguin, 1995).

練習86

放手讓身體作主

閉上眼睛。慢慢地呼氣三次，嘴巴微張，嘴唇放鬆，從3數到1，在你的心靈之眼中靜觀數字在倒數。看見數字1高大、清澈、明亮。

看見你自己站在關閉的花園門口。你知道進入花園的唯一途徑是要放下手中的武器。當武器掉落地上時，聆聽那掉落的聲音。當最後一件武器被丟擲於地上時，看見花園大門應聲而開。

呼氣。你的花園看起來如何？

呼氣。走進花園幽深之處，尋找一片綠草如茵、有大樹樹蔭遮蔽的青草地，附近有小溪流過。

呼氣。躺在樹蔭下的草地上，聆聽蟲鳴鳥叫與潺潺流水聲。感受到你的身體律動與大自然的節奏調和一致。感受到圍繞你的大自然散發一股青翠新鮮的氛圍，令你和你的寶寶神清氣爽，煥然一新。

呼氣。現在，邀請你的女性祖先們，以及你所信任的女性朋友進入你的花園，圍坐在你的後方。感受到她們對你的愛與專注。感受到神聖之母的臨在與對你的支持。躺臥在她的臂彎之中。

呼氣。再一次為寶寶的出生彩排，向他展示那株倒立的花莖。向寶寶展示他將如何輕輕鬆鬆而完美地隨著花莖往下滑落，一路滑出花朵盛開處，進入一份殷切等候著他的愛之循環與關係中。

呼氣。現在邀請你的醫生、護理人員或助產士來到你的花園裡。當他們站在你身邊時，看見陽光灑落在他們每一個人的頭上、臂膀與雙手，以致他們所觸碰的每一件東西——藥物、器材，還有你的身體——都轉而發光發亮。

呼氣。看見你的寶寶完美而輕鬆地出生了。看著你的寶寶健康而完整地出來。看見你的伴侶抓穩了滑出產道的寶寶，把孩子抱到你懷裡。感受到你自己與寶寶是如此平靜安穩，一切如此美好。

呼氣。看見醫生與護理人員或助產士一一離開現場。

呼氣。感受到你所愛的人仍在你身邊，守候你，保護你，充分感受到他們的同在與喜樂。當你準備好了，就讓他們一個一個離開這座花園。最後一個人離去後，花園大門便關了起來。現在只剩你與伴侶、以及剛出生的寶寶待在花園裡。

呼氣。感受到大自然的韻律；感受到你與寶寶的呼吸隨著大自然的節奏與脈動。

呼氣。當你準備好了，起身，抱著你的寶寶，在伴侶的陪伴下，一起慢慢走出花園。聽到大門在你們背後關起來的聲音。

呼氣。抱著寶寶，與你的伴侶一起走向你們的未來。

記得你是這個夢行狀態中的女英雄。千萬不要自我批判或自我鄙視；反之，你可以自行決定要如何讓這個屬於你的故事被鋪陳與展開。在你的夢行狀態裡，容不下任何戲劇性、歇斯底里、恐懼或消沉抑鬱的情節與場景。你勇於保持和諧與彈性，你是個勇氣十足的夢行者。你摩拳擦掌地反覆練習。你有備而來。你若忽然跟不上節奏，沒關係，你可以隨時重新練習與調整舞步。

練習87

宮縮來時的呼吸節奏

閉上眼睛，呼氣三次，聽到空中傳來一首華爾茲樂章。

聽著華爾茲典型的三拍節奏。感受到你與伴侶跳著華爾茲。你的雙腳與全身都隨著華爾茲的節拍翩然起舞。

呼氣。感受到伴侶的手輕輕地放在你的背部，支持你並引導你跟著音樂的節奏舞動。

呼氣。睜開雙眼，用睜著眼睛的狀態，在腦海中聆聽音樂，同時感受到伴侶的手輕輕地放在你的背部。

在兩次宮縮之間，當你稍事休息時，記得要「回歸呼吸的自然節奏」（練習16）。這項練習有助於使你聚焦，釐清你的情緒與感受。如果你的呼吸不順暢，或許可以請你的伴侶或陪產婦把手放在你的胸部，鼓勵你暫時停在那兒，改以腹部來吸氣。如果你緩慢地呼氣，一直到你裡面都被掏空了，那麼，呼吸將會順著它自己的節奏恢復原來的順暢與調和。你的指導員將緩和自己的呼吸當作範本，好讓你能跟得上他/她的呼吸節奏。以下是晉升版的「回歸呼吸的自然節奏」練習。你可以選擇只做第一部分的練習，但如果對你而言仍不足以讓你心平氣和與重新聚焦，就請你持續這個練習。

練習88

晉升版自然呼吸法

閉上眼睛。就只是觀察你的呼吸，而不要試圖去調整，讓呼吸回到它最自然的節奏……你知道當你的呼吸返回最自然的節奏時，那些混亂與失序的，將一一回歸原來的位置。

將注意力帶到你的身體上。再度觀照你的呼吸。容許它回到原本最自然的呼吸節奏……你知道當你的呼吸返回最自然的節奏時，那些混亂與失序的，將一一回歸原來的位置。

將注意力更深度地帶到你的身體上。再一次觀照你的呼吸。容許它回到原本最自然的呼吸節奏……你知道當你的呼吸返回最自然的節奏時，那些混亂與失序的，將一一回歸井然有序的狀態。繼續反覆練習，直到你感覺非常平靜安穩，輕鬆自在。

呼氣。睜開雙眼。

你的情緒若與你的注意力相互衝突而不協調，記得要把那些侵擾你的情緒都掃到左邊（參見「練習33：掃除枯葉」）。

到醫院或生產中心這段路

當你發現自己看不清楚、視力越來越模糊時，你心裡有數，曉得自己需要上醫院或到生產中心去報到了。以撰寫自然產的助產術書籍聞名全球、同時身兼助產婦的伊娜．梅．加斯金（Ina May Gaskin），將產婦所面臨的這個時刻，稱之爲神智不清的「迷幻時刻」。但願你前往醫院或生產中心的路途不遠，車子也夠舒適。如果你眞的處於恍惚的昏睡狀態，試著讓自己安住當下，回到你的內在。如果你對開車前往醫院或生產中心感到焦慮，請進行以下觀想練習。

練習89

使你一路平安的藍金色道路

把那些令你筋疲力竭、拖累阻礙你、以及使你沮喪消沉的一切，當成一股從窗户吹出去的黑煙，瞬間被户外的植物吸收而煙消雲散。

吸氣。把天空中藍金色光芒吸進來。看見這道光束深入你的鼻腔，充滿你的喉嚨與嘴巴。

緩緩地將藍金色光束從口裡呼出，創造一條充滿藍金色光芒的道路，一路從你的住家延伸到醫院。看見這道藍金色光芒抵達醫院，當醫院大門一打開，光芒直接進入，同時充滿整間產房。

呼氣。看見自己在車內，跟著這條發光的道路一路來到醫院，確信這道光將為你開路，指引你平安從家裡一路抵達你的目的地。看見你自己平安抵達了，而且被迎接帶入產房，那裡的空間充滿了藍金色光芒，而你也將在那個地方平安產下你的寶寶。

呼氣。睜開雙眼。

如果你計畫要在家生產，那麼，請你進行以下這個練習，好讓你可以在自己家裡創造更有隱私的空間。不管你置身何處，讓整個房間燈火通明，可以爲你與周遭的人營造一種充滿安全感與平靜的氛圍。

練習90 被光圍繞的房間

閉上眼睛。慢慢地呼氣三次，從3數到1，在你的心靈之眼中靜觀數字在倒數。看見數字1高大、清澈、明亮。

將你的手臂伸向窗外，往上朝向太陽。緊抓一道光束，以這道光，將自己從雙足一直到頭部纏繞起來。把自己看成一團光束。

呼氣。探觸另一道光束，將它投擲於室內的牆上，看見房間轉而亮了起來。

呼氣。看見你手所觸碰的每一個地方與物品都轉而發亮。看見助產士或陪產婦的雙手、器材與藥物都轉而發亮。你知道藉由這道光束，你與你的寶寶將安全無慮，你們已被保護，遠離一切傷害。

呼氣。睜開雙眼。

在將你送到醫院的過程或其他任何時候，若你覺得不舒服，請說出你的需求。如果你因為其他人的出現、聲音或觸摸而感到困擾或受到防礙，請勇於說出來。甚至你若發現有任何放不下、懸而未決的情緒在心中隱然浮動，請把那些感受都帶出來。若是任由它們在那裡翻攪而不處理，將會影響你的分娩，甚至延緩整個分娩過程。在這個時刻，你是如此毫無保留地敞開而脆弱，你特別需要一些對生命充滿熱情、積極與正向的人圍繞在你身邊。記得，你所經歷的是一趟充滿愛的辛苦旅程。

一定要找一些愛你、支持你的人陪伴在你身邊。讓你自己穩穩地沉浸在愛裡，重新與愛連結。

練習91

返回充滿愛的地方

閉上眼睛。慢慢地呼氣三次，從3數到1，在你的心靈之眼中靜觀數字在倒數。看

見數字1高大、清澈、明亮。

後退三步，進入一個充滿平靜、舒適與美麗的地方，譬如你家裡的房間。

觀照你的呼吸，任由呼吸返回它原有的自然節奏，而你知道當你這麼做時，所有的失序與脫軌都會回到原來的軌道中。

感受到這個和諧寧謐的空間，你在這裡，感覺格外平靜與快樂。

呼氣。回到你初嘗愛情滋味的時刻。試著去感受。

呼氣。傳送那份愛意，猶如一道發光的橋樑，從你的內心深處傳送到伴侶的心中。

如果你需要對你的伴侶說些話，現在就說，將這些話傳送到光之橋的那一頭。

呼氣。睜開雙眼。對你的伴侶大聲說出你對他的愛。

透過「隔空溝通」傳送訊息，比親口言說更爲有效。在我的實際經驗裡，我曾經親眼見證一場衝突如何在瞬間獲得解套，而當事人用的就是這個方法。透過不拖延的致歉，一句「對不起」的解套，將使你返回內心深處，很快便能幫助你找回平靜與喜樂，同時恢復與所愛之人的關係。

別忘了要「說出」你的感受，這樣的表達方式能轉變房子裡的氛圍。記得，要確保圍繞著你的所有事情都充滿亮光與愛。不要害怕說出「我愛你！」或「謝謝你！」如果你想要親吻你的伴侶，那就去做，或請他來揉搓你的乳頭，都可以大方提出你的要求，這些都是伊娜．梅．加斯金所鼓勵的。這些舉止動作對啓動分娩過程有莫大的助益。另外，我們也看見有些產婦在生產過程中顯得特別激動而狂烈；畢竟，那股在子宮裡孕育寶寶的熱情與愛之能量，也在生產時派上用場了。

同時建議你要不吝大笑，一如《聖經》中那位晚年產子的撒拉爲此而笑不可仰。記得，你並非獨自與歷經分娩過程的身體孤軍奮戰。你身邊圍繞著你所愛的人、幫助你的人，甚至還有那不可見的超越性存在也透過愛的網絡與你連結，與你分享經驗。你所有那些已爲人母的女性朋友、以及你的女性祖先們，都能對你感同身受，她們都能在情感上與你同在。這些神聖的女性能量持續支撐著你。我稱此爲「生之夢田」。

練習92

構築愛的網絡

閉上眼睛。慢慢地呼氣三次，從3數到1，在你的心靈之眼中靜觀數字在倒數。看見數字1高大、清澈、明亮。

看見自己成了光之網絡的中心點。網絡的每一個交叉點都是支持你、在你交友社群中的朋友、媽媽們與女性祖先們。

呼氣。聆聽她們如何吟誦出她們的愛。隨著一句句愛的吟誦，去感受牽動網絡的那些千絲萬縷的震動。感受到這份感動如何影響你的身體與你的寶寶。

呼氣。睜開雙眼，用睜著眼睛的狀態，在腦海中看見這份愛意流轉。

透過複習「尋求祖先的支持」（練習55）來更新你的記憶。記得，所有愛你的人，即使他們此時此刻無法親臨現場和你在一起，但他們在思念中、在祈禱中、在祈福中都與你同在。

我記得曾經接觸過一位來自非洲盧安達的單親媽媽。她過世的母親與祖母，以及飼養在祖母土地上的所有牛羊都聚集在她的房間裡，一時之間，咩咩聲、哞哞聲此起彼落，祖先們則是敲鑼打鼓，熱鬧非凡。她在逝去的社群與家族的熱烈歡呼中，生下了她的兒子。這個嬰兒是從盧安達大屠殺中殞落的群體裡，冒出的一株全新的枝芽與生命。生命的喜悅與勝利，終究戰勝了這位單親媽媽過去所經歷的恐怖與哀慟。

過渡期產程

當你的子宮頸已經開到八公分，意味著你已經來到生產進程中最劇烈的時刻。這段過渡期通常很短，時間長度一般不超過十五分鐘到一個小時。宮縮頻率會越來越快、越來越緊湊，停留在陣痛的高峰時間則會越來越久。你會想要在這個階段回想起或透過「那道充滿於你的藍光」（練習47）來進行對話，而透過以下修改過的版本，可幫助你感知一波又一波的宮縮，並且「隨波」起伏。

練習93

隨波起伏(2)

宮縮開始時，吹出一縷黑煙，同時把心中可能累積的壓力、恐懼或痛苦都吹出來。

看著黑煙被户外的植物所吸收。

吸入從天空而來的金黃色光芒，看著它進入你的身體，流動、溫暖與撫慰著你，每一個它所觸摸過的地方都被融化，變得柔軟與擴張。

感知並看見金黃色光芒融化、柔軟與擴張你的額頭；融化、柔軟與擴張你的下巴；融化、柔軟與擴張你的肩膀……胸部……下腹部。看見這道光芒往外擴散傳送，流入你的子宮，以融化、柔軟與溫暖的金光包覆你的子宮。看見溫暖的金光包覆寶寶的頭，融化子宮頸，融化陰道肌肉、會陰、內側大腿、小腿與雙足。

呼氣，同時恢復你原來的自然呼吸節奏，在一陣波濤洶湧之後，享受片刻的安歇。你知道一切都按部就班地進行，無比美好。

請你的伴侶或陪產婦爲你大聲朗讀以上的練習。當他們讀到這幾個詞：「融化」、「柔軟」與「擴張」時，請他們刻意放慢並拉長這幾個字的讀音。這些延長音有助於你跟上每一次新湧現的宮縮，並且隨波起伏，趕上下一波感知的浪潮。如果你很急切，請他們和你一起進行這些圖像畫面的練習。除此之外，也請他們用手支撐住你的下背部。感受到他們的手與你接觸時所傳來的溫暖與愛意。

在宮縮與宮縮之間，記得掌握中間的片刻安頓。即便只有數秒鐘的休息，也能使你重新得力。

練習94

讓白雲承載你的恐懼和焦慮

閉上眼睛。慢慢地呼氣三次，從3數到1，在你的心靈之眼中靜觀數字在倒數。看見數字1高大、清澈、明亮。

想像你置身一個寬敞、安靜、明亮的開放式空間，看見一朵又圓又明亮的美麗白雲。讓你自己跟上這朵明亮白雲的節奏。

呼氣。將你所有的恐懼、焦慮或痛苦都放進這朵雲中。

呼氣。觀照白雲飄向左邊，感覺到自己擺脫了一切沉重感或情感上的困難，還給你一身輕盈。

呼氣。睜開雙眼。

在二擇一中，或許你會傾向選擇「隨波起伏(2)」（練習93），再加上接下來的練習，或是單純選一個對你而言最有效果的練習。容我再度提醒，請你的伴侶或陪產婦幫助你完成這個練習。這個練習將提醒你，你的身體百分之八十五是由水所組成，因此，你可以自由浮沉於水的節奏與流動中。在你正式進入分娩前的這段時間，請好好練習，一如你練習本章中的其他練習，好讓你的身體越來越習慣這些語言，毫不費力就能跟上這些練習步驟。

練習95

安頓在水之中

閉上眼睛。慢慢地呼氣三次，從3數到1，在你的心靈之眼中靜觀數字在倒數。看見數字1高大、清澈、明亮。

覺知、觀看、同時感受到你正置身一片山坡上。你已踏進一條湍急的山間溪流。感受到溪水的冰涼，感受到倏忽沖上你雙足的一陣水流。

呼氣。面對眼前的急流，你並不抗拒，反倒隨著水流與湍急的溪流合而為一。不要害怕那些障礙，因為此刻你是水。你只管隨心所欲地隨之流動，一直到你開始覺得水流變緩了，彎曲而散開來，那是因為溪流準備流向大海了。再進一步擴展自己，從溪流搖身一變成為汪洋大海。

呼氣。當你在大海中浮沉時，現在感受到自己返回你的身體之內。感知海洋如何承載與支撐著你。

呼氣。感受到平靜海洋上的一點微波蕩漾，往下流動到你的背部，從頭到腳，再往下一直到雙足與腳趾，延伸到你的雙臂與手指，一直到你感受、同時看見你自己成為一個巨大的爆裂物或發亮的星體，飛越海洋的水面。感受到陽光流進你之內，滋潤身體的每一個細胞。感受、觀看、同時毫無保留地徹底敞開。看見你的寶寶輕易地便滑出你的身體，像一隻小魚自在優游於這片海洋中。

呼氣。再一次返回你原來的自然形態，保留一些你所延展與擴張的部分，同時感覺到片刻的休息與安頓。

呼氣。把寶寶抱在懷中，仰躺著，慢慢漂回岸上。

呼氣。當你的身體乾了，請抓緊一道陽光光束，然後將你自己與寶寶以充滿彩虹光芒的長袍包覆起來。

呼氣。睜開雙眼。

胎兒窘迫

如果在分娩過程的任何時候，你的寶寶發生胎兒窘迫的問題，請將你的眼睛往下觀照，用你過去九個月來對寶寶說話的態度和語氣，和寶寶說話。這是最常用來安撫寶寶的方式，他的心跳將即刻回到正常的速率。

如果醫生或助產士告訴你有臍帶繞頸的緊急狀況，使得寶寶動彈不得或難以呼吸，請你立刻進行以下練習。如果你已懂得如何讓雙手發亮，請直接跳過前面兩個感應法，直接從第四句指示：「將發亮的雙手伸進你的子宮裡」開始練習。

練習96

鬆綁纏繞的臍帶

閉上眼睛。慢慢地呼氣三次，從3數到1，在你的心靈之眼中靜觀數字在倒數。看見數字1高大、清澈、明亮。

那是個明亮的大晴天。看見你自己站在翠綠的青草地上。你將雙手朝向太陽，盡量伸直並拉長你的雙臂，直到兩手接近太陽。現在你的雙手變得溫熱，轉而發光。

呼氣。感受到你的手臂恢復到原來的長度。

呼氣。將發亮的雙手伸進你的子宮裡。看見溫熱與發亮的手觸摸你的寶寶，照亮整個子宮。看見你發亮的手指緩緩地滑向臍帶，然後將纏繞的臍帶鬆開。把臍帶移開。看見它鬆脫了，然後從寶寶那裡漂向胎盤。

呼氣。你的目光與寶寶接觸，對著他微笑，然後和他說話，告訴他一切都沒事了，請他放心，現在他可以輕鬆穿越產道，也就是那條裹著陽光油滴的產道。

呼氣。看見寶寶完美地出生了。

呼氣。睜開雙眼。

你很快就會感受到一股強烈推擠的急迫感。請你務必等到身邊的醫護人員給你一個「開始衝刺」的指示，再勇往直前，因為你不能在子宮頸尚未完全開啓時用力推擠。在這個節骨眼上，你若放聲大哭，感覺自己近乎忍無可忍了，那是再正常不過的反應。你可能會哭求醫生給你施以硬脊膜外麻醉，但這個時刻，醫生恐怕不能答應你的要求。先跟你的伴侶或陪產婦言明在先，到這個關鍵時刻時，要記得提醒你，如果感覺無力抗拒或幾乎要被擊垮了，那是這段短暫轉換時刻的典型反應。這個過程很快就會過去，你馬上就要進入下一個分娩階段了，屆時會需要身體各方面的配合與通力合作，而你也將用盡一切力量來完成這件生產大事。

第二階段：推擠與生產

那股來勢洶洶、如狂風暴雨般的宮縮，倏地一陣煙，過去了。你甚至爲此出奇平靜的時分，感到萬分驚訝。現在，你終於有些時間可以休息一會兒，因爲你的宮縮間隔節奏越來越清晰可辨。此時可著手進行「光之海洋(2)」（練習75）、「安住在神聖者手中」（練習74）、或「讓白雲承載你的恐懼和焦慮」（練習94），好讓你藉此稍事休息，獲得再戰的力量。在下一個宮縮開始之前，大家會鼓勵你用力推擠。但如果沒有感覺到宮縮，請保留體力，先不要擠壓。當你開始推擠時，召喚你所有無畏無懼的勇氣與力量，竭盡所能，奮力衝刺。把所有的羞怯、拘謹或放不開的矜持，都丟在產房外吧！

練習97

把束縛丟掉

閉上眼睛。慢慢地呼氣三次，從3數到1，在你的心靈之眼中靜觀數字在倒數。看

見數字1高大、清澈、明亮。

想像那些綁手綁腳的拘謹和約束，猶如從你身上剝下來的一層舊皮，將它丟到你的左肩後方。

呼氣。想像你的羞怯感是身上的第二層舊皮，你再度剝下，隨即丟到你的左肩後方。

呼氣。想像你的厭惡與反感是身上的第三層舊皮，將這層皮也剝掉，隨即丟到你的左肩後方。

呼氣。看見嶄新、淡粉與充滿光澤的新皮膚出現。

呼氣。睜開雙眼，用睜著眼睛的狀態，在腦海中看見一層新皮膚長出來。

當你推擠時，你是在協助擠壓寶寶的頭去穿越產道。你會自然地想要把雙腿張開，靠在堅固的支撐點上。擠壓的感覺就像排便。如果你曾經在排硬便時做過「陽光油滴」（練習64），那麼，你將明白這個「觀想黃金油滴包覆腸道」的方法，對產程的擠壓很有幫助。你可以在這裡如法炮製。

製造一些聲音是很重要的，它可以有助於身體的推擠。請務必勇往直前，千萬不可退縮或有所保留。你不需要在那裡安撫或取悅任何人，他們才是需要在各方面扮演安撫你、鼓勵你的角色。在第五章，你已開始進行「嗶嗚」呼吸法（練習63）。你發出的聲音如果能更深層、延續得更長更久，你將推擠得越容易、越有效。試著讓這聲「嗶嗚」長久而低沉。如果「嗶嗚」對你無效，可以試試看用「穆……」（moooo）或甚至

「唵……」（aum）等任何你經常念誦的聲音，來進行放慢、放沉的呼吸練習。請延長「唵……」的聲音。你也可以另尋其他聲音來幫助你敞開。

記得，想要有效推擠的話，呼氣是最佳力量。當你吸一口氣進來時，拱起你的腹部。呼氣，然後以一股延長的推壓用力往前擠，要堅定不移，絕不讓寶寶往內退縮。研究報告顯示，這階段的緩慢呼吸推擠是最理想的做法。

你將從身邊的支援團體中獲得很多鼓勵。事實上，你身邊所有的人都會推動你勇往直前，藉由他們的力量鼓勵你，爲你加油打氣與歡呼。請你繼續努力，不要放棄。很快地，寶寶的頭就會出現在陰道口的開口處了。我們稱此時刻爲「至高無上的榮耀」。如果寶寶出現「臀先露」胎位，意即臀部在下，那便極有可能會是屁股或雙腳先出來。寶寶將循著旋轉的動作，慢慢往下轉移姿勢與位置。

練習98

旋轉寶寶的角度

閉上眼睛。慢慢地呼氣三次，從3數到1，在你的心靈之眼中靜觀數字在倒數。看見數字1高大、清澈、明亮。

看見寶寶包覆著一層金黃色的陽光油，往下旋轉他的角度，轉向產道開口處。呼氣。看見寶寶的頭部出現在陰道開口處或倒立在花朵的中央。呼氣。看見發亮的雙手等著迎接他。聽到大自然欣喜的歡呼聲。

呼氣。當寶寶被抱到你的胸前時，感受到寶寶身體的重量。
呼氣。看見寶寶的臉，以笑臉來歡迎他。看見他也以微笑來回應你。
呼氣。睜開雙眼，用睜著眼睛的狀態，在腦海中看見你的寶寶。

你的寶寶以螺旋方向朝著花的中心點轉動，這朵花就開在花園的正中央。他來到你內心的花園裡。從此刻開始，他將成爲你所有注意力的中心，一直到永遠。好好享受大自然所賜予你這份非比尋常的禮物吧！沒有其他對象與事物，能和你此生第一次與寶寶見面時的激動與美好時刻相比疑。時間彷彿瞬間停格了。與你的伴侶分享這份初次邂逅的美好。爲此美好果實而歡呼雀躍！藉由伴侶的從旁鼓勵與支持，你與寶寶終於歷經艱辛，完成戰役。你們現在已經結合成爲一個家庭，分擔並共享這段懷胎九月、以及分娩過程所帶來的驚慌失措和盼望喜悅。從今而後，你們將永遠在愛與欣喜中，深刻連結。

當這一切美夢成眞時，寶寶的呼吸器官——口腔與鼻腔——將接受醫生抽吸分泌物，好讓寶寶可以自行呼吸。一般而言，他的第一口呼吸會伴隨他生命中第一聲嚎啕大哭而開始自主呼吸。約莫一分鐘左右，寶寶的氣色將從藍轉爲健康的粉紅色。靈氣進入他的身體內，他現在已然是父母所居住的地球群體裡，最有資格參與的一份子。

接下來，最新的練習動作是，直接將寶寶放在你的胸前。那時候的寶寶，身上裹著一層保護他免受羊水侵蝕的白色油脂厚層——胎兒皮脂。對寶寶而言，被你抱在懷中——你的「外在子宮」——是一種初期的肌膚接觸，彷彿爲他蓋上一層溫暖的毛毯。你也可以讓寶寶一開始所要進行的所有測量程序，都在你胸前完成。

在下一個五分鐘，你的伴侶或你所邀請的至親好友都可以來剪你的臍帶。由此，你的寶寶也開啓了嶄新的人生，成爲全然獨立的個體。你能越早體認這個事實越好。輕聲在寶寶的耳畔對他說出特別的歡迎詞，這是個重要的時刻。非洲肯亞的馬塞族助產婦會在新生兒耳邊輕聲細語道：「你要像我一樣，從今以後要爲自己的人生負責任了！」

你若任由寶寶在你胸前自由移動，他將近乎本能地爬上你的乳房處。他或許會、也或許不曉得如何停靠在喝奶的正確位置。別擔心。你可以抱他、聞他，忍不住讚歎他的美麗無暇。

接下來，寶寶會被帶開，接受後續的檢查與測試。寶寶將接受阿普伽新生兒評分（Apgar Score），檢測項目包括心臟速率、呼吸運作、肌肉張力、反射度激性與顏色。另外還要測量寶寶的體重與莫羅氏反射（Moro reflex，把寶寶的手臂張開再放下，透過忽然失去支持的重力來檢測新生兒的反射能力）。寶寶的雙眼會滴上紅黴素，之後便會抱還給你了。

第三階段：排出胎盤

謝天謝地，接下來這最後階段的「排出胎盤」任務，要比你剛剛經歷的生產大事簡單得多了。寶寶出生後的五至三十分鐘內，胎盤將被排出體外。你將感受到一陣輕微的宮縮，但那種感覺就像每一次生理期疼痛的感受，有時候你渾然無感，甚至連整個胎盤都已排出體外了仍毫無所覺。我們都知道，在過去懷胎九個月期間，胎盤一直是提供寶寶營養的維生器官，而今，它將從子宮壁剝離，往下移到陰道，你將從此處用力把它排出體外。你的胎盤耗費太久時間才排出嗎？如果你的醫生沒有異議的話，建議你進行以下練習，將胎盤順利排出體外。

練習99

順利排出胎盤

閉上眼睛。慢慢地呼氣三次，從3數到1，在你的心靈之眼中靜觀數字在倒數。看見數字1高大、清澈、明亮。

看見自己置身青草地上，聞著草地的味道。躺在厚厚一層綠草覆蓋的草地上，任由你的身體往下沉，感受到青草地宛如厚地毯般的浮力在支撐著你的身體。

呼氣。看見你自己全身「綠化」，你的每一部分都變綠了——你的皮膚、頭髮、指甲、臉孔、雙眼、嘴巴與生殖器。

呼氣。覺知、觀看並感受到自己像一隻發出綠光的巨蛇般，在草地上匍匐扭動。當你在起伏扭動時，你的子宮也變得綠意盎然，接著便輕輕鬆鬆、順暢地將胎盤排出體外。

呼氣。看見滿是鮮血的胎盤，與綠色草地頓時成了明顯的對照與反差。看見刻印在胎盤內層裡，一棵倒立的樹緊抓著你的寶寶，將寶寶從宇宙帶入這個世界，並帶入你的臂彎中。感謝胎盤。

呼氣。站起來，撿起這個大自然所賜予的奇妙東西，找個完美的地方將它埋起來。

在美麗的大樹下找個土壤肥沃之處作為胎盤的掩埋地，讓胎盤的豐饒，繼續餵養大樹與這片青草地。將它埋入土中。

呼氣。睜開雙眼。

當胎盤排出體外時，可以跟醫護人員要求看一眼。那眞是個令人驚詫不已的器官。這個胎盤，扮演著連結你與寶寶的角色，滋養你的孩子。這個胎盤是他的肺、是他的腸、是他的腎臟，也是他的血液。它稱職地回收二氧化碳與所有排泄物，返回到母體的血液裡讓媽媽去處置。就胎兒這一面的角度來看，胎盤是如此潔白與閃亮；但另一個面向則附著於子宮壁，看起來是血淋淋一片。當你看著它時，你將發現那上面佈滿血管，看起來就像佈滿分岔樹枝的樹。事實上，胎盤就是寶寶的生命樹。

有些人可能會選擇將胎盤保留起來，然後埋葬。或許你會想要在埋葬胎盤的那塊地上，種一棵樹。這其實是世上許多人所遵循的古老傳統。胎盤也可以研磨成粉，作爲提升寶寶與媽媽免疫力的藥物。不妨詢問你的陪產婦，她或許對此有所了解。我們原來的生產小組裡，有一位這方面的專業人士，名叫朱蒂・哈樂克（Judith Halleck），就曾爲她陪產的媽媽們將胎盤研磨成粉。你也可以找一些人來協助你完成這項任務。

如果你接受會陰切開術或生產的部位有任何撕裂傷，你的醫生或助產士將在此時爲你進行縫補。

練習100

修復傷口(1)

閉上眼睛。慢慢地呼氣三次，從3數到1，在你的心靈之眼中靜觀數字在倒數。看見數字1高大、清澈、明亮。

想像你伸展雙臂，仰頭朝著太陽。抓一把日光。想像你的醫生或助產士以日光來縫補你身上的傷口。看見縫補的針也轉而發亮。

呼氣。要求你所有的細胞重新按著縫補起來的光之網絡，重新排列與組合。

呼氣。看見身上的切口或撕裂傷消失於光中，皮膚也恢復光滑柔順，一直到皮膚變得煥然一新。

呼氣。睜開雙眼。

你的寶寶終於來了！這個小生命的美麗與奧祕，令你忍不住讚歎，你對他的愛彷彿永無止境。面對他的出現，你近乎爲卿癡狂的地步，爲他笑、爲他哭，也因他而快樂雀躍，因他而心懷感恩。他是你這一生前所未有、不可思議的一份厚禮。即便他抵達人世間時滿臉皺褶，甚至其醜無比（如果你完成所有這些練習，則幾乎不會發生這種狀況），但你的眼睛仍離不開他，目不轉睛地一看再看。對你而言，他是你這輩子所見過最神奇與了不起的存在。你對他徹頭徹尾地一往情深，幾近不可自拔。在產房裡的伴侶和其他陪伴你的人，也對這個剛出生的小傢伙愛不釋手。躺在那裡的小生命散發著光芒，如此純淨而美好，就像臥在馬槽裡的聖嬰耶穌基督。請保留對他的這份珍貴第一視覺印象——第一次的觸摸與味道，最初的聆聽與在你心中對他的初體驗。

當寶寶出生時，你也感覺自己彷若重生一般。那種在你內心激動跳躍的狂喜感覺，彷若你所有的創造能量就像喜樂之泉，傾瀉奔流，沛然莫之能禦。請跟隨你創造力的豐富靈感，勇往直前，而寶寶的出生將引領你直接走進創造力的領域。當我的兒子出生後，我竟成了詩人。以下是我爲他的誕生而寫的一首詩。

告訴山姆

當我俯身彎腰，將你拉出時
你那皺褶的四肢落在我的大手中
你在我雙腿之間的三角地帶縱身而出
我瞥見你在空中搖擺晃動
不可思議的驚詫與狂喜，彷若凱旋的隊伍
我將你舉起
你沉靜地落在我懷中，平和得像個菩薩
你的重量像個吸附的杯子
你的腳趾踡縮在我的肚臍上
你的頭靠在我的下巴，禿亮得像甘露

你的雙眸是閃爍著記憶的濕葡萄
你好奇觀望產房，彷彿那是密室
你似乎不受這些新奇燈光的驚擾，鎮定安穩
數算腳趾的聲音傳來：一二三四五根腳趾頭
還有十根手指頭，啊！恭喜你的爸爸，
寶寶通過所有測試，一切健康正常
一隻手繞過你身上
你安靜地躺臥在川流不息的臉龐中
臍帶波動著雪白與脈紋路徑，宛如母牛的乳房
一把銀白剪刀，嘎吱嘎吱
你的爸爸一刀剪斷
他們將你舉起
我的身體融化消解成發亮的小顆粒
奔向你，我讓自己變形，探入你那隱形的薄膜，奔向你

7 建立親子連結：第一個笑容

「我有三寶，持而保之。一曰慈，二曰儉，三曰不敢爲天下先。」

——老子

你的生產與分娩這項大工程，終於結束了。你可能因爲如釋重負而忘了剛剛才經歷一場驚天動地的艱辛過程。也或許你爲了成功生產與孩子的報到而雀躍不已。你最美好的果實，已躺臥在你的臂彎中，無限欣喜地將小手握緊，用圓而大的眼睛凝視著你（她出生時的眼睛大小和她長大後的大小一樣）。你也許感到筋疲力竭，因而期待伴侶能夠替你分擔一些工作。但你也可能滔滔不絕——每一個產後的媽媽，其實心情各異——很想一一聯絡所有的家庭成員與親近友人，告訴他們，寶寶出生了！如果你已爲剛出生的寶寶取好名，你可以字正腔圓地輕喚她的名字，並且好好珍視這段最美好的時刻。如果你之前便已申請母嬰同房，你隨即便可開始與寶寶連結的過程了。

這段第一次邂逅的初體驗時刻，無比珍貴。希伯來聖賢稱這段富有啓示性的相愛時刻爲「頭生」，在《聖經》的舊約傳統裡，舉凡「頭生」的，都要獻給上帝。你獻上你頭生的蘋果樹、頭生的母羊、頭生的喜悅。爲何要獻予上帝（你若想稱呼祂爲奧祕或宇宙天地也可以）？因爲祂是那位揭開未知面紗的創造力，祂顯明了自己最初的面貌。因此，祂與你協力共創，是你的共同創造者，得此殊榮，你只能情不自禁高聲感恩、大呼哈利路亞。還有什麼體會與感受，能比得上你第一次親眼見到你的寶寶？你可能喜不自勝到感覺自己幾乎快「樂死」了。當你凝視她的臉龐時，那種「生命如此奧祕」的感觸，充滿於你之內。寶寶的鼻子像你，也有幾分像爸爸，眼睛有點像外婆，嘴巴看起來像爺爺。她的臉型面貌看起來好像似曾相識，既熟悉又如此獨一無二。她像自己，擁有屬於自己的美麗。面對這樣一份生命厚禮，你只能讚歎、心懷敬畏與欣喜若狂。

產後的身體照顧與情緒覺察

生產後不久，你很快便會驚覺自己正經歷一種雜糅著快樂與不適的感覺，那份錯綜複雜的體會，悄然無聲地潛入你的感知裡。寶寶躺在你胸前，有點重量而溫暖，你滿心喜悅，但你也同時感覺雙腿之間有些濕悶和腫脹。你的雙臂環抱著寶寶，但你的肌肉隱隱作痛。寶寶忘情地吸吮水狀的母奶，我們稱之爲初乳，而你的內在則因又餓又渴而渴望食物與水。你的嘴唇咬傷，你的臀部瘀青，你的雙腿抽痛。如果你是剖腹產，你會感覺到這個大手術的傷口在修復過後仍隱隱作痛。你可能會眞實感覺到一種折騰身心的雙重懊惱與怨怒。在此，正式歡迎你加入爲人父母的「歡喜俱樂部」：你正開始上第一堂課，那就是學習在不斷循環的失衡狀態下，維持平衡。你要被訓練如何在一種似是而非、自相矛盾的吊詭情境下，處變不驚。在這裡，歡樂與挫敗並存。你要學會，無論何時都能與它們和平共處之道。你多麼想要全心全意把這抱在手中、如此脆弱無助的小生命照顧好，但你也好想去尿尿、去拉筋伸展、去處理一下會陰部的灼熱感、去好好睡一覺。

留心聆聽你的身體。身體正在對你說話，向你提出「你的」需求（它也同時告訴你有關寶寶的需求；我們待會兒再多談談這部分）。你剛剛才感到心力交瘁、口乾舌燥、饑餓難耐。請你先大量喝水，確保你有喝夠。醫院通常都會依慣例爲剛生產的媽媽提供一杯柳橙汁。當你一口一口地喝時——拜託，要慢慢喝——你可以感受到自己被柳橙的顏色與陽光所充滿。柳橙的外型與太陽眞有幾分相似呢。這有助於提升你的精神，緩解你的疲倦。到了某個時間點，你會被推到自己的病房，這時，你就可以提出進食的需求。或許你的伴侶已經安排並訂好你最愛吃的東西，等著送到病房來。當你在進食時，讓你的伴侶來照顧孩子。生產後的第一餐要吃得慢、吃得少。之後你便大可隨心所欲地吃很多。別忘了，你剛剛才歷經了一場不可思議的馬拉松。請你要慢慢來。當你用餐後，記得提醒你的伴侶也要吃飯。在剛剛那場耗盡力氣的長跑馬拉松裡，他全心全意陪伴在你身邊，支持你，也將自己的力量都挹注在這個生產的大工程上。他和你一樣，也消耗了不少資源與能量，急需滋養與補充。謝謝他一路陪著你。記得向他致上最高的肯定與讚美。學習直言表述心中的感謝。關於肯定、讚美或感恩的話，多多益善，不要保留。你的伴侶需要多聽你這方面的言辭，好讓他知道在這場壯麗而艱辛的工程中，你們離不開彼此，你們倆一起奮戰、共同參與其中。有好多丈夫與伴侶因爲被忽略而感覺悵然若失，甚至覺得自己被孤立、被排拒在外。那是一種「聖母與聖嬰症候群」。仔細檢視，你在許多這一類的巨畫前，確實遍尋不著耶穌的父親約瑟的身影。所以，請確保你的伴侶出現在你和孩子的每一張照片裡。從現在開始，每一件與這位新成員有關的大小事，都要記得邀請你的伴侶一起投入，把他含括進來，每一件事都要讓他占有一席之地。打從一開始，就要自我警惕，不要讓自己成爲凡事一手掌控、一手包辦的強勢媽媽，也不要讓自己淹沒於家務瑣碎事中，甚至淪爲受苦受難的親情殉道者。你們兩人要一起分憂解勞，一同擔負起照顧嬰兒的責任。更何況，你們各有各的優勢與強項，以彼此不可取代的照顧方式，達成相輔相成的目標。

不要忘了，你可以幫助自己活得更優雅、更美好。當你的馬拉松生產工程結束後，你的視覺心像能力並未因此而終結。事實上，我真心希望這種能力能成爲跟隨你一輩子的工具，時刻幫助你善用它來自我療癒，同時療癒你的家庭。這是一種放諸四海皆準、普世共通的語言。如果你剛剛以陰道生產方式產下寶寶，以下提供一些功課讓你練習，可望大大紓解產後的身體疼痛與不適。

練習 101

舒緩會陰部腫脹

閉上眼睛。慢慢地呼氣三次，從3數到1，在你的心靈之眼中靜觀數字在倒數。看見數字1高大、清澈、明亮。

想像你手拿一支巨大而柔軟的畫筆，沾上靛藍色墨水，開始在你的會陰部、外陰部與肛門處彩繪，畫上靛藍色色彩。看見它們呈現一片靛藍色，長達一分鐘。

呼氣。要求那顏色停留在你身體的那幾個器官長達七十二小時（三天之久）。

呼氣。睜開雙眼，用睜著眼睛的狀態，在腦海中看見身體的那整個部位遍佈靛藍色澤。

每一次當你感覺那幾個部位不舒服，或不適與疼痛反覆發作時，確保你以靛藍色來觀想它們。院方可能會給你一包冰塊，讓你冰敷在不舒服的雙腿之間。冰塊與靛藍色對你的身體都具有舒緩作用，這兩樣東西都能紓解你的不適與腫脹問題。

你的肌肉疼痛與瘀青問題也需要好好處理。

練習102

專治疼痛與瘀青的天使按摩

閉上眼睛。慢慢地呼氣三次，從3數到1，在你的心靈之眼中靜觀數字在倒數。看見數字1高大、清澈、明亮。

想像溫暖而充滿日光的油被倒在你的整片肌膚上，再由你輕若羽翼的隱形手指塗遍你的全身。感受到手指溫柔地按摩你的全身，包括你的臉部和頭皮。

呼氣。觀看並感受到油滴透過皮膚上的毛細孔，深入你所有的肌肉，直到你全身都閃耀著金黃色光芒，並且徹底放鬆。

呼氣。感受羽翼般的手指輕撫你的肌膚。然後感受到你身體上方十公分處的能量場，以及你的寶寶的能量場，將你們包覆在金色的保護圈裡。

呼氣。睜開雙眼。

到了某個時間點，你會想要起來。小心，一開始挺身直立時，你可能會感覺有些重心不穩。你會想要去廁所排尿。產後第一次排尿時，可能會令你倍感費力與辛苦，這是因爲會陰部腫脹的關係。不要擔心，只要持續冰敷，同時觀想靛藍色圖像畫面即可。但假若你的症狀不見舒緩或好轉，請尋求醫生或助產士的諮詢與幫助。如果排尿困難，這時候你可能需要導尿管來清空膀胱內的尿液。但在插入導尿管之前，請嘗試使用你的視覺心像練習。你現在已經知道如何創造你個人的視覺心像了。如果你疲倦得無力為自己設定一個練習步驟，在這裡特別爲你提供一個視覺化的影像練習。

練習 103

發光的導尿管

閉上眼睛。慢慢地呼氣三次，從3數到1，在你的心靈之眼中靜觀數字在倒數。看見數字1高大、清澈、明亮。

唱出以「滴」(deee)發音的聲音。讓這聲音深入你的腹部，看見它如何把你的下半身打開，包括你的尿道。

想像你有一支透明的唧筒，底部有根長莖。將長莖放進敞開的尿道裡，用力擠壓唧筒，然後看見黃色尿液充滿了整個唧筒。

呼氣。當整支唧筒都抽滿了尿液，將長莖從尿道取出，將尿液傾倒於孕育萬物的大地上，並向這片大地致謝。

呼氣。睜開雙眼，感覺鬆了一口氣，舒暢無比。

在歷經了一番狂烈的興奮與激動之後，你如何安然入夢？你做得到嗎？但你與寶寶都很需要睡眠。你的新生兒每天需要長達十六個小時的睡眠時間，然而，他每兩到四小時就會醒來討奶喝，這樣的生活節奏肯定會干擾並中斷你的睡眠型態。此時，你的伴侶要麼已經睡倒在醫院爲家屬準備的沙發上，或者已經返家休息了。如果你選擇在家生產，你們可以一家三口抱在一起睡覺。但倘若你的興奮之情使你異常清醒，那可能是你的腎上腺還在分泌去甲腎上腺素，那是在你分娩前的最後宮縮時，居高不下的一種「戰鬥或逃跑」荷爾蒙。這個腎上腺素的分泌所帶來的效果，是爲要確保你與寶寶都能在生產的過程中，保持高度警覺與清醒。寶寶睜得大大的雙眼與放大的瞳孔，便是分泌腎上腺素的訊號。在你的情況中，腎上腺素可能仍舊分泌旺盛，使得眾人皆睡（連寶寶也睡了）而你獨醒，甚至異常亢奮。

練習104

安撫腎上腺

閉上眼睛。慢慢地呼氣三次，從3數到1，在你的心靈之眼中靜觀數字在倒數。看見數字1高大、清澈、明亮。

將你的腎上腺視為兩個橢圓狀，看起來就像兩個迴力鏢。把它們想像成兩個手把。呼氣。將你的雙手朝向太陽，高高舉起來。你緊握的陽光，有七彩的反射折光，充滿你的雙手。

呼氣。雙手放下，緊握著兩個腎上腺。

呼氣。從上到下，緩緩地輕撫與安撫它們，同時讓彩虹之光滲透它們裡面。如此反覆進行三次——從上到下，輕撫、溫暖它們，同時把光帶入這兩個橢圓手把（即腎上腺）之內。請密切留意顏色的變化，或當你結束這些行動後，顏色依舊保持不變。

呼氣。感知從腎上腺而來的荷爾蒙，猶如彩色的光線，流經你的全身。你看到什麼顏色？這個時候，你的身體感受如何？

呼氣。睜開雙眼。

與你的寶寶連結

「優先滿足自己的需要，先把自己照顧好」這番言論，乍聽之下會不會令你覺得奇怪？但你記得嗎，每一次飛機起飛前，空服人員爲我們示範救生細節與複習逃生過程時，總是對所有乘客耳提面命——要先爲自己戴上氧氣罩，然後再轉身協助你的孩子。我想在這裡說明的，就是這個道理。如果你從裡到外都乾淨整齊、煥然一新、舒服自在——說到這一點，再次提醒你不要怯於向身邊親近的人求助，勇於提出你的需求。現在不該是你操心家務或食物的時候——你若感覺舒服暢懷，照顧起新生兒便更能專注與得心應手。你或許期待寶寶出生的前幾個小時，會充滿溫馨柔和的浪漫色調。想想耶穌基督誕生的情景，是如此平靜祥和而充滿亮光。所有的目光皆注視躺臥在馬槽裡的聖嬰耶穌基督。生下你所愛的寶寶時，你被一種稱之爲「愛的荷爾蒙」的催產素所淹沒，那是你與伴侶做愛而受孕時所釋放的一種荷爾蒙，而當寶寶出生時，身體再度分泌同樣的荷爾蒙以幫助你的子宮收縮並將寶寶推擠出體外。而今，你再度被愛的荷爾蒙所充滿。

練習105

與你的寶寶連結

呼出一縷輕煙，讓所有困擾你、折騰你、陷你於幽暗低谷的糾結，都隨著輕煙呼出。透過吸入新鮮空氣，吸進從天空而來的藍金色光芒。

看見並感受到這道藍金色光芒進入你的鼻腔，往下流入你的喉嚨。

看見這條閃動著光芒的巨河流動到你的背部，進入你的雙腿、雙腳與腳趾。看見這道光芒從腳趾長出來，越來越長，長成藍金色天線。

現在，看見這條閃耀著光芒的河流往雙腿逆流而上，直到你的骨盆腔，被光所充滿，同時在你的子宮裡開創一個藍金色的空間。

呼氣。從你的子宮深處，撒下一片藍金色大網，覆蓋著你的寶寶。感受並看見你的孩子沐浴在這片溫暖的療癒之光中。你透過一縷一縷的光芒，向寶寶傳達你的愛。觀看並感受到你們如何融合在一起，合而為一，你們彼此相繫，一如寶寶還在你的體內時那樣形影不離，緊密相連。觀看並感受到你的寶寶如何反應。

呼氣。光之河流繼續深入照亮你的肺部，在你心臟的四個瓣膜之間進出流動，一直到你的心臟成為一盞灼熱發亮的大燈。

看見那亮光往上流向你的肩膀，再往下流向你的雙臂、雙手與手指，從你的手指伸展而出，猶如延長的光之天線。把你的寶寶抱在你左手肘的臂彎中，靠近你那灼熱發亮的心臟。觀看並感受到你的寶寶安穩地沐浴在愛與柔和的藍金色光芒中。感受到這份無比珍貴的情感連結，深入你的身、心、靈與意志之中。

呼氣。睜開雙眼，用睜著眼睛的狀態，在腦海中看見這份連結。

這是讓你持續專注與投入照顧新生兒的基本練習。你可以看得出來，這些基礎功其實是整個孕程中不斷練習的「那道充滿於你的藍光」（練習47）的變奏曲。想像當你與寶寶必須分離時，那片藍金色大網一撒而下，完全覆蓋住你的寶寶。當孩子與你的身體分離時，你的寶寶將持續地經歷你撫慰人心的陪伴並感到安全。

新生兒對「夢的場域」尤其敏銳，因為他們每天幾乎沉睡長達十六個小時，其中有超過八小時處於快速動眼期的夢行狀態。你肯定可以藉由「隔空溝通」與夢境中的他互通有無與對話。你過去九個月來都在做這件事，所以你應該能從這些親身經歷中分辨成效。當你在親子教養的技巧上愈發駕輕就熟後，你將學會更多有關這方面的溝通方法與管道。我們稱此為下意識的直覺——一支隱形電話。即便你與孩子之間隔著遙遠的距離，你仍然「知道」寶寶的感受如何。然而，大部分人不明白的是，你也可以從隔空溝通這個管道去「傳送」你的支持與愛意。那即是透過圖像畫面。你的孩子將會「知道」你傳送出什麼樣的訊息給她。你將使她在情緒、慰藉與安全感上得到一種立即性的效果。

如果你與寶寶因為某些因素——醫療的問題、醫院的規定、或你急需完整的休息——無法母嬰同房，使得寶寶必須待在嬰兒室，想必你會想要積極實踐，看著那片藍金色大網包覆著她，好讓你可以藉此在精神上與她親近。如果你的寶寶早產而必須待在新生兒病房，那麼，請你觀想她發展不完全的器官得以完美無瑕地成長。看見並感受到你發亮的雙手觸摸她，發亮的大網也持續包覆著她。

事實上，無論如何，媽媽並非總能時刻與寶寶形影不離（你不該爲了一些無能爲力的事或爲了需要爭取理所當然的休息而感覺糟糕或有罪惡感），但許多研究顯示，與母親近距離相處與親近，確實能爲寶寶帶來許多好處，尤其是最初的幾個小時與出生後的那幾天。從出生與出生後的催眠回溯個案中，我們發現，寶寶想要與你在一起。在催眠狀態下，這些退化的成人一次又一次全心聚焦於母親的陪伴，那是他們最大的需求與渴望。如果寶寶無法與你在一起，至少要讓她跟父親在一起。研究證實，父親的同在，會讓孩子在生命初始便認得與認同這份陪伴。

新生兒的天賦

長久以來，醫生與研究人員都對新生兒存有這樣的想法，那就是剛出生的小寶寶不過是沒有感受、言說的大腦尚未發育完全、甚至不具備任何眞實覺察能力的單純小生命。瑞士心理學家皮亞傑（Jean Piaget）稱之爲「唯我論」（solipsistic），意思是甫出生幾週的嬰兒，對他們所置身的環境顯露不出任何興趣。這樣的觀點一直延續至今，專家學者們仍以爲一個孩子生命週期的最初時刻與最初幾週，與他們未來的發展毫無關聯。這樣的立場與觀點，影響深遠，包括將母嬰分隔得很遠，讓孩子獨自待在醫院的嬰兒室裡，也沒有費心爲孩子提供任何痛苦管理機制，因爲他們假設大部分新生兒是毫無意識的，所以，他們也無感於任何痛苦愁懷。感謝現今特別針對初生嬰兒豐富而多元的研究，醫生與專家學者開始調整他們對新生兒的思維觀點與角度。而今，他們終於承認那些長久以來被父母、祖父母與親人所認知和相信的信念：寶寶在出生的那一刻，不但有所覺知並確定自己的存在，更需要高度的專注力來面對接觸她的對象。

出生後的頭四個小時不但極爲關鍵，而且充滿戲劇性，這從老鼠、狗、綿羊與山羊的動物實驗觀察中，或許可以一窺其中實況。如果小動物一出生便被帶離母親身邊，幾個小時後再把牠送回給母親，這時，母親竟拒絕與自己剛生下的小寶寶有任何互動。反之，若讓新生動物出生後的關鍵數小時待在母親身邊，之後即使短暫分離，母親仍會重新接納寶寶並願意餵養牠。而即便孩子後來被帶走的時間延長了，母親仍會接納返回身邊的孩子。同理，根據心理學家大衛．坎貝萊恩（David Chamberlain）的觀點，母親與新生兒最初的接觸與共處，「對孩子未來的健康、成長與學習上，影響深遠，意義非凡。」這些與母親深度接觸的新生兒，體重能在更短的時間內增加，適應力表現得更好，運動協調與肌肉控制的能力更佳，在語言技巧的測試上也維持高水準的表現，兩歲就在IQ測試上得分，在整體的心態上也是個有安全感、容易信任別人與充滿自信的孩子。坎貝萊恩指出：「孩子後續的各方面互動都變得豐富而精采。」當然，前提是把握孩子出生時的關鍵幾小時，給予全面與高度的關注。

不僅對孩子如此，對母親亦然。只要讓母親在生產後的那幾個小時，得以親自照料與接觸她們的寶寶，則母親也能更有安全感、更平靜、更有自信。

寶寶不是「一磅鮮肉」；寶寶是個人！她擁有一個發展得比她的大腦或身體更成熟的心智，同時具備完整的人格，這一點可以在她頭八天的「最初人生」中輕易觀察得出。之後，嬰兒肥會掩蓋她的眞實面貌，這副臉龐將不復重現，一直到她逐漸成熟，迎來早期成年階段以後，臉型面貌才會確定。醫生也會在這個階段測量寶寶的雙足長度，由此來計算她將來的身高。你可以仔細端詳她的臉，找出一些蛛絲馬跡與訊息，藉此判斷她將來會是個什麼樣的人。

你剛出生的寶寶，是個無與倫比的個體，是個精緻繁複且高度發展的存在。她以與生俱來的直覺，知道如何善用所有的感官與認知，來吸引你——她的母親——對她的注意。早在產房時，她便開始掃描所有與她接觸的人，一直到你出現了，雖然她之前壓根沒見過你（她會不會在子宮裡曾經夢見過你的臉？），但當她認出你時，她會即刻鎖定你的臉。她心滿意足地凝視你的雙眼，向你傾注那份看不見卻熾烈的濃情蜜意：那是愛，從她的眼神毫不保留地傳送到你的雙眸，如饑似渴地想從你身上汲取她一心期待的愛。她自然而然地蹺縮在你的臂彎中，轉頭用嘴尋覓你的乳房（研究報告顯示，寶寶其實尚未調適好要如何與另一個身體接觸，或蹺曲著身子被擁抱）。她從嗅覺去判斷，曉得哪裡是你蘊含奶水之處，而且打從一開始就知道如何從其他媽媽們的奶水中分辨自己媽媽的奶水。

你的新生兒也認得你的聲音。她在子宮裡已足足聽了九個月。或許她不只從耳朵去聆聽你講話時震動的聲波，她也透過她的肌膚，這片身上最大面積的感官部位去感知你的聲音。法國聽力專科醫師阿爾弗雷德·托馬提斯（Alfred Tomatis）指出，皮膚擁有類似主導耳朵細胞皮層的感知器官。當寶寶以耳朵聆聽時，她也同時從你講話時所震動的皮膚去「感受」你的聲音。這說明了爲什麼新生兒甫出娘胎的第一時間，便要讓她與母親進行肌膚的親密接觸，原來這個行動的背後，有著如此重大的意義與數不盡的好處。藉由肌膚的親密探觸，她也開始標示出你的味道、你的撫摸與你的體溫。其實，她也藉此學會自動調校她的體溫，以及她的心跳速率、呼吸節奏、荷爾蒙水平與酶的分泌，這些都是從媽媽的擁抱而來。對那些一出生便沒有母親陪伴的嬰兒而言，他們需要耗費更多時間去學習這方面的管理與控制。

練習 106

肌膚接觸

閉上眼睛。慢慢地呼氣三次，從3數到1，在你的心靈之眼中靜觀數字在倒數。看見數字1高大、清澈、明亮。

呼氣。感知、看見並感受到你皮膚上的每一個細胞，都成了眼睛。

呼氣。感知、看見並感受到你皮膚上的每一個細胞，都成了耳朵。

呼氣。透過你的皮膚，凝視寶寶，聆聽寶寶。你體驗到什麼？看到什麼？聽到什麼？

呼氣。去嗅聞寶寶身上所散發的不同香氣與特殊味道。當你撫摸寶寶時，這股香氣如何影響或改變你對她的觸摸？如何改變你的寶寶？你的身體與皮膚有什麼特別感受嗎？形容一下。

呼氣。睜開雙眼。

當你從你的肌膚接觸與各方面的感官，去認識與了解你的寶寶時，她也啓動了所有感官去認識你。打從寶寶出生的那一刻，她便已經開始學習。其實她早在子宮裡便已展開學習了。而今，當她初臨這個世界，她透過與圍繞她身邊的對象互動，而繼續她的學習功課。由於寶寶最初的人際互動與關係是跟你建立的，因此，她主要是透過與你「對話」來學習。記得嗎，她在子宮裡早已對你的聲音、你的節奏、你的味道、你的口味愛好，熟悉有加；她也認得你的臉。她對你的撫摸、笑容與言語都有所反應，並透過哭泣、笑臉、叫聲與咿咿呀呀的聲音來挑戰你。她無言無語，但她具備一切豐富的表情、肢體語言和各種聲音。那是她通知你、呼叫你前來的方式。早在你們第一次邂逅與初識之時，她已開始尋找你，找到你，讓你將她緊擁入懷，仔細抬頭端詳你。

練習107

看進寶寶的眼眸深處

閉上眼睛。慢慢地呼氣三次，從3數到1，在你的心靈之眼中靜觀數字在倒數。看見數字1高大、清澈、明亮。

凝視寶寶的雙眼，看著她，感受到她從那不知名的地方而來，而那地方是一片柔和與無邊無際之處，仿若宇宙天地。

讓自己從她的眼眸中奔往那片宇宙天地，去感受柔和與無邊無際的空間。

呼氣。覺察你身體的一切變化。

慢慢地返回你身體的感官，呼喚寶寶的名字。

你看見了什麼樣的轉變或發生了什麼事？

呼氣。睜開雙眼。

這段第一時間的母嬰共處，攸關寶寶未來的發展。我們稱此爲「關係的初體驗」。她的第一印象，不管好壞，終將留下一生難以磨滅的印記，而且會留存於寶寶的潛意識中。在這個層面上，她從未與你分離。她需要你，也需要有你同在的熟悉感與穩定的作息，好讓她得以藉此整合她全新的經驗。她需要你雙手環抱她，在一片巨大而不知名的空間中保護她。這場驚天動地的出生，已徹底翻攪她原來的世界，所以，她需要一些時間待在安全無慮的環境中去調整這番大變動。你從受孕以來便不斷對她說話、撫摸她、嗅聞她、感受她的存在，並留心聆聽她。而今，她以活生生的肉身之軀來到你面前——完整的身體、大腦與所有體內的器官——所以，你必須將她定位爲具象而具體的一個人。你的觸摸、你的溫暖、你的味道、你的聲音、以及你對她的疼愛，都是她投入這個新世界的冒險之旅中，無比重要的辨識路標。

練習108

以愛之聲呼喚孩子的名字

閉上眼睛。慢慢地呼氣三次，從3數到1，在你的心靈之眼中靜觀數字在倒數。看見數字1高大、清澈、明亮。

深情凝望寶寶的雙眼，一聲聲呼喚她的名字。你的孩子有何反應？

呼氣。再一次呼喚寶寶的名字，然後再一個字一個字、慢慢發音來呼喚她的名字，一邊留心聆聽。

呼氣。第三次呼喚寶寶的名字，聽著這個名字成為充滿愛的聲音。你有任何圖像畫面、顏色、覺察與感受嗎？

呼氣。睜開雙眼。

愛的擁抱與觸摸

一直以來，所有視覺化想像都在教導你如何處理和面對你的寶寶。每一個行爲動作，對你而言都是未知，一切都從一個影像畫面開始。一旦對所渴望顯化的視覺心像有所覺察時，我們不但對此有所覺知，也會有意識地將我們的每一個舉止行爲，轉化成細膩與體貼周到的舉措。這個視覺心像從一道閃光開始，發展成液態形式，發動神經脈衝，進而促成身體的動作，最終以某種行爲舉止來表達你內心的疼惜，譬如說，無限憐惜地撫摸寶寶胖嘟嘟的腿，或軟綿綿的肉肉雙頰。

進入身體的組合元素。你在懷孕期間，不斷透過視覺心像實踐的那些有關照顧的練習，是否能在眞實生活中落實與體現？別忘了，你的寶寶一直處於被羊膜囊包覆、錨定於一片封閉性的羊水環境中，長達九個月之久。當她來到你的臂彎中時，切莫害怕或遲疑，請務必把她抱緊、抱好。她需要從你環抱她的手，感受與認知到自己是安全的。緊張害怕或猶豫遲疑的姿勢，會令她感到困惑不安。不過也不要抱得太用力或太緊，那會傷害到她，或令她感覺受到威脅。

手部對話溝通。不管是愛的影像畫面或恐懼的影像畫面，他們都可以透過渴望顯化的視覺心像來進行對話。奇妙的是，嬰兒可以解讀你的雙手。透過右腦，嬰兒的心智能夠與資訊對焦，而他們的左腦則等著進一步去獲取足夠的言辭文字，來分辨發生在他們身上的事。無論如何，他們可以直接感受與「知道」發生在他們身上的事。那是毋庸置疑的事實，也獲得了許多研究結果的佐證——嬰兒需要愛的觸摸。許多研究發現，棄嬰收容所裡的孤兒，以及被隔離在保溫箱中的早產兒，因爲缺乏撫摸擁抱而夭折或死亡的案例，頗爲常見。今天，許多孤兒院和醫院已經立下一項條規：每隔三小時就要爲嬰兒進行輕撫與按摩。早產兒也要按著規律的時間間隔，接受肌膚觸碰與輕撫；可以的話，應鼓勵父母親自做這些事。

練習 109

用手穩穩地抱著寶寶

閉上眼睛。慢慢地呼氣三次，從3數到1，在你的心靈之眼中靜觀數字在倒數。看見數字1高大、清澈、明亮。

當你抱起寶寶時，感知她，看著她，並進一步體會自己的手掌抱著她的感受。

呼氣。感受到你的手掌如何與寶寶對話。如果你對自己手部對話的方式不甚滿意，請自行調整。

呼氣。感受到你的寶寶如何透過你的手掌與你對話。你與寶寶之間，發生了什麼樣的轉變？

呼氣。睜開雙眼。

寶寶自己一邊學習，同時也一邊教導你。她教你的第一件事是回應，而非抗拒，兩者的差別在於，前者尊重他人的感受，後者則對他人的需求漫不經心或麻木無感。寶寶會想辦法讓你知道的。她不受拘束，也無任何羞恥感，所以，她的表達總是直接而毫無修飾。你若將她抱得太緊，她會哭叫；你的手若遲疑不定或緊張害怕，她也會啜泣嗚咽以示抗議。你的手如果過於粗暴、粗魯大意、或毫無把握的躊躇猶豫，她都會以具體行動讓你知道。如果你並未針對她的需求來回應，她將以更多更久的哭聲來表達。面對她的哭鬧，你若以生氣來反擊她，她會不甘示弱地追加賭注。她既無助又無計可施，不知如何轉變或調和自己的情緒。但你可以做到。神性或奧祕早已賦予你這方面的能力，讓你知道如何被愛軟化，你將找到方法，學會如何安撫你的衝動並轉化你的情緒。寶寶會教導你如何忘記自己。她教你如何將心比心，如何感同身受，如何對她心懷仁慈。什麼是愛？不就是善用視覺心像來讓自己置身於他人的處境片刻，覺察他人的感受嗎？因著寶寶，你最終學會了什麼是無條件的愛。

練習110

成為你的寶寶

閉上眼睛。慢慢地呼氣三次，從3數到1，在你的心靈之眼中靜觀數字在倒數。看見數字1高大、清澈、明亮。

再一次將自己視為一個嬰兒。

像個嬰兒般去感知、看見與感受到長時間處於潮濕的環境。

呼氣。感受到長時間處於飢餓的狀態。
呼氣。感受到長時間處於被孤立的狀態。
呼氣。像個嬰兒般去感知、看見與感受到被環抱搖晃與哼歌安撫的情境。
呼氣。睜開雙眼。

了解寶寶的感受，有助於你以正確的方式、關愛的態度來回應她的需求。其中最佳的回應途徑，便是善用你的視覺化想像：讓你自己在空間、體形與年齡上，都與你的寶寶無異，就在當下，你成爲了她。當你搖身一變，轉換身分成爲嬰兒時，請相信你的感受。當你易地而處，站在她的立場，代她提出需求時，你可以透過自己的感受，來測試你的視覺心像是否準確。如果你如願以償，那就表示你已經眞正「了解」寶寶的感受了。

練習111

覺察寶寶對肌膚碰觸的需要

閉上眼睛。慢慢地呼氣三次，從3數到1，在你的心靈之眼中靜觀數字在倒數。看見數字1高大、清澈、明亮。

感知並看見自己輕輕搖晃你的寶寶。

呼氣。成為你臂彎中的寶寶。感知、看見並嗅聞你的母親，蜷縮在她的懷中。

呼氣。覺察並感受到你想要如何從母親身上滿足你對肌膚接觸的需要。

呼氣。你身上是否有什麼部位或區域，需要更多的觸摸與安撫？

呼氣。回復到你的成人身分與觀點，你在對待寶寶這件事上，是否出現任何轉變？

她的反應如何？

呼氣。睜開雙眼。

有好幾年時間，一直到我三十幾歲時，我常感覺自己的脖子上好似有一個裂開的小洞。脖子上那個區域的肌膚，總讓我感覺特別寒冷。我甚至無從對自己解釋那種深切的渴望，我渴望有一隻手可以抓著我的脖子後方與頭部。我出生於二戰末期的英國。出生時，家裡已經有個一歲的哥哥。當時，我的母親經常處於三餐不繼的饑餓狀態，根本擠不出任何奶水來餵我。在無可奈何之下，我極有可能被長時間置於搖籃裡，畢竟待在搖籃裡至少可以確保我不受寒。我常因此而嚎啕大哭。我所面對的欠缺，不只是食物的不足，也包括其他感官接觸的嚴重匱乏。顯然我錯失了母親彎著膀臂擁抱我的那種感受，以及令人安心與不可或缺的親密接觸。這方面的匱乏，逐漸成了我頭部畏寒的原因。

嬰兒教導我們何為簡單和純粹。他們教導我們如何回到初衷，如何去覺察他人的感受，如何直覺地知道他們的需要。他們一遍遍地從頭開始教導我們如何解讀身體的語言。為此，我們必須願意耐心諦聽，以無限的慈悲與善良來回應這一切。如果我們只是想要一個滿足我們自身需求的寶寶，那麼，我們將被潑一盆冷水，重擊後才猛然醒悟。別忘了，寶寶是無可比擬的無價之寶，但首先我們必須學會珍視他們。

練習112

孵化

閉上眼睛。慢慢地呼氣三次，從3數到1，在你的心靈之眼中靜觀數字在倒數。看見數字1高大、清澈、明亮。

想像你手中握著一顆蛋，用你的手掌來溫熱這顆蛋。請你小心翼翼地握著這顆蛋：不要用力過度，免得它裂了；不要握得太鬆，免得它從你手中滑落。

呼氣。傾注你所有的力量與愛，用你的雙手，用心溫熱這顆蛋。請你耐心對待，沉著地守候等待，一直到你感受到蛋殼裡的蠢蠢欲動。當這顆蛋開始蠢動，裡頭有東西正準備破殼而出時，你要加倍謹慎小心。此刻的你，感覺如何？

呼氣。當小雞破殼而出時，你仍握著那顆蛋。

呼氣。放下蛋殼。調整你的手勢去握著剛孵出的小雞。當你的手握著牠時，你的感受如何？

看著牠慢慢長大。此時你的感受如何？

先不要將小雞放下，一直等到牠準備好可以自行成長，再放手讓牠去。

呼氣。睜開雙眼。

一般而言，小嬰兒在肉體上是無助而受限的，但在心智上，他們卻是極爲敏感與渴望學習的。他們善用眼球來掃描視覺所及的各種東西。他們尤其對你的臉龐、你的一顰一笑、你的聲音、姿勢與動作，特別感興趣，這當然也包括他們的父親或家裡其他較年長的手足。打從出生的第一天開始，他們便將自己的行動節奏與你的行動和聲音，相互配合與協調。就像調音完美的樂器，他們會模仿從外在環境所接觸的刺激，包括他們所看與所聽到的。寶寶眞是橫擺於你面前的一面明鏡。他們將你內心深處最美好的一面召喚出來。請將你滿心的喜悅、盼望與快樂給予你的寶寶。但假如你做不到，至少把你的愛，無私地獻給她。

練習 113

寶寶是一面鏡子

閉上眼睛。慢慢地呼氣三次，從3數到1，在你的心靈之眼中靜觀數字在倒數。看見數字1高大、清澈、明亮。

看著你的寶寶，真實經驗她的純真與全新的生命，宛若神性或奧祕降臨人間，臨至你繁瑣的日常生活中。

呼氣。看見她在觀察你，模仿與學習你所做的每一件事。這部分如何影響你的舉止行為？又如何影響你的情緒？

呼氣。覺知到她是反映「真實的你」的一面鏡子，她映照出你是誰。你如何面對與承擔這份責任呢？

呼氣。睜開雙眼。

如果這部分練習讓你感覺艱辛而痛苦，請勿爲此憂心。好好接納自己的感受，不論那些感受如何。建立對自我的慈悲，通常是走向自我療癒的第一步。我們總難免需要面對與處理許多愧疚、憤怒或脆弱等糾結的情緒，那是這一路「爲母之旅」所必須面對的困難與恐懼。

親餵母乳的技巧

你的寶寶出生後，你哺餵母乳所需要的荷爾蒙，可以透過與寶寶之間肌膚接觸的刺激來分泌，那是刺激這類荷爾蒙分泌的最佳途徑。抱著她，撫摸她，目不轉睛地凝視她的雙眼，這些都是釋放「愛的荷爾蒙」催產素必要的方式。在第六章，我們已經理解催產素的指標在生產時會飆到最高點，以協助子宮排出胎盤。生產後，這個荷爾蒙成了最強而有力的鬆弛劑，可讓心跳速率與血壓指數趨緩，減低疼痛和紓解焦慮，同時鼓勵你趨近並依偎著寶寶，進而伸手去擁抱她。你當然不認爲愛只是一種化學反應。然而，你對愛的感受卻助長了這個荷爾蒙的分泌與釋放。畢竟，身心不分。你爲母的天性與本能同時是一種感覺，亦是荷爾蒙的釋放。

當你放輕鬆時，催產素會啓動你的乳汁分泌反射（也稱爲排乳反射），透過引起乳房肌肉收縮而擠出你的乳汁。你的身體同時會產生抑制疼痛的內啡肽，進而激發催乳素，這是分泌乳汁所需要的第三種荷爾蒙。催乳素致使你的乳腺生產初乳，顧名思義，那是你最初分泌的乳汁，要過三天後才是你一般的奶水。這三種荷爾蒙的分泌對你是否能順利哺乳，具有舉足輕重的影響力。大自然的智慧早已為你的寶寶設計好她需要賴以為生的食物。所以，跟著大自然的召喚，讓你的寶寶在出生後盡速飽嘗母親新鮮的乳汁，是最合情合理、天經地義的事。

初乳是一種黃色水狀的液體，飽含抗體，以及為了保護與提升寶寶免疫系統與內臟的蛋白質。初乳也被視為輕度的軟便劑，使寶寶的第一次排便（胎便）更為順暢，也更易於清除膽紅素，那是血液中紅血球的血紅素代謝後的廢棄物，如果未被排出而存留於肝臟中，將導致黃疸。

如果寶寶趴在你胸前，她會緩緩地匍匐前進，埋頭尋找你的乳房，並近乎直覺地停靠在乳房之處。她會找到自己的需要與方向。你不需要哄著引導她或改變任何姿勢。坐正並不會讓你的奶量流得更順暢，因為地心引力未必有利於母奶的流量。成功哺乳最不可或缺的關鍵因素是吸吮的力道。所以，餵母乳的最佳姿勢是，找到你和寶寶之間最適合彼此、最自在的姿勢。

不論乳房大小，每一個母親都可以餵母乳。透過輕探寶寶的下巴，你哄她把嘴巴張大，然後將整個乳房的乳暈觸碰寶寶的嘴唇。你不會想要只抓著你的乳頭。如果你的乳頭平平或凹陷，則不利於寶寶的吸吮，即便她的嘴唇姿勢是正確的，恐怕也無濟於事。當她努力緊抓著乳房時，她的牙齦會摩擦擠壓，甚至會把你的乳暈弄疼了。不要讓這樣的狀況發生，尤其剛生完小孩之後，不要讓這方面的焦慮與挫折，加劇你情緒上的脆弱，使你更不堪一擊。千萬不要因此擔心寶寶是否會因喝得不夠而挨餓，最後還責怪自己是個不稱職的母親。在覺察到自己對無助的小生命開始產生罪惡感與怨怒情緒之前，要記得先將這些負面情緒掃除殆盡，一把掃到左邊（練習33：掃除枯葉），同時趕緊開始下一個練習。你可以在餵母乳之前開始進行這個練習，更要在一開始哺乳的那幾天持續練習，練習次數不限，越多越好。這麼做會刺激你的乳頭在寶寶想喝奶的時候，隨即堅挺地守候與配合。

練習114

將乳頭由內轉向外

閉上眼睛。慢慢地呼氣三次，從3數到1，在你的心靈之眼中靜觀數字在倒數。看見數字1高大、清澈、明亮。

想像你在一個明亮清澈的大晴天，站在一片綠草如茵的草地上，抬頭仰望太陽。將你的雙臂朝向太陽伸展，感受到手臂不斷延長，直到雙手變得暖和，接著充滿了光。

呼氣。將你的食指指向太陽，看見陽光觸碰你的手指，以致食指指頭閃閃發光，猶如一顆星星。

呼氣。將手臂放下，回到原來的位置。

呼氣。看見自己站在鏡子前，腰部以上全裸。用發光的雙手按摩你的左乳房，從外圍區域漸漸往乳頭方向按摩。

呼氣。用發光的雙手深入你的乳房。用發光的手指按摩你的乳暈和乳頭內部。留意關注乳頭和乳房所傳來的觸感與感受。

呼氣。感知並看見發光發亮的食指將乳頭由內往外翻。

呼氣。雙手離開你的乳房。你依然站立於鏡子前，看見發光的雙手，先按壓乳暈處，再往外擴展按壓。看著鏡子裡你的乳頭。它看起來如何？你現在感覺如何？

呼氣。重複這個練習，這一次將重心擺在另一邊的乳房。

呼氣。在鏡子前看著你的雙乳。看見你的乳頭挺立。

呼氣。睜開雙眼，用睜著眼睛的狀態，在腦海中看見你堅挺的乳頭。

如果你仍在餵母乳這件事上障礙重重，請向醫院的護理人員或你的助產士尋求幫助。母乳顧問將親自來探視你和寶寶。當然，你若能擺脫那些惡性循環的負面思想與情緒，對你的哺乳會更有助益。除了清理負面情緒，還要學習沉浸並充分感受你自己與寶寶的身體。當你將消極的情緒掃向左邊之後，將你自己與寶寶包覆在備受呵護與安全無慮的圈圈裡（練習32：畫一個光之保護圈）。接著，別忘了當你焦躁不安時，你的呼吸節奏也會跟著改變，所以，鼓勵你要學會常讓自己在平靜的狀態下接觸寶寶。記得要進入那個領域之中——永恆而充滿光亮的愛之空間。

練習115

永恆的泡泡

閉上眼睛。慢慢地呼氣三次，從3數到1，在你的心靈之眼中靜觀數字在倒數。看

見數字1高大、清澈、明亮。

當你緩緩走向你的寶寶時，你觀看、感受、同時覺察到時間的移動變得趨緩。感受到你的步伐越來越慢、越來越慢，直到你發現自己竟以慢動作在移動。

呼氣。看見時間成了一滴閃亮的光點，介於你和寶寶之間。看見這光點逐漸放大，大到足以將你們兩人包覆起來，然後感受到自己置身於你們緊密相連的永恆泡泡裡。

呼氣。往後退一步，看著擴張的光點，慢慢返回原先一滴光點的大小，然後再次擴大成為一股兼具動能與動感的弧形之光，牽動著你們倆。

呼氣。快轉返回你的繁瑣生活與日常軌道上，然而，你們依舊被這道弧形之光連結在一起。

呼氣。重複練習三次。

呼氣。睜開雙眼。

不管你面臨什麼樣的挑戰或困難，不要輕言放棄親餵母乳，並將初乳給孩子的機會。多少個世紀以來，初乳被認爲不夠純淨，不該讓寶寶喝。但現在已有越來越多科學研究證實了初乳的成分，我們都知道初乳不但珍貴，而且可以強化寶寶的健康，爲孩子帶來無限的助益。在寶寶出生的頭幾天，她所需要喝的奶量是極其微量的初乳，所以那幾天你還無需大費周章地餵母乳，你只需要進行練習，確保你的寶寶喝下極少量的初乳即可。

經過兩、三天不斷「噴出」初乳之後，你的乳房便會開始分泌乳汁，稱為漲奶，隨著奶量與荷爾蒙的與日俱增，你的乳房會脹大兩倍。你偶爾會感覺漲奶的疼痛，不妨將這視為大自然的一個玩笑。我記得有個爸爸看著妻子腫脹的乳房而興奮地尖叫：「我真希望你也會為我這麼做！」在一、兩天之內，腫脹的狀況會舒緩，你會覺得舒服多了，但前提是要記得把兩邊乳房的奶水都清空，然後每一次餵乳時要記得兩邊輪流餵。

不要容許壓力在你沮喪消沉時，占有一席之地；壓力荷爾蒙腎上腺素會中斷奶流量。要知道，你的寶寶不會忍饑受餓。通常出生後的第一週，寶寶的體重會稍微下降，那是正常的，接下來第二週就會慢慢追上來了。不過，如果你分秒都以「袋鼠抱姿」將寶寶抱在身上，與你的肌膚親密接觸，那麼，寶寶的體重可能一點也不會降低。

容我再度強調，輕鬆餵母乳的祕訣是——相信。相信你的身體與寶寶的身體。讓孩子與你親近，順從身體的直覺，放鬆自在與心滿意足的愛便會隨之湧現。其中一種與寶寶之間肌膚親密接觸的方式是，把她放在育兒背巾裡，那對你和她都是負擔最輕、也最舒適的選擇。她可以在背巾裡隨時喝母奶，你則可以繼續你手上的工作，彼此互不打擾，隨時安心自在地各取所需。

寶寶的哭哭笑笑

哭哭、笑笑，是這個小生命溝通的方式。

我們最愛看她笑，而我們最自然的反應是不由自主地回報予笑臉。從出生到接下來的六週，你或許會發現她的笑容其實並不聚焦——他們的眼神有些渙散，還不太能集中。那可能是因為小嬰兒的臉部肌肉尚未發展完全。到了第六週，當你呵癢逗樂她、伊伊呀呀與她對話、擁抱她、或對她微笑時，她開始會對這些行為模式有反應了，而且能準確地以微笑來回應。你對她越是喜滋滋地一臉笑意，她便會以更多笑容來回報。一個笑臉迎人的快樂寶寶，源自愛笑的父母和家人。你的寶寶全然認同你，徹底與你對焦與調和，因此，你的情緒將毫無保留地牽動她、影響她。她可以感受你所感受的一切。你若以茫然或生氣的表情面對她，她會轉過頭去，或放聲哭泣。但你若常對她展露笑容，她肯定會感覺無比快樂。

練習116

你的情緒顏色

閉上眼睛。慢慢地呼氣三次，從3數到1，在你的心靈之眼中靜觀數字在倒數。看見數字1高大、清澈、明亮。

當你抱起寶寶時，留心觀看、感受、並覺察屬於你自己的情緒顏色。當你已經分辨出顏色了，而你若不喜歡，請將那個顏色一把掃到你身體的左邊。

呼氣。找出你喜歡的顏色，那個顏色會讓你感覺美好。看見這賞心悅目的顏色在你的身體內緩緩流轉移動，同時充滿你的身體。你現在感覺如何？

呼氣。看見這樣的效果如何影響你的寶寶。

呼氣。睜開雙眼。

寶寶哭鬧的原因，包括以下狀況與緣由：她感知到你低落的壞情緒、感覺不舒服、想要某些東西而不可得、覺得無聊、或是當他們受傷時。寶寶的哭鬧方式也各異其趣。你很快便將學會辨識你家孩子的不同哭聲和哭狀所傳達的動機與原因。

爲何寶寶的哭聲總是令我們措手不及、難以招架？雖然你的呼吸會隨著聽到寶寶的哭聲而急促上升，但是你的呼吸速率其實仍低於寶寶的哭聲節奏。大自然以其智慧而設計出這種表達惱怒的獨門絕招，它是小生命爲求生存的一種機制。透過哭，你的寶寶對你發出警訊，呼喚你，告訴你她此時此刻需要你。你聽到哭聲後所引發的不安，也驅使你走向她。不要爲了訓練她而故意不滿足她的需求，或因爲想掌控她而刻意讓她久候。在這個剛出生的年紀，你的寶寶是個全然無助且脆弱的小生命，她無法自行移動或照顧自己的身體需求。刻意忽略她是一件相當殘忍的行徑。

練習 117 輕聲嘆息「啊……」

閉上眼睛。慢慢地呼氣三次，從3數到1，在你的心靈之眼中靜觀數字在倒數。看見數字1高大、清澈、明亮。

聽見你的寶寶在哭了。感知到寶寶的哭聲節奏快過你自己的呼吸速率。你感覺如何？

呼氣。吸一口從天而來、深入你嘴裡的藍金色光芒。

輕聲嘆息，發出「啊」聲，把藍金色光芒傳送出去，包覆著你的寶寶。

再做一次。當你再度輕聲嘆息時，你想要使用哪些其他的聲音或詞彙呢？

呼氣。睜開雙眼。

如果你的婦產科醫師是舊學派的人，他可能會建議你放心任由寶寶哭。請你務必不假思索地拒絕這項提議。你已經決定要好好照顧這個小生命了。只要她一天沒學會如何自主移動與滿足自身的需求，她就時時都需要你。別急，往後還有大把日子可以讓你好好訓練你的孩子如何守紀律，幫助她發展自我安撫的技能。

即便你現在已經明白，寶寶嚎啕大哭時總難免令你心煩氣躁，但你仍爲此深感挫折。我記得有一位年輕媽媽有一次走進我的辦公室，對我哭訴：「我實在很氣他！」我一開始以爲她生氣的對象是她丈夫，後來才恍然大悟，原來她氣的是親生小男嬰的哭鬧。小寶寶爲何哭個不停？因爲他餓了。「你是否每天同一時間給他奶瓶喝奶？」我問她（她沒有餵母乳）。「不，我等到他讓我知道他餓了，我才會餵他！」有些人就是寧可花時間費神生氣，而不去專心照顧該照顧的對象，努力做該做的事。

練習 118

滴答滴答

閉上眼睛。慢慢地呼氣三次，從3數到1，在你的心靈之眼中靜觀數字在倒數。看

見數字1高大、清澈、明亮。

聽見門鈴聲響起。隨即中斷那聲音。

呼氣。聽見你的寶寶在哭泣。覺察並感受到你的身體內部發生了什麼事。中斷那聲音。

呼氣。聽見節拍器的滴答滴答聲。你和寶寶怎麼了？

呼氣。睜開雙眼。

那視覺化的節拍器將提醒寶寶，喚醒她之前在你子宮裡早已熟悉的心跳聲。把寶寶抱到你胸前，可以使她平靜下來。那也足以解釋爲何你會近乎本能地將她抱到你的左邊、靠近你的心臟處。根據心理學家與研究專家李·沙克（Lee Salk）的說法，大部分馬利亞聖嬰像的畫作裡，聖嬰耶穌都躺臥在聖母馬利亞的左邊。

練習119

心連心

閉上眼睛。慢慢地呼氣三次，從3數到1，在你的心靈之眼中靜觀數字在倒數。看見數字1高大、清澈、明亮。

將寶寶抱在你的左臂彎裡。

呼氣。往下深入你內心中的祕密內室。透過你的心跳去聆聽寶寶的心跳聲。

你們倆的心跳節奏變得如何了？

呼氣。繼續等待與聆聽，直到你們兩人的心跳聲完全一致。和之前相比，有何不同？你現在如何理解你與寶寶之間的關係？

呼氣。睜開雙眼。

你若容許自己爲寶寶而心懷感恩與喜悅，那麼，你的心跳便能愈發平靜與規律。這個小生命現在正躺在靠近你心臟的胸前，以無限依戀的眼神看著你。

練習 120

送出你的感恩

閉上眼睛。慢慢地呼氣三次，從3數到1，在你的心靈之眼中靜觀數字在倒數。看見數字1高大、清澈、明亮。

覺知、看見並感受到你的孩子從何而來。

呼氣。覺知與感受到孕育生命的奧祕。

呼氣。看見並感受到你的孩子是生命之源所賜予你人生的一份厚禮。面對這份禮物，你心懷感恩。

呼氣。將你的感恩視為一道發自你內心的顏色，進而擴散至你的全身。

呼氣。看見這道顏色越過你的皮膚，散佈出去，包覆著你的寶寶，再散播到這個美麗世界中各種形態的生命體——地球、植物、動物、水與天空。

呼氣。看見並感受到為所有生命所傳送的感恩回返了，然後包覆並承載你的寶寶。看見你的孩子健康成長。

呼氣。睜開雙眼，感受並用睜著眼睛的狀態，在腦海中看見你完美無瑕的寶寶。

睡眠不足的困擾

走在這條養育孩子的爲母之旅，每一個階段都會探觸到「自我照顧」這個議題。但循序來到這個自我照顧的階段，卻充滿了巨大的挑戰。尤其是新手爸媽在面對新生兒如此繁瑣的要求，以及一刻不得閒的浩大工程時，經常爲此感到難以置信。你不只需要搖她抱她，還要替她洗澡，按時換尿布，而在她剛出生的幾個月期間，每隔幾小時就要餵奶。如果你選擇親餵母奶，那比較幸運，因爲你至少不必大費周章準備奶瓶，使用過後除了清洗，還要蒸煮消毒一番。

你的寶寶會讓你知道她何時餓了、濕了、冷了、不舒服了、疼了或無聊了。如果你經常把她包在袋鼠背巾裡，你可以在她哭鬧之前便掌握她的狀況，這麼一來，你就能在她開始「歡」起來之前，留意她的需求，進而滿足她。

然而，最棘手的難題是睡眠嚴重被剝奪。不幸的是，睡眠不足的問題似乎無法避免。你的睡眠時間將被拆成片斷。你再也不能安穩地一覺睡它個兩、三小時，尤其你若需要不斷起床照顧小寶寶的話。如果寶寶和你一起睡，那麼，你的睡眠時間將會更少。和寶寶一起睡除了好處多多的肌膚接觸之外，也方便你們在半睡眠、半清醒的狀態下親餵母奶。你需要將這方面的狀況向你的伴侶說明與溝通，你們必須建立共識。你可能會擔心和寶寶一起睡，是否會在沉睡狀態下不小心壓到她，不過，這樣的發生機率微乎其微，近乎不可能，因爲你與伴侶是如此警覺於寶貝的存在，而早在那樣的憾事發生之前，你一定會醒來查看。

對家有小嬰兒的父母而言，睡眠不足的問題是一項難以處理的棘手挑戰，有時候甚至會導致心力交瘁，疲憊不堪。對有些人而言，只要睡眠不足就會悲傷哭泣，忍不住鬧情緒。不過，你已經知道有一項提升能量的練習，可以幫助你面對這個難題，那就是「那道充滿於你的藍光」（練習47）。這裡再提供另一個練習，好讓你能很快進入夢鄉。當你花時間練習時，很快便能親身體會進入小睡片刻的安穩狀態。

練習121

沙灘搖籃

閉上眼睛。慢慢地呼氣三次，從3數到1，在你的心靈之眼中靜觀數字在倒數。看見數字1高大、清澈、明亮。

想像你走在白色沙灘上。找個沙子很柔軟、白淨的地方，躺在沙灘上，然後為自己挖一個沙灘搖籃。

呼氣。感受到陽光溫熱你的身體正面，沙灘上的細沙則溫暖了你的背部。在陽光的包覆之下，好好放鬆休息，一邊聆聽一波波拍岸的浪潮，搖著你入眠。感受到你自己沒入沉沉的睡眠之中。

呼氣。看見你自己夢到陽光與沙灘，聽見海上一波波浪潮拍打岸邊的聲音。再留心看看夢境裡還發生了哪些事。

呼氣。在你的夢境裡，看見你自己睡著了，而且夢到陽光與沙灘，聽見海上一波波浪潮拍打岸邊的聲音。

呼氣。再一次，你看見自己睡著了，而且夢到陽光與沙灘，聽見海上一波波浪潮拍打岸邊的聲音。

呼氣。感受到你從三層堆疊的夢境裡清醒過來，就在你聽著浪潮拍打白沙岸邊的同時，你從沙灘搖籃中醒過來。

呼氣。站起來，伸展筋骨，感受陽光，感受到暖暖的海風與沁涼的海洋水氣。看見眼前海天之間所呈現不同層次的蔚藍。

呼氣。走路離開沙灘，深感煥然一新，精力充沛。

呼氣。睜開雙眼。

一頭栽入深沉的睡眠中，會讓你有個完美的休息。透過深度挖掘與探索你的夢境，你藉此給予身體所需要的安頓與更新。進行「那道充滿於你的藍光」（練習47）可提升能量，「沙灘搖籃」練習則有助於快速補眠。

產後低潮與對「母職」的恐懼

如果你實行了這些練習之後，仍覺疲憊不堪、焦躁易怒，甚至動輒流淚，那可能是產後低潮所致。大約有百分之六十至八十的女性朋友，在生產後幾天或產後第一年的某個階段，會出現憂鬱和焦躁不安的反應。其中一個原因是雌激素與黃體素在生產後急速下降，直接影響了你的情緒與對生命前景的觀感。從一個很亢奮的情緒制高點，轉瞬間墜入谷底。躁怒、焦慮、悲傷、不安、睡眠中斷，還有從高度絢爛歸於平淡後的曲終人散，導致飲食模式的改變，都是典型的症狀與反應。其他一些可能浮現的感受包括：對自己失望，因爲那不是你原先預期的生產方式；你也可能對寶寶失望，因爲寶寶的長相不及你所期待的一半英俊漂亮；你與伴侶之間過去那種舒適自在的親密關係疏離了；當初懷孕時曾經停留在你身上的所有焦點與關注，如今都轉移到小嬰兒身上了，讓你難免若有所失；也有可能，你開始對母親這個身分與責任感到畏懼害怕。

從心力交瘁到愧疚自責，這是一條你想要逃避現狀的捷徑。一般而言，產後低潮無法找到明確可定義的緣由。你的身體需要時間來修復與調整，那是你可能不曾享有的奢求。一如我不斷提醒與強調的——尋求他人的協助，徵求你的母親、家人、朋友、或甚至聘請幫手到家裡來支援你，幫你處理家務，將讓你有足夠的時間慢慢修復和回應身體的需求。在荷蘭，政府會派一位產後家庭支援助手到新手媽媽家裡，協助這家人煮飯、清理打掃，同時照顧年紀較大的孩子，以降低初期的產後低潮轉爲全面性產後憂鬱的風險。回溯與檢視你的身體需要，是讓你從低潮中恢復的重要一步。

練習122

往下扎根

閉上眼睛。慢慢地呼氣三次，從3數到1，在你的心靈之眼中靜觀數字在倒數。看見數字1高大、清澈、明亮。

想像你正走進一座果園。聆聽你的腳步聲，聆聽大自然的聲音。

呼氣。你來到一個綠意盎然、滿是樹木的地方。你環顧四周，選一棵最吸引你的樹。

呼氣。往前走，伸出你的雙臂環抱那棵樹的樹幹，你的雙足深陷地底下。感受到你的腳趾成了長長的樹根。

呼氣。將你的左耳緊貼著大樹，專心聆聽那棵大樹的聲音，或是它說了什麼話。

呼氣。與那棵大樹合而為一。成為樹根，成為樹幹，成為樹枝和樹葉。同時感受到這棵樹的每一個部分，每一個組織。看見並感受到這棵樹所帶給你的精華和元氣騰然升起，直到你感覺精力充沛，完全恢復。

呼氣。離這棵樹幾步，往後看。此時此刻，你看到什麼？感受如何？你的這棵大樹看起來像什麼？

呼氣。你若對這棵樹的樣子不甚滿意，請想像你走向附近的一條溪流，將容器裝滿水後，再返回果園澆灌你的樹。現在，你的樹看起來如何？持續做下去，直到你滿意為止。

呼氣。睜開雙眼。

心力交瘁與情緒低落的問題，可以藉由聘請家務助手而得到改善；爲母的恐懼，則可透過身邊有相同經驗的資深女性朋友來爲你分憂解勞——你的母親、陪產婦或護理人員。讓她們來協助你排除困難與障礙，好讓你可以更從容地花時間認識你剛出生的寶寶，得心應手地面對寶寶對你的各種要求。你或許從來沒想過，有了孩子之後，必須承擔的後果與代價是如此巨大。如果你剛好是個完美主義者，你可能會因爲母親這份天職所附加的各種承諾與責任而感覺難以負荷。如果你覺得自己仍像個需要被照顧與呵護的孩子，那麼恐怕很難要求你這個大孩子去照顧另一個小嬰兒。難怪你老覺得自己動輒淚眼汪汪。

練習 123

安撫你的內在小孩

閉上眼睛。慢慢地呼氣三次，從3數到1，在你的心靈之眼中靜觀數字在倒數。看見數字1高大、清澈、明亮。

感知、看見並聆聽你自己像個孩子般哭泣。看看到底發生了什麼事？地點在哪裡？再環顧四周，看看當時陪在你身邊的人是誰？

呼氣。把這小孩抱起來，安撫她，告訴她，從現在開始，你會好好照顧她。
呼氣。把她帶出來，帶到大草坪上跑跳。向她允諾，她可以自由自在地玩樂並放心成長。
呼氣。當她長大了，再度與她擁抱，和她近距離彼此依偎，直到你們合而為一。
呼氣。睜開雙眼。

如果你產後低潮的狀況很明顯，那麼你可能也長期飽受經前症候群的困擾，那是個可預期的情緒起伏模式與生理症狀，不管是經前或經後，每一個女性朋友的經歷與困擾各不相同，嚴重的話甚至連一般的日常活動也會深受影響。這些症狀因人而異，但會在產後低潮時反覆出現。你需要理解並掌握一些實況，知道你的低潮和失落與荷爾蒙有關，而且沒有任何「眞正」的原因。不要試著去找出莫須有的緣由來穿鑿附會，或強加解釋你的低潮狀況，那只會把事情搞得更複雜。

另一方面，如果休息與他人的幫助對你而言都無濟於事，你不但難以集中精神，而且對寶寶與你身邊其他人都不感興趣，甚至開始出現自戕或傷害寶寶的幻想，那麼，你很可能已淪爲產後憂鬱症的潛在病患，而且狀況岌岌可危。產後憂鬱症是個亟需專業協助的嚴重疾病。有許多因素使你容易罹患產後憂鬱症，其中一個是個人憂鬱症病史，另外則是充滿壓力的生活環境（人際關係、經濟狀況與工作），以及家族遺傳病史的問題。這裡爲你提供一個簡單的練習，讓你在產後憂鬱初期症狀出現時，或純粹處於產後低潮的狀況下，可以即刻透過練習而消除殆盡。

練習124

丟掉憂鬱的你

閉上眼睛。慢慢地呼氣三次，從3數到1，在你的心靈之眼中靜觀數字在倒數。看見數字1高大、清澈、明亮。

想像你左邊有一面鏡子。看著鏡子，看見你自己憂鬱悲傷的影像畫面。

呼氣。伸出你的食指，往上指向太陽。當食指充滿光時，把食指放下，指向鏡子。用你發光的食指，將鏡中那個憂鬱悲傷的你切成兩半。

呼氣。將鏡中分割成兩個形象的你掃出來，丟棄到鏡子左邊。

呼氣。將鏡子轉移到你的右邊。看著鏡子，看見你在裡面，而鏡子裡的你，早已遠離憂鬱悲傷的生活與人生。看著那個充滿朝氣陽光的影像畫面，體會各種湧現心頭的美好感受。

呼氣。睜開雙眼，珍惜這個影像畫面與感受。

母親與嬰兒這個主題，在藝術作品上，經常容易成爲備受矚目與被高度頌揚的對象。我記得六歲的兒子有一次在義大利的西恩納博物館內奔跑，不久，孩子飛奔回來向我報告：「媽咪，還有更多的馬利亞與聖嬰啊！」母親與她們的孩子，一直是值得眾人引頸觀賞的美好創作；他們觸動人們內在最美好的溫柔、愛與歸屬感。你是個帶著孩子的母親，所以，請允許自己好好享受這份授予你們倆的無上殊榮，那是來自人性本質的肯定與特別的光輝。

塑身大改造

當你有了自己的孩子後，你的身體仍持續經歷重大的轉變。如果你覺得自己不再像往昔般迷人漂亮了，怎麼辦？如果你整個心思意念都充滿各種對自己身形外貌的負面想法，怎麼辦？你感覺自己的身體又腫又不舒服。你很害怕，擔心自己會不會回不去懷孕前的身材與外型了。你的分娩工程已經結束，但過去這九個月來所累積和儲存的重量，卻仍持續緊跟著你不放。你是不是可以保留一點餘地給自己？還記得你在第四章所做的「練習37：觀照孕程的身體變化」嗎？在這個練習裡，你設定自己的身體返回懷孕前最原初的樣子。你若任由那些惶惑憂心的念頭掌控你，那麼，你其實是在告訴你的身體，它再也回不去你極度渴望的體重與身材了。將那些消極的念頭與想法一把掃到左邊去（練習33：掃除枯葉），然後再積極回到那些充滿強烈欲求的練習上，提醒你的身體要回到原來的身形。記得，思想與念頭，比具體實現來得更早一步。保持你的思想與念頭，穩定對焦於你觀想的目標，然後一邊重複六個月前你曾做過的「練習37：觀照孕程的身體變化」。

練習125
雕塑完美體態

閉上眼睛。慢慢地呼氣三次，從3數到1，在你的心靈之眼中靜觀數字在倒數。看

見數字1高大、清澈、明亮。

對著一面落地的穿衣鏡，看著你現在的身體。

呼氣。將鏡子裡的影像取出，掃到左邊去。從鏡面裡看見你的身體歷經數個不同的塑身階段，原本渾圓豐滿的身軀逐漸減重雕塑，直到身體變得結實，精力充沛。繼續看，一直到你滿意為止。

呼氣。尋求鏡子的指示，讓它告訴你一個日期，看看你心中的完美體態與目標何時才能如願以償。看著那日期——日、月、年——出現於鏡面的右上角。

呼氣。你若對這個日期不滿意，從鏡子裡往左邊消除，然後再要求鏡子顯示出你需要改變的時間點，好讓你的目標早日實現。當然，這與你以什麼樣的心智、態度或方式來照顧自己有關。從影像畫面來觀看。透過改變你需要改變的部位，清楚顯示你要改頭換面的影像。

呼氣。再度看著鏡子，看到你完美的樣態，結實而充滿活力。看著，然後在鏡子上記錄你會如願以償的具體日期。知道自己已經設定了一個意圖清楚的目標，相信這目標將如期實現。

呼氣。睜開雙眼，用睜著眼睛的狀態，在腦海中看見你完美的身形。

當你的身體出現水腫狀況時，你需要釋放身體因懷孕而產生的多餘水分，但那需要幾天的時間才能解決。以下提供一個簡單的小練習，可幫助你排除這些水分。

練習126

排除多餘的水分

閉上眼睛。慢慢地呼氣三次，從3數到1，在你的心靈之眼中靜觀數字在倒數。看見數字1高大、清澈、明亮。

想像你站在一片青草地上。抬頭仰望日光，雙手向著太陽伸展，抓一把從太陽折射的紫色光束。

呼氣。以那道紫色光束圍繞你自己，從你的雙足一直往上，直到你的頭部。

呼氣。看見太陽拉著紫色光束往上移。你被吸引進入紫色螺旋裡，被擠壓與擰乾。與此同時，你的雙腳扎根，踩在地上。

呼氣。當你已將需要排除的多餘水分都徹底消解以後，感受紫色光束消融於光中。

呼氣。睜開雙眼。

子宮縮小到標準大小，需要至少六週的時間。（這六週時間要請家人代勞家務瑣事，好讓你有充足時間將自己與小寶寶照顧好。）你的腹部與會陰部肌肉已經鬆弛擴大。你可以先從凱格爾運動做起，開始進行緊實工程。以下練習，結合了身體動作與視覺心像，可以幫助你達成目標。

練習127

凱格爾視覺心像運動

閉上眼睛。慢慢地呼氣三次，從3數到1，在你的心靈之眼中靜觀數字在倒數。看見數字1高大、清澈、明亮。

想像你正在緊縮會陰部的括約肌，將外陰部與肛門緊緊關閉。你的大腿、背部與全身感覺如何？

呼氣。繼續進行這項身體運動。觀察你的身體是否發生任何改變。

繼續做兩次，第一次是影像化，接著是身體的實際操練。

每天至少做五次，以及其他任何時間，只要你想到都可以做。這項運動有助於下半身的肌肉與腹部更加緊實。

首先，分娩後六週，你才能開始這項重新塑身大改造的運動，而且要先接受你的醫生或助產士的檢查後再著手進行。你可以在生產後幾天開始一些比較輕鬆簡單的身體運動，譬如，調整骨盆前傾運動與修正版的仰臥起坐，但我所提供較為劇烈的視覺心像運動，則必須等到生產足六週後才開始進行。最理想的狀態是，先花些時間與寶寶建立自在的相處節奏，讓一切磨合進入更穩定的狀態，再開始身體的重新雕塑與改造。

以下提供的兩個練習，建議你每天做三次，每一次都在餐前進行。記得，當你的生理期重新開始了，你必須在當次生理期結束後才開始進行練習，一直到下一個生理期的開始。下一次生理期一來，隨即停止這個運動。如果你親餵母乳而生理期尚未報到，請進行爲期二十一天的練習，然後暫停七天，再重新開始。如果你覺得這項練習不會讓你太疲累或負擔太大，你可以連續進行三個月。

練習128

草坪上除草

閉上眼睛。慢慢地呼氣三次，從3數到1，在你的心靈之眼中靜觀數字在倒數。看見數字1高大、清澈、明亮。

想像你正在清理長滿雜草的草坪。你只有一台手動除草機。請開始除草，先以垂直方向進行，再以水平方向進行。

呼氣。當你推動除草機時，專注聚焦於你身體的動感：你的雙腳與手臂的伸展，感受你在熾熱天候下汗流浹背的感覺，留意嗅聞空氣中那些剛被割下來的新鮮青草味。

呼氣。當你結束除草工作後，看著你的草坪，同時感受到大功告成後的心滿意足與成就感。

呼氣。觀看「雕塑完美體態」（練習125），看看經過除草工作之後，你看起來如何？

進一步認清期滿之後、目標達成的那一天，你將以什麼樣的形象出現？

呼氣。睜開雙眼。

練習129

朝著目標前進

閉上眼睛。慢慢地呼氣三次，從3數到1，在你的心靈之眼中靜觀數字在倒數。看見數字1高大、清澈、明亮。

感知並看見你正努力穿過小小的針眼。感受到你的身體要如何竭盡所能地推擠壓縮，才得以進出這麼窄小的針眼。當你從另一邊穿出來時，你看起來如何？

呼氣。睜開雙眼，知道你正一步步朝向目標，以「雕塑完美體態」（練習125）所設定的日期，勇往直前。

如果你在塑身練習上持之以恆，你將看見顯著的效果。我的一位學生，單單專注於這項練習，不久便成功減重了近三十六公斤。然而，一如她告訴我的，她時時刻刻都在進行這項練習。當然，要時刻練習或許不容易，因爲你不但要費心費力照顧新生兒，還要努力恢復身爲家中女主人的各種義務與工作，還要繼續扮演其他孩子母親的角色（你若還有其他小孩的話），同時還要兼顧伴侶的陪伴者、好朋友與愛人的角色。

將全家人凝聚在一起

你現在是一人身兼三職——如果你還有其他小孩，那就不只三職了。這片伸展開的生活之網，網羅了另一位新成員加入你的家庭，然後再重新關閉起來。希望你的核心群體架構開始按著新的佈局與形態，自行運轉，重新組織，務求讓每一個成員之間都能和諧共處。觀想你把家庭這處夢田網絡凝聚起來，是很好的一件事。

練習130 沙灘上的曼陀羅

閉上眼睛。慢慢地呼氣三次，從3數到1，在你的心靈之眼中靜觀數字在倒數。看見數字1高大、清澈、明亮。

你與家人正在沙灘上。那裡的沙子顏色各異，五彩繽紛。要求每一個孩子，從年紀最小的開始，請他們挑選不同顏色的沙子。也請你為新生兒挑選一個顏色。

呼氣。為你的新生兒在沙地上畫一個圓圈，周遭圍繞著其他每一個孩子自行創作、不同顏色的樣式。

呼氣。看見它們圍繞著圓圈中心，屬於你家庭的曼陀羅開始出現了。當孩子們完成被分配的工作之後，你與你的伴侶接手將曼陀羅完成，使它與大家和諧共處，同時創建一個完整且完美的結構。

呼氣。看看這個曼陀羅的外型，認清它的結構與心境。你感覺如何？

呼氣。睜開雙眼，用睜著眼睛的狀態，在腦海中看見曼陀羅。

你年紀較大的孩子（或是孩子們），或許會感覺自己的優勢地位正被那個躺在嬰兒床裡的小生命給取代了。如果他爲此而憤憤不平，怪你將所有時間都給了寶寶而使他備受忽略，記得，此時此刻，一切理性溝通都沒有助益。面對此狀況，最有效的解決方式是透過「隔空溝通」來處理。

練習131 三條魚的探險之旅

閉上眼睛。慢慢地呼氣三次，從3數到1，在你的心靈之眼中靜觀數字在倒數。看見數字1高大、清澈、明亮。

你與寶寶和年紀較大的孩子在沙灘上。你決定要與他們一起跳入海中。當你躍入海裡時，看見你們三人瞬間都變成三條魚。

呼氣。看見你們一起浮起來，任由水流承載著你們漂流。感受並享受一起隨著海洋的水流節奏自由漂浮的感覺。

呼氣。當你讓兩個「小魚孩子」往前游時，你可以稍微後退。看見他們在珊瑚暗礁與色彩繽紛的海底植物周遭，自在優游與玩耍。

呼氣。緊跟上他們，然後將他們帶回岸邊。

呼氣。從大海中起來，返回你原來的樣子。抱起你的寶寶，另一隻手牽著大孩子，從海裡走出來，返回沙灘上。將寶寶高高舉起，伸展雙臂，朝向太陽；也讓你年紀較長的孩子學著一起伸展雙臂。你們三人繼續唱歌跳舞，直到溼答答的身體都被風吹乾了。看看你年紀較大的孩子現在如何回應小嬰兒，如何與他互動？

呼氣。睜開雙眼。

這趟偉大的探險，你的伴侶一直都陪伴在你身邊，一路相隨，但假若你沒有邀請他加入並參與你這段必須對新生兒付出全副關注的過程，那麼，你的伴侶極有可能也會陷入產後低潮。或者更具體地說，是因寶寶而被忽略的「伴侶低潮」。他或許會覺得自己已經付出足夠的耐心與關切了，而今，他很需要你重新將他的身分回復爲原來的愛人與知己。

或許要你再擠出更多時間與體力，已是一件加倍艱辛的挑戰，遑論你與伴侶獨處的時光，那可是現實生活中難以企及的想望。試試看讓這項挑戰注入一些樂趣與浪漫的情懷。你可以慢慢在生產後的兩至六週內，恢復你們之間的做愛，只要你覺得舒服自在。但假如你飽受睡眠不足之苦而筋疲力竭，甚至導致性慾低落，這樣的情況很常發生於親餵母乳期間（常態性的餵母乳會抑制排卵，因而被視爲最自然的避孕）。若然，別忘了你曾在受孕前進行的「練習24：綠草地上的色彩」。

練習132

另一半的你

閉上眼睛。慢慢地呼氣三次，從3數到1，在你的心靈之眼中靜觀數字在倒數。看見數字1高大、清澈、明亮。

想像你是圓形的其中一半，另一半則是你的伴侶。你感覺如何？發生什麼事了嗎？呼氣。睜開雙眼。

記得要爲你和伴侶安排一段排除寶寶，只有你們倆獨處的全新時刻。這個家庭是你們共同建立的，而你與伴侶更是這個家庭的重要奠基石。少了任何一個，這座建築物就會因無法穩固屹立而應聲倒塌。這個家庭的安穩喜樂，是從你的安穩喜樂開始，也從你們互相面對面、以安穩喜樂彼此相待開始。

恭喜你們，一切美夢逐步成眞。請繼續這個夢行修練。你的夢是一切創造的語言。你有能力爲一切挑戰建立起正面的結果——你透過善用視覺心像這個工具，學會了面對寶寶與家庭這些無從逃避的挑戰。永遠別忘了，要勇於做夢！

【第四部】

產後

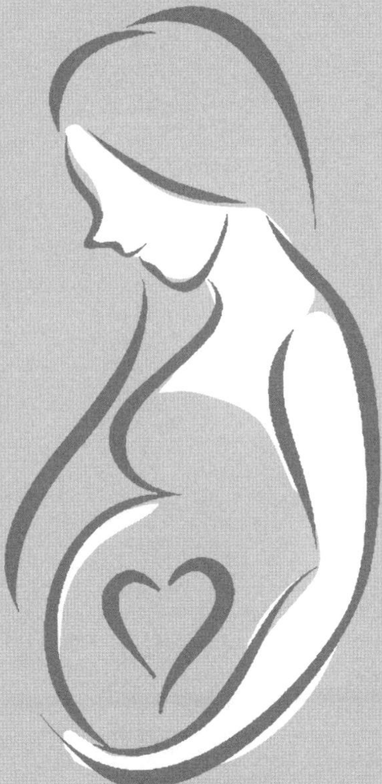

8 父親角色：美好的關係

「夢會追隨它的詮釋。」

——巴比倫塔木德（B'rachot 56B）

我們的神話與我們的內在聲音都告訴我們，早在分辨男與女之前，我們其實都是雌雄同體的生物。因此，當我們「男女有別」之後，我們便本能地想要再度合而爲一，於是男人與女人，一生渴望再度合體、渴望在一起。也因此，是「我們」——而非「她」——使我們透過愛的行動合而爲一，同心協力創造一個全新的宇宙。

然而，許多男人將懷孕的經驗視爲伴侶的身體工程，自覺全然與他們無關，而他們在整個過程中也自動退出了。如果你正是這類男人的其中一份子，請你再想想：你使她受孕，卻不代表你的創造任務就此結束。事實上，那只是開始。你的任務是繼續將你所渴望與充滿愛的溫暖，澆灌在伴侶身上，好讓她感覺更圓滿、更明亮，在她體內不斷成長的新生命因你的努力與關注，而獲得支持和滋潤。千萬不要覺得自己是多餘的或無關緊要的旁觀者。事實上，你的影響力舉足輕重。你所付出的生命力與溫暖，是另一半急切需要的元素，讓她得以藉此孕育在她體內不斷成長的創造物，一如不斷茁壯的美夢。總之，她需要你，她不能沒有你。

你的任務與職責，是持續保有你對這份創造的意圖、目的與關注；你的使命是消除所有減損、削弱或阻撓那份意圖與目的的障礙，好讓伴侶體內那個出於你們彼此的集體創造，得以活潑健康地成長。就像盡責的好農夫，你撒種了。而今，你必須全心全力去守護、維繫與孕育你所種下的植栽。雖然少了你，種子還是會存活，但它卻無法長得枝繁葉茂。

準備好當爸爸了嗎？

你可能還在隨心所欲地做自己想做的事，豈料突然被伴侶的一則宣告嚇壞了，搞得你有些心煩意亂——「有個寶寶在路上了！」好吧，你決定要陪伴對方走這段孕程，歡迎這個遲來的想法——我要當爸爸了。也或者，你把伴侶的這趟懷孕之旅，視爲純粹生理衝動的一場意外，然後央求你的伴侶把腹中胎兒「解決掉」。

若然，請駐足沉思一會兒。從受孕開始，寶寶的靈魂便是活的，而且有意識的。你的孩子聽得見，也知道你心中的想法與計畫。許多人透過催眠或視覺心像重返子宮的經驗，爲我們佐證了這一點。我曾經親眼見證男女學員中最崩潰的經驗，就是他們「記得」自己在子宮內曾經如何被棄絕。他們的恐懼與哀傷，是悲劇性的災難。面對自己某些反應上的認知與強度，連他們自己都常感訝異。許多人後來都從他們的父母口中獲得證實，那些經歷確實符合當年的實況。

即便面對最愛的伴侶，也不要把受孕當成機率問題而等閒視之。當你想好要懷孕時，最好保持警惕與覺知。透過召喚你的孩子來構築你的意圖，是面對這件至關重大的事，最值得採取的態度與方式。

練習133

準備好當爸爸

閉上眼睛。慢慢地呼氣三次，從3數到1，在你的心靈之眼中靜觀數字在倒數。看見數字1高大、清澈、明亮。

想像一個明亮清澈的白天，你站在一片青草地上，抬頭望著天空。你看見一朵白雲緩緩地從天空的左邊飄過來，你看見孩子的靈魂出現在這片雲彩中。

呼氣。當你的孩子出現時，問問他，你需要在他報到之前，準備些什麼。面對孩子的誕生，你必須為他做出什麼改變或準備什麼東西嗎？格外用心關注你所聽到的答案。

呼氣。當你聽聞且看見了，快快答應你的孩子，你將盡速處理以確保他的抵達可以安全無慮。感謝他如此耐心指示你。

呼氣。睜開雙眼。

準備好自己，可能意味著修正某種情緒上的失衡、清理某種根深柢固的信念、或是標示出某種身體性的需求。也有可能是你需要關注自己的經濟狀況是否穩妥，或是家裡的狀況是否在掌控之中，一切安好。

你與伴侶之間的親密關係一直都很融洽，你們是彼此心目中的焦點與重心。一想到你可能即將失去她——即便那個把她搶走的人是你的孩子——不禁令你感到恐懼，尤其你小的時候若曾被你的母親或照顧者忽略、受到冷落孤立、甚至被遺棄的話，都會加深你內心的恐懼。現在，該是時候照顧好某部分惶惑不安的你，否則這份懼怕將使你退縮，最終令你難以突破與成長，甚至無從體驗更深刻、更美好的經歷與喜樂。

練習134

擁抱受傷的孩子

閉上眼睛。慢慢地呼氣三次，從3數到1，在你的心靈之眼中靜觀數字在倒數。看見數字1高大、清澈、明亮。

探索你的內在小孩。他在哪裡？他在做什麼？

呼氣。回應他的需要。找個方法，努力讓他開心，讓他滿足，讓他快樂地成長。

呼氣。看見你的內在小孩完美地成長，直到長得跟你一樣高，高到可以與你眼神對望。然後，擁抱他。當你這麼做時，感受到你們的呼吸節奏合而為一，你們肌膚緊密碰觸，難分彼此。接著，發生了什麼事？

呼氣。睜開雙眼。

照顧你的內在小孩，意味著你將不再被遺忘或忽視，也不再被遺棄或錯待。這樣的轉移，讓你從外在的求助系統轉爲內在，並重新找到深藏於內在的力量，這樣的企圖與努力對你將來準備承擔的「父親」角色，顯得異常重要。當你的孩子出生以後，你將面臨接踵而來的各樣挑戰。先讓自己成爲你內在小孩的父親，是舉足輕重的關鍵，讓你準備好自己，接受挑戰。

另外，有些根深柢固的信念其實似是而非，難以辨識。它們看起來如此習以爲常，這些慣性思維早已被視爲理所當然的想法，要不是有人指點你，使你認清那些思維的盲點，你恐怕會永遠對此視而不見。另一種辨別信念系統的方式，是透過你如何不斷重複某些話語，抑或不自覺地重複某些行為模式來辨識與判斷。我們大部分的思維盲點可以從以下狀況一窺眞相——我們以一種角度看待自己，卻以另一種對立的角度看待別人，譬如：「我是男人！休想要我去洗碗盤！」

練習135

看到正反兩面的自己

閉上眼睛。慢慢地呼氣三次，從3數到1，在你的心靈之眼中靜觀數字在倒數。看見數字1高大、清澈、明亮。

呼氣，將自己視為受害者。呼氣，將自己視為犯人。

呼氣，將自己視為奴隸；呼氣，將自己視為主人。

呼氣，將自己視為老人家；呼氣，將自己視為年輕人。

呼氣，將自己視為貧民；呼氣，將自己視為國王。

呼氣。睜開雙眼。

有意識地受孕

你現在已經準備好要實踐你心中的意圖與目標。但在開始之前，先想想要如何與你的伴侶協調並達成共識。建立共識的過程，意味著你與伴侶之間要同心同意。這樣一致的步伐，來自你們共享的節奏。如果你們一起共創音樂，你將明白那種同心一致、緊密相連的感受。你的身體便是你最獨特的樂器。從最簡單的節奏——你的呼吸開始。想要完美地調和你們彼此的呼吸節奏，你們可以一起練習，也可以分開練習。

練習 136

調和你和伴侶的呼吸

閉上眼睛。慢慢地呼氣三次，從3數到1，在你的心靈之眼中靜觀數字在倒數。看見數字1高大、清澈、明亮。

看見你自己站在伴侶面前。專注於她的呼吸節奏。現在，請觀察你自己的呼吸節奏。你們的呼吸節奏有何不同？

呼氣。想像有一個節拍器在你們之間左右搖擺，從左到右，再從右到左。感受到這個節拍器如何尋找一個介於你們之間的節奏與拍子。你的呼吸如何？伴侶的呼吸如何？你現在感受如何？

呼氣。睜開雙眼。

雙方的調和與達成共識，並非一種固定不變的狀態，而是不斷修正與改變的風景。試著把這樣的狀況想成音樂上的隨興變奏。你的能力越強，便越能把變奏旋律彈成定旋律，或將它當成你們伴侶關係的主題曲，如此一來，你們彼此之間的共識與共鳴便會更融洽與和諧。那對於促進彼此關係的努力上，是一種不可或缺的能力。你越能修飾與優化你的技能，則當你想要受孕時，便越容易達成濃情蜜意的最高峰。在受孕的剎那，感受到彼此的合一與同心，可確保你的寶寶是在最理想的時間點來到這個世界。

老人家的智慧是對的：不要心懷憤恨、恐懼、哀傷、怨怒、或帶著違背個人意願的心態受孕；更不要在兩人親密做愛時，幻想著他人。事實上，卡巴拉學家相信，在進行性行為時的意圖與心境，可以將「美好」的力量帶入這個世界。缺乏內在的意圖或意志渙散，將對宇宙的秩序與連貫性造成難以挽救的大破壞。卡巴拉學家與佛教徒都相信，當兩個人在做愛時，他們共同創造「靈體」或愛的包覆，而靈魂也將傾注在這個靈體之中。卡巴拉學家稱此為「狄奧克納」，這個靈性圖像，是為靈魂而披上的外衣。想要保有愛意的強烈、純粹且聚焦於更高的美善目標，你們兩人共同追求的靈性形式，顯得異常關鍵與重要。「當一個男人在做愛時，他必須讓自己保持聖潔，如此，神聖的孩子才可能為他而降生。」

緊接著要進行的練習，是一項古老的作業，古代的卡巴拉學家會將這個練習教給婦女，幫助她們受孕。除非你已經坐下來準備開始練習，否則請勿閱讀。這個練習只需進行一次即可。

練習137

在光裡受孕——父親的作業

閉上眼睛。慢慢地呼氣三次，從3數到1，在你的心靈之眼中靜觀數字在倒數。看見數字1高大、清澈、明亮。

想像你抬頭仰望一座翡翠綠的山丘，山頂上有一棵高聳入雲的大樹。向自己描繪那棵樹的樣子。

呼氣。當你開始踏步登上山丘時，看見你的伴侶從山的另一邊走上來。

呼氣。感受到那股想要相見的熾烈愛意與渴望。當你們終於面對面時，你們擁抱、手牽手，一起坐在那棵樹下。

呼氣。看見天空的藍色蒼穹圓頂漸漸往下趨近大地，環繞著大樹與你們兩人。

呼氣。看見一束藍光從天空圓頂之內抽離而出，進入你與伴侶之間的藍色空間，然後急速進入伴侶的子宮，牢牢根植在子宮裡。

呼氣。看見這道明亮的光芒在伴侶的子宮裡。

呼氣。天空的圓頂回歸到原屬於它的穹蒼。那道光則繼續在伴侶的子宮裡閃閃發光。

呼氣。你們起身，手牽手走下山，一邊走一邊看見伴侶的子宮裡熠熠生輝。

呼氣。睜開雙眼。

你們已經在想像當中會面，並且從光裡受孕了。而今，你們還需要在眞實世界裡邂逅。以下這個練習，是爲要強化你們對彼此的愛慕與渴望。每一次當你想要親身見面或純粹想激發對彼此的熱情，大可使用這個練習。這是從男性角度出發所寫成的內容：提醒你留意，紅色是爲你而設定的顏色，橘色則是針對女性。

練習 138

綠草地上的色彩——父親的作業

閉上眼睛。慢慢地呼氣三次，從3數到1，在你的心靈之眼中靜觀數字在倒數。看見數字1高大、清澈、明亮。

看見自己置身遼闊無邊、蒼翠繁茂的草地上。草地的另一邊，站著你的伴侶。看見她，你感到非常欣喜與興奮。

呼氣。當你們走向彼此時，留意她所散發的顏色，以及你的顏色。

呼氣。看見那顏色越來越明亮，越來越發光發熱。看見她呈現越來越亮麗鮮豔的橘色，你自己則越來越綻放出明亮如紅光的色澤。

呼氣。當你們合而為一時，看看彼此激盪出什麼樣的創造物。

呼氣。睜開雙眼，用睜著眼睛的狀態，在腦海中看見這一切。

你可以隨心所欲地練習，次數不限。你若確定自己已準備好要受孕，我建議你每晚睡覺前都進行這個練習。這項練習可以刺激你的慾望，同時強化彼此之間的愛意。記得，一切外在的瑣碎事物都不需要去費心關注，你只需專注於彼此，同時將連結你們雙方的奧祕放在心上，因爲那是強化創造的力量。最強大的力量，莫過於愛。

你的伴侶可能當下就受孕了，也可能你還需要一段時間等候孩子的到來。等候的時間對你而言，可能是一段漫漫長路。你也可能因爲等不到期待中的希望或遇到挫折，以致心情備受影響。不要因此而意志消沉。別忘了，等待是蛻變必備的重要元素，也是許多宗教信徒視爲發展內在力量與強烈意圖的主要工具。透過集結你的力量，你正在興建一座電力強大的廠房。請好好善用這個工具與力量。每當伴侶的生理期來，意味著懷孕的希望落空時，你可以用此工具與力量，幫助你的伴侶走過失望、挫折與憂傷的低谷，以此來建立信心，重獲耐心，繼續堅持下去。藉由這個方式，結合每一個持續累積的愛與信心，於是你越挫越勇，因爲鍛鍊自己的勇氣，是一份源自內心的力量，足以吸引一個「神聖的靈魂」走向你。當你的孩子終於臨到你的人生中時，他將是你一心想要接待的貴客，他是你們盡心、盡意、盡力召喚的那一位。

角色的轉變，以及你將得到和失去的

你那位向來性情穩定、凡事胸有成竹的伴侶，是否忽然情緒大暴走、心情起伏不定又難以捉摸，甚至動輒流淚啜泣？她是不是變得很黏人？早上起床不再像過去那樣貼心爲你準備早餐，而是抱著馬桶吐個不停？你的尋常生活是不是受到中斷與干擾？當另一半學著適應新一波湧入體內的荷爾蒙，以及面對另一個外來身體（意即她自己的孩子）占據她子宮的種種情況時，你也正面臨一個全新的挑戰與棘手的問題：「我是否可以面對和承擔這些責任？」

過去，你或許可以選擇在情感關係裡，維持一種淺嘗即止、明哲保身的姿態；但如今，因著承諾與懷孕，你的責任已被託付，你顯然沒有逃避的理由了。擔心失去獨立自主的生活、失去性生活、或甚至失去另一半只爲你而付出的關懷，都是可以理解的，但也可能爲此在你心中造成許多困擾。一般而言，知道寶寶已上路這件事，難免會引發各種情緒反應，包括：懷疑、擔憂寶寶的發育與生存狀況，你的伴侶面對和處理這種狀況的能力，某種對懷孕這件事感到不眞實又不切實際的惶惑，面對整個懷孕過程時的抽離，伴隨著自責、甚至怨懟……。如果你是第二次或第三次（或更多次）當爸爸，也許會因爲伴侶的心力交瘁，而令你不得不一肩扛起所有的「女性」職責與家務。更慘的是，爲要供給日益壯大的家庭，你還必須重新衡量你的能力，包括情感承受與經濟負擔。你感到矛盾、焦慮、驚嚇嗎？請進行以下練習。

練習139

黑色三角形

呼氣，看著你呼出的那口氣，將它視為你前方的一縷黑煙，逐漸形成一個阻礙你路徑的黑色三角形。持續不斷呼出黑煙，在此過程中看見三角形黑煙不斷變大。一直持續到你的呼吸越來越清澈，越來越透明。

現在，對著三角形用力一吹，將三角形打散成千萬個碎片。

再度呼氣，看見碎片逐漸消融殆盡。

第三度呼氣，看見所有裊裊煙霧都消失了，前方道路也暢通無阻。

睜開雙眼，看見前方暢通無阻的道路。

「黑色三角形」這個練習，能有效清理你的思緒。你若能連續二十一天，每天早上很有規律地練習，將可訓練你的身體建立一種自動清理焦慮的機制。你甚至不需要去思索；身體自會曉得如何放下焦慮不安。但如果你飽受慢性焦慮症所苦，那麼，停止練習三天，然後再重新開始一個二十一天的循環。持之以恆會帶來徹底的改變。

其中一種處理焦慮的方法是正面迎戰，讓自己準備好去面對你需要做的事。拿出一張紙，把所有要做的內容，詳列成待辦清單，這麼做或許能減輕你的焦慮。但如果你不是「清單控」，而且很容易被一堆待辦事項壓垮，那麼，左腦的活動對這類人恐怕不是最佳解決之道。以下為你介紹一個用右腦思維的處理方式與練習。

練習140

大步跨出去

閉上眼睛。慢慢地呼氣三次，從3數到1，在你的心靈之眼中靜觀數字在倒數。看見數字1高大、清澈、明亮。

觀察前方一條清空的道路，穿上魔幻靴子，往前跨一大步，看看這雙靴子會帶你往何處去。你遇到了誰？你看到了什麼？

呼氣。睜開雙眼。

任何時候，只要你有需要，永遠都有機會採取其他步伐，做出其他選擇。這雙魔幻靴子將爲你提示有關自己的潛意識頭腦如何思索，也顯明你此時最需要集中精神去做，以及最重要的下一步爲何。

創造富足

當你一聽到伴侶懷孕時，最自然與立即的反應，莫過於對財務經濟與家庭開銷的考量。即便懷孕這件事早在你們的計畫中，即便你們歡天喜地地殷切期待，然而，現在寶寶已經在路上了，只有冷漠無感的人才會不擔心有了小孩之後所衍生的經濟負擔。如果你的左腦開始踩油門猛衝，不斷追加那些可怕的數據，沒關係，就讓它完成它該做的。然後，切換到你的右腦，開始專注於富足與豐盛。富足與豐盛一直都存在於夢行狀態的世界裡，而我們竟忘了，夢，可以幫助我們在任何時候、任何地方落實一切。金錢是一種能量的形式，足以創造立即性的轉變。你付出一美元，換取一杯咖啡。你是否可以在這個世界付出你的精力，同時換取富足和豐盛（以金錢或其他形式）作爲回饋？你幾乎時時刻刻都以這樣的方式在工作。現在，你出現了某個「啊，這就對了！」的想法，然後透過各種必要的步驟，一步步將這些想法落實。

但是如果你只領一份固定的薪水，你能怎麼做？你覺得除此以外，還能再實證或落實其他更多的面向嗎？試試看吧！

練習141

將你最好的給出去

閉上眼睛。慢慢地呼氣三次，從3數到1，在你的心靈之眼中靜觀數字在倒數。看見數字1高大、清澈、明亮。

想像你朝著太陽舉起你的雙手。感受到你的雙臂不斷變長，你的雙手越來越靠近太陽，越來越溫熱，也越來越明亮。

呼氣。收回你的雙臂，恢復原來的長度。將發光的雙手放入你的身體內，集結你所有最棒的特質與優勢，然後從身體內伸出你的雙手，將你最好的一切貢獻給這個世界。

呼氣。看看這個世界以什麼來回饋你的付出。如果沒有任何東西，或反倒有些不愉快的事情發生了，那可能意味著你尚未獻出你最好的一切。

呼氣。繼續上述的動作，再度將你的雙手放入你的身體內，集結你所有最棒的特質與優勢，將你最好的一切貢獻出來。

呼氣。聽見這句話：「給出去，你最終將會領受十倍的收穫。」看著這個世界所給予你的回饋。帶著感恩的心接受。

呼氣。睜開雙眼，用睜著眼睛的狀態，在腦海中看見世界所賜予你的禮物。

如果你覺得眼睛所見的一切令人難以相信，而且不相信的念頭拖延得太久，讓你難以抓住心靈之眼裡的影像畫面，那麼，請一天多做幾次。當你沒有對你的影像畫面進行觀想，那就讓它滲透到你的心靈之中吧。這些影像畫面將扮演強而有力的磁鐵，吸引並落實你心裡的想望。爲了如願以償，你必須設定一個瓜熟蒂落的明確時間表。

練習142

看見影像畫面成真的日期

閉上眼睛。慢慢地呼氣三次，從3數到1，在你的心靈之眼中靜觀數字在倒數。看見數字1高大、清澈、明亮。

看見你自己站在一片青草地上。天空萬里無雲，陽光耀眼明亮。

呼氣。朝向太陽伸出你的雙臂。看見雙臂在朝向太陽的過程中越伸越長。抓一把光束，在天空的右上角畫一個光之圈。

呼氣。現在，以黃金筆在圓圈的外圍寫下「實現富足」四個字。

呼氣。要求在圓圈中顯明一個日期（顯示日月年的具體日期），標示「實現富足」何時可以如願以償，美夢成真。不要勉強生出一個日期；請耐心等待並看著第一個出現的日期。

呼氣。睜開雙眼，用睜著眼睛的狀態，在腦海中看見這個日期。

你已完成了所有右腦要求你設定的富足程序，以及相關的具體行動。記得，不要限制你對富足與豐盛的定義，包括擁有更多的金融資產。然而，富足與豐盛也可以意味著擁有良好的支持系統、可以放心倚靠的好朋友、溫暖的社群網絡、健康的食物、充滿溫馨與愛的家庭。這些富足的多元面向都很重要，所以別忘了這些要求。建構一個猶如神燈般「瓶中精靈」的信念（潛意識的右腦），可以使你從中學會辨識這些策略是否奏效。如果你得到了一些結果，記在腦海中，並以同樣的策略應用在其他你想要實踐的目標上。你花越多時間去驗證，你的信念系統將建立得更好、更多。

探觸男性柔軟的一面

對大部分男人而言，被告知自己即將升格當爸爸時的心情，無疑夾雜著興奮與不眞實感。你開始經歷並發現，你的伴侶全神貫注於自己身體的變化。你爲此感到高興又驕傲，但同時不免感覺自己仿若置身一片新天地的陌路人。嚴格說來，那是女性的領域，男人會保持抽離與斷線也是理所當然的。但眞的是這樣嗎？就像伊甸園裡的亞當，你是夏娃的另一半。與你的另一半、以及她的懷孕過程保持疏離，乃是源於你個人無法平衡你內在的男性與女性角色。你是否喜歡自己內在的男性部分？你是否認同你內在的溫柔感性，並容許這些特質被彰顯？

練習143

平衡內在的陰與陽

閉上眼睛。慢慢地呼氣三次，從3數到1，在你的心靈之眼中靜觀數字在倒數。看見數字1高大、清澈、明亮。

朝鏡子裡看，看見你的男性那一面。你覺察與感受到什麼了嗎？

呼氣。轉向鏡子的另一面，在鏡子後方，看見你的女性陰柔部分。你覺察與感受到什麼了嗎？

呼氣。看著兩面鏡子合而為一，成為一個共通與共享的內在空間。看見你陽剛的男性與陰柔的女性特質面對面。它們彼此相見歡，或是難以面對？

呼氣。如果它們難以面對彼此，伸展你的雙手，往上朝向太陽，讓雙手充滿陽光，然後將雙手放下，伸進鏡子裡，看看有哪裡需要維護修補，即刻進行調整，好讓你內在的陰陽兩面得以一見如故，歡喜相見。

呼氣。睜開雙眼，用睜著眼睛的狀態，在腦海中看見這場會晤。

如實表達你想對伴侶和寶寶說的話

你的孩子有長達九個月的時間，在你伴侶的子宮內成長。想像那是一趟特別高難度而精緻的蛻變之旅，就像一朵花的盛開，或由不可知的一雙手，精心設計、完美呈現的芭蕾舞步。透過螢幕上伴侶的第一次腹部超音波影像，你得以一窺當年的伊甸園竟在你眼前展示。第一次在螢幕上看見你的孩子，應該會令你怦然心動，激動莫名。你將騰然升起一股強烈的渴望，想要竭盡所能去保護這對母子，使他們免受任何傷害。這會激發與鼓勵你的責任感，但或許也會反效果地使你深陷焦慮與失控的狀態。別忘了，你擁有處理焦慮的工具（參考「練習139：黑色三角形」）。不妨先試試看這個練習。但假若你的恐懼與需求來勢洶洶，試著不要將你的這些心理負荷丟給你的伴侶。反之，試著爬梳自己的情緒與感受，說出那些使你害怕、生氣或嫉妒的緣由。如果這麼做會使她承受太多壓力而難以負荷，那麼，學習透過「隔空溝通」的方式，在夢行狀態中傳遞這些訊息。記得，溝通永遠是最佳策略與解決之道！

練習144

光之橋

閉上眼睛。慢慢地呼氣三次，從3數到1，在你的心靈之眼中靜觀數字在倒數。看見數字1高大、清澈、明亮。

看著在你眼前的伴侶。全神貫注於你身體內的反應，然後請你對著自己，詳細敘述與形容身體內的感受。你現在感受到哪部分了？什麼顏色？質地構造如何？

呼氣。後退三步。

呼氣。現在，再度看著你的伴侶。你有什麼感覺？

呼氣。往內觀照你的內心深處，看見你對她的愛意，以及這份愛的顏色。將這個顏色當成光之橋，傳送到她那裡，探觸她的心。

呼氣。使用光之橋來傳送你的話語和影像給她，確保你把握住這個時機，把你需要溝通的所有內容都藉此機會溝通完成。

呼氣。留心觀察，看看她是否回傳什麼訊息給你。

呼氣。睜開雙眼。

你或許沒有能力完完全全地保護她，確保她心神平靜、快樂無憂，但你至少可以陪伴在她身邊，滿足她的需求。事實上，她最大的需求不過是擁有你的支持。腹中的孩子是否健康，有賴於你的伴侶的安全意識與自我價值感。而你，是你的伴侶最重要的夥伴、朋友與守護者。如果你忽略或錯待了她，你其實也傷害了躲在她體內的小生命。她如何觀察小生命完美地在她體內成長，你也當如此悉心觀察。你的孩子有一半的遺傳基因是從你而來的，所以，這個小生命需要你充滿慈愛的關注，而且是長時間的關注。當你觀想他健全而完美地成長時，你的小生命也將對你的傾心投入有所回應。

你需要一個讓你可以隨時參考的表格，上面清楚標示胎兒在伴侶子宮內一週一週的成長與變化（網路上可以找到許多不同版本的胎兒成長標示圖）。每一週都對照檢查，了解你的小寶寶在媽媽肚子裡的成長與變化，然後觀想他健全地在裡面成長。譬如，如果絨毛（胎盤的根）深植於伴侶的子宮壁上，看著它們「根深柢固」；如果你的寶寶正在發展手指，觀想那些可愛的手指頭健全地發展完成。

練習145

進入子宮探視寶寶——父親的作業

閉上眼睛。慢慢地呼氣三次，從3數到1，在你的心靈之眼中靜觀數字在倒數。看見數字1高大、清澈、明亮。

想像你正站在伴侶背後，你趨前從後面環抱著她。充分感知撫摸她肌膚的觸感。覺察並且看見自己在剎那間與她合而為一，將你的身體與你的雙眼，與她的身體與雙眼，緊密融合。

將你的雙眼往內觀照，開始到她的子宮遊歷。你的雙眼炯炯有神，宛若兩顆發光體，照亮前方路徑，一路往內深探她的身體，一直到羊膜囊。當你抵達那裡時，湊近凝視那片被一層透明薄膜包覆的水，看到你的寶寶在那裡，自由自在地漂浮於那片澄藍的羊水之海。

呼氣。對你的寶寶說話（稍後當寶寶發展到可以張開眼睛的階段，屆時你可以一邊和他對話，一邊和他對望，進行眼神接觸）。毫無保留地向寶寶傾吐你的愛，善用話語與視覺心像，對他說任何你想說的話。向他確認你對他的愛，告訴他，你有多期待他的到來。

呼氣。向寶寶說明你可能經歷的某些壓力或驚嚇。安撫他，請他不要擔心，一切都會沒事的，他在羊膜囊裡會安全無慮，他會安穩地蹺縮在媽媽的心臟之下。

呼氣。提醒寶寶他正處於哪個發展階段，同時觀想他身上的器官或身體部位都完美地發展。（記住，身體的發展每週都在改變，所以，你要對每週不斷變化的發展進度保持高度關注，同時觀想每一個器官與部位都完美無瑕地成長。）

呼氣。告訴你的寶寶，你現在得離開了，但向他允諾，你將於今晚重返此處探望他。告訴寶寶，你雖然忙著處理其他事務，但他一直在你心上，安穩無慮，而且備受你的保護與照顧。

呼氣。讓你的雙眼從內在返回現實情境中。

呼氣。離開伴侶的身體。感受到你用正面身體支撐著她的背部。感受到你對她與孩子的愛，深深圍繞著他們倆。

呼氣。漸漸遠離。你深知自己將持續支持他們，愛著他們。

呼氣。睜開雙眼。

確保你對伴侶腹中的寶寶大聲說話。他需要聽到你的聲音，就像他需要聆聽母親的聲音一樣。當寶寶出生以後，你會發現，寶寶有百分之八十的機會會對你的聲音有感，進而轉向你，而非轉向其他陌生人。對著伴侶腹中的寶寶唱歌或玩輕拍的遊戲，也是一種與寶寶建立關係的好方法。寶寶經常會以踢腳來回應你在肚皮外的呼喚。有一個能時時刺激他的環境，即便是在子宮內，也是一件很棒的事。在子宮裡成長到十六週大的寶寶，已經開始對外界的聲音與刺激有反應了。

愛那個曾被父親傷害的你

觀想你是伴侶和未出生寶寶的支持者，是他們的生命樹。透過這樣的過程將提醒你——你和你的孩子一樣，是個有父親、有祖先的人，而且你的孩子與你的這些祖輩血脈相連。你將基因遺傳給了你的孩子，你也同時將祖輩們的習性與個性傳輸給你的孩子。當伴侶的肚子一天天大起來，當你開始從螢幕上看到寶寶的身影時，那份迫在眉睫的職責，將讓你陷入過往的記憶中，令你想起自己的爸爸，是一位怎樣的父親。你喜歡像他那樣的父親嗎？如果他是個焦躁易怒、暴力相向、拒絕小孩或缺席的父親，那該如何是好？如果你的性情和你父親一樣，怎麼辦？在充滿力量的《聖經》中記載，上帝「我必追討他的罪，自父及子，直到三四代」。❶坦白說，這樣的命題常讓我感到震撼。這太不公平了！但顯然我們的祖輩們似乎對潛意識這玩意兒有些了解。這血脈相連的連結，確實使我們無法袖手旁觀，或對此置之不理。

「有其父必有其子」的恐懼，有不可抹除的真實性，甚至可能影響你與寶寶之間預料之外的某種連結與牽制。或許，該是時候面對這種恐懼了。

❶《出埃及記》20: 5-6（New York: ArtScroll Mesorah Publications）。

練習 146

切斷過往的負面繩索

閉上眼睛。慢慢地呼氣三次，從3數到1，在你的心靈之眼中靜觀數字在倒數。看

見數字1高大、清澈、明亮。

回溯你與父親最早期那段難以相處的時光。看著你當時置身何處，發生了什麼事，當時幾歲。

呼氣。想像現在的你——成年後的你——往前走向當年的你，站在當年那個還是孩子的你身邊，告訴他，你現在在保護他，所以他可以暢所欲言地表達，娓娓道出他真實的感受。他必須以童稚的聲音來說出他想說的話。

呼氣。告訴他，你將要剪斷他與父親之間的這條負面繩索。切斷這條繩索。發生了什麼事？

呼氣。將那孩子帶到青草地上跑跑跳跳。陪他一起玩。告訴他，他現在可以自由自在地成長了。

呼氣。看見這孩子開始透過不同的成長階段，從童年、到青少年、到青壯年，然後長到你現在的高度，與你面對面站著。

呼氣。直視眼前這位「另一個你」，擁抱他。當你們相互擁抱時，見證當下的狀況。

呼氣。睜開雙眼。

觀想你的孩子完美誕生

當孕期循序來到第八個月時，你會開始爲育嬰事宜做準備，爲寶寶的到來採購各樣物品，「有小孩」

的想法變成一個越來越強烈的實況。此時，因著規律地練習「進入子宮探視寶寶——父親的作業」（練習145），你已將未來寶寶的影像，清晰而深刻地根植於你的心靈之眼中。根據研究資料顯示，你已超越其他沒有練習的父親，因爲他們只能將未曾謀面的寶寶視爲一個抽象概念，或是看成一個五歲大的孩子，大到可以一起追逐打鬧了。而你卻不然，你可以「眞正」看見你的孩子，看見他以一個完全成型的嬰兒來到你面前，而且你很快便要將他扎扎實實地抱在你的臂彎之中了。

現在該是與寶寶一起複習分娩事宜的時候了。把這項生產計畫，想成與你的好朋友一起規劃一趟激流泛舟活動：首先，你針對具體的細節，想像這趟旅程，這麼做有助於幫你預先評估各種可能遇到的結果，同時訓練你勇於面對即將發生的危急險途。這也是運動員常做的觀想練習。這個視覺心像劇本，可以讓運動員的表現更完美無瑕。運動員透過他們的內在觀照來訓練他們的肌肉。你正在做的事——從某段距離看來——是在訓練你的寶寶以最完美的姿勢來到這世上。

練習 147

為分娩過程彩排——父親的作業

閉上眼睛。慢慢地呼氣三次，從3數到1，在你的心靈之眼中靜觀數字在倒數。看見數字1高大、清澈、明亮。

看見你的伴侶站在你前方，請你跨越彼此間的空隙，從後方與她的身體融合在一起。看見並感知到自己大腹便便。

將你的眼目轉向身體內。你的雙眼炯炯有神，明亮得足以照亮前方道路。你一路走進羊膜囊裡。

呼氣。當你臨近此處時，看見你的寶寶自在而舒適地漂浮在一片清澈的藍色羊水裡。

呼氣。與你的寶寶眼神交會，對他微笑，和他説話，告訴他你今天想對他説的所有話。

呼氣。告訴你的寶寶，你即將和他一起進行他的生產彩排。你要向他一一解説與指示所有生產的細節和過程，讓他知道要準備好出生了。告訴他，你一想到即將親眼見到他、擁他入懷，你是何等興奮與期待。你將引導你的寶寶觀想一段完美的出生過程。

呼氣。觀想寶寶的頭朝下轉，臉朝母親的薦骨，那是最完美的出生姿勢。看見臍帶在肚臍上方浮起，自由自在，毫無阻礙，維持一切最佳狀態，直到生產。

呼氣。看見寶寶的頭部宛若停靠在一支倒立的花莖上，原來含苞待放的花蕾逐漸盛開，一瓣一瓣，直到整朵花完全盛開。

呼氣。現在請觀想你的寶寶隨著一股沖刷而下的水流和潤滑油，朝花莖往下滑動；臍帶依然自由自在地漂浮。

呼氣。看見你的寶寶透過倒立而盛開的花朵，探身而出，進入一座景色優美的花園。

呼氣。再度看見你站在伴侶的旁邊，伸出雙手，準備好要親手迎接寶寶的到來。當你的孩子從母親的身體滑出來時，你立刻伸手抓住他，緊緊地抱著他。

呼氣。看見你將寶寶放在伴侶胸前。看見你的寶寶安穩地躺在母親的臂彎中。當小嬰兒第一次看著你的臉時，請好好感受那股難以言喻的興奮與喜樂。諦聽全世界為你這位新生兒的到來而歡欣鼓舞。

呼氣。睜開雙眼。

面對你的期待和不安

當伴侶的孕肚，從肉眼已看得出越來越往下墜時，就意味著產期將近了。有個專有名詞，特別用來形容這段準備分娩前的狀態——腹輕感。這段期間，腹中寶寶的頭部已經往下移至伴侶的骨盆腔，隨時準備好要出來了。如果你與伴侶已經和寶寶充分溝通、協調好，這個過程將不會有任何障礙，寶寶將準備以最理想的胎位生產，那就是胎頭朝下、頭部曲屈，頭頂靠近子宮頸口的位置，臉部面向媽媽的背後。倘若你的孩子胎位不正，你還是可以引導你的伴侶進行「幫寶寶調整胎位」（練習73）的練習，藉此幫助寶寶調整姿勢。如果寶寶最終還是沒有轉移胎位（若已出現腹輕感，則扭轉胎位將顯得益發困難），或根本沒有按著你所觀想的影像畫面而頭部轉下，請不要爲此自責。畢竟，最了解情況的是寶寶自己。我曾經接觸過一個個案，是寶寶堅持要雙腳先出來，結果竟發現，原來是寶寶的臍帶太短。由此可見，寶寶其實知道要如何不讓自己被臍帶纏繞。幸運的是，現今的助產士與醫生都能在事前充分掌握各種狀況與後果，針對不同情況而決定要以自然產或剖腹產來接生。這個嬰兒的母親因爲努力練習「陽光油滴」（練習64），雖然寶寶胎位不正而且雙腳先出來，但寶寶滑出產道的時間卻出奇地又快又輕鬆！

初爲人父潛在的恐懼驚惶，經常會在第一個分娩徵兆出現時跟著浮現。這其實很正常。你肯定驚魂未定，情緒緊繃，不斷想著接下來會發生什麼事！若不是這樣，那你就是個冷酷無情的人了。如果你的心智被一堆尖銳刺耳的問題吵翻天——太太會平安無事嗎？寶寶會有完整的腳趾嗎？我可以成爲一肩扛起所有重擔的男子漢嗎？萬一我倒下了呢？看來，最可靠的辦法就是等著好消息傳來。好好閱讀所有分娩選項的清單（見181頁），事先與伴侶、助產士或醫生，針對這些選項進行充分的溝通與對話。知道自己該預期什麼，可以令你在最後關頭時沉著冷靜，給你勇氣去面對剛剛那種無從招架的混亂。勇氣（courage）來自法文「coeur」，是「心」的意思。是的，放心，你會沒事的，一如大部分待在產房的男士們一樣。

練習148

跳火圈的勇氣

閉上眼睛。慢慢地呼氣三次，從3數到1，在你的心靈之眼中靜觀數字在倒數。看見數字1高大、清澈、明亮。

看見自己是馬戲團裡的一頭獅子。你的馴獸師正說服你跳躍三個火圈，一個比一個更小的火圈。要完成這項艱鉅的跳火圈任務，需要無比的勇氣、膽識與決心。

呼氣。當你的腳跳完第三個火圈並站在地上就定位時，你變回了你自己。你內在出現什麼樣的改變？你現在感覺如何？

呼氣。睜開雙眼。

如果你覺得充滿期待和興奮，但心情仍舊糾結著害怕與亟欲逃離的想望，或許與陪產婦一起合力面對，可以減輕你的焦慮不安。畢竟，這方面是她的專業。如果你對這整件事仍覺得不安，寧可選擇不陪在產房現場，請和你的伴侶說明你的想法，並尋求分娩專業人士來幫助你。請誠實並直接表達自己的感受。他們會尊重你認眞面對的勇氣。

第一階段：擴張與過渡

你對自己被賦予的角色，感到越來越無助、脆弱與焦慮不安，你甚至開始懷疑自己是否能勝任這個支持者的角色。與此同時，你的伴侶或許也開始對自己生平第一次宮縮感到擔心懼怕。極有可能她這階段的宮縮屬於假性收縮，但既然你已經讀過相關的懷孕資訊，你可以向她確認並安撫她，那不過是正式生產前的假宮縮，稱之爲「布雷希式收縮」，意味著軟化子宮頸的工作已經啓動了。你的判斷源於她不規律的宮縮，而且沒有越來越頻繁而加劇，尤其當她一變換姿勢，宮縮也隨之停止。熟知一些臨床實況，使你對自己掌握現狀的能力更有自信，也更曉得如何處理眼前的各種狀況。

當伴侶的宮縮越來越規律（你要負責計算宮縮間隔的時間），而且越來越劇烈，你會知道分娩的時刻眞的開始了。如果你們計畫在家生產，立即打電話聯絡助產士（你若已聘請陪產婦，也要趕緊致電對方），是你當下最需要做的事。如果你已決定要在醫院或生產中心分娩，你最主要的工作是盡速將伴侶送達目的地。不要等到醫生或伴侶告知你時候到了，你才倉促趕往醫院。只要發現伴侶腳步踉蹌，好像喝醉酒的樣子，而且聽到她說眼睛昏花、看不清方向時，那肯定是快要分娩的時候了。你事前應該已想過要如何將她送往預定的地方，等待分娩。所以，你當下需要做的是，將你準備好的計畫，按部就班地落實。當你的計畫被突如其來的事打亂時，不要因緊張而亂了陣腳。相信夢行狀態——即便交通擁塞，也能在百般艱難的困境中，找到一條突圍而出的方法與出路。

練習149

使你一路平安的藍金色道路——父親的作業

把那些令你筋疲力竭、拖累阻礙你、以及使你沮喪消沉的一切，當成一股從窗户吹出去的黑煙，瞬間被户外的植物吸收而煙消雲散。看見伴侶的子宮頸打開。

吸氣。把天空中藍金色光芒吸進來。看見這道光束深入你的鼻腔，充滿你的喉嚨與嘴巴。

緩緩地將藍金色光束從口裡呼出，創造一條充滿藍金色光芒的道路，一路從你的住家延伸到醫院。看見這道藍金色光芒抵達醫院，當醫院大門一打開，光芒直接進入，同時充滿整間產房。

呼氣。看見你們倆在車內，跟著這條發光的道路，一路到達醫院。確信這道光將為你們開路，指引你們平安從家裡一路抵達目的地。看見你們倆平安抵達了，而且被迎接帶入產房，你的伴侶也將在那道光中，平安生產。

呼氣。睜開雙眼。

如果你經常扮演最終決策者的角色，這個時候，恐怕你得主客易位，轉換角色成為協調者了。此時此刻，伴侶的需要，肯定是最優先的考量！在醫院，你有三重角色要扮演：讓她靜養免受打擾；與醫生、助產士和護理人員溝通交涉；還有，當她脆弱無助以致無法做決定時，代替她做決策。對一些男士而言，面對分娩，或許是他們踏入「為父之旅」的第一步現場訓練：學習忘記自己，專注照顧另一個人。既然你已預先進行過許多相關訓練，你早已超越別人一大步。你已經在練習中深入伴侶的身體內，助她一臂之力，與她一同分憂解勞。你可以去覺察與預期她的所有需求，不管她要的是背部擦拭或腳底按摩，或她只要你握著她的手。如果此時此刻她不想要你靠近她，那也沒關係。別忘了，一切以她的需要為優先！

還有，你是重要的計時員。為了讓子宮頸打開，好讓寶寶可以順利經由產道而滑出子宮頸，伴侶的宮縮會越來越強烈。當你發現正式宮縮開始時，記得帶著她一起進行「嗶嗚」呼吸法，輕而柔和地呼吸。

練習 150

「嗶嗚」呼吸法——父親的作業

慢慢地呼氣，好像透過一根長吸管，從你的下腹部開始呼出來的一口氣。發出非常輕聲的「beuu」音節來進行呼氣。一開始，你在口裡發出這個聲音，然後再慢慢帶到你的喉嚨，最後到你的腹部。漸漸地，這個聲音應該像一陣輕風吹拂樹葉般不著痕跡。嘗試以非常微弱而輕柔的聲音來發聲，把它想像成飄揚上一條又長又柔軟的彩帶。持續練習這個呼吸方法，直到你能毫不費力且近乎安靜地完成。

爲伴侶示範這個呼吸法，藉由引導她，你其實是支持她在宮縮期間將呼吸調整得更和緩、更順暢。如果開指還沒啓動（這部分由婦產科醫師與護理人員來判斷），請用「deee……」發聲法來呼吸，這麼做有助於子宮頸擴張。

練習151

讓神聖的通道敞開——父親的作業

呼氣並發出「滴」（de）的聲音。將聲調提高為deeeeee……，盡己所能地按著你感覺舒服的程度來延長這個聲調。同時觀想伴侶的下半身部位，從裡而外都打開了。看見她的子宮頸逐漸打開。

吸氣，讓空氣進來。將吸進來的空氣視為一道金光，流動並往下深入她的子宮頸，以溫暖的金黃色日光將它包覆起來。

重複上述動作三次。

呼氣。睜開雙眼。

在整個呼吸練習過程中，持續溫柔地對她輕聲低語（最理想的位置是在她左耳旁，這個位置可以直接把話傳進她的右腦與潛意識中），能帶來極大的效應。提供以下練習，使你更能掌握成效。

練習152

黃金油滴——父親的作業

閉上眼睛。慢慢地呼氣三次，從3數到1，在你的心靈之眼中靜觀數字在倒數。看見數字1高大、清澈、明亮。

想像你捕捉了一束太陽光線，裝入一個水晶小瓶子裡。雙手握著小瓶子一段時間。看見瓶子裡的光線轉為液態黃金油。

呼氣。喝下那瓶油，看見它往下滑入你的臀部，一直到骨盆腔的骨頭結構裡。看見它在你整個骨頭結構上塗抹油料塗層，然後再進入你的肌肉組織裡。

呼氣。看見那瓶油如何開始慢慢擴散，進入你的骨盆周遭。看見肌肉慢慢變得柔軟且彎曲自如，骨頭結構開啓，與油一起呼吸。看見骨盆底層變得越來越柔順與敞開。

呼氣。看見油滴往下滴入你的肛門，然後持續擴大與軟化你的組織，輕而易舉便順滑而出。

呼氣。睜開雙眼。

如果你正在引導伴侶進行練習，請用以下這三句，代替上述最後三句的提示：

呼氣。看見油滴滴入你的子宮，然後持續擴大與軟化你的組織。看見你的子宮頸輕輕鬆鬆便開啓了。看見你會陰部的肌膚變得柔軟、如黃金般發亮、充滿彈性，並且伸縮自如。

呼氣。想像你的寶寶正朝向正確的姿勢旋轉，並且被包裹在黃金油中，輕而易舉便順滑而出。

呼氣。睜開雙眼。

在兩次宮縮之間，提醒伴侶要休息。而你自己也別忘了要休息！

當她休息時，不要叫她睜開雙眼。那是她的夢行時間。當她處於夢行狀態時，她對疼痛渾然不覺，疼痛沒有痛感，反而是一種擠壓感。唯有當她被打擾時，疼痛才會忽然湧現而爆發。你的任務是保護她免受任何紛亂不安和不必要的干擾。如果她免不了受到攪擾時，請讓自己先安靜下來，藉此幫助她盡快返回夢行狀態。

分娩過程中，最強烈的過渡時期不會超過十五分鐘至一個小時。宮縮變得頻繁，停留高峰期的時間更久。循序來到這個階段時，你需要引導她進行「隨波起伏(2)」（練習93）。爲了方便你練習，我特別在這裡重複提示。

宮縮開始時，吹出一縷黑煙，同時把心中可能累積的壓力、恐懼或痛苦都吹出來。看見黑煙被户外的植物所吸收。

吸入從天空而來的金黃色光芒，看見它進入你的身體，流動、溫暖與撫慰著你，每一個它所觸摸過的地方都被融化、變得柔軟與擴張了。

感知並看見金黃色光芒融化、柔軟與擴張你的額頭；融化、柔軟與擴張你的下巴；融化、柔軟與擴張你的肩膀……胸部……下腹部。看見這道光芒往外擴散傳送，流入你的子宮裡，以融化、柔軟與溫暖的金光包覆你的子宮。看見溫暖的金光包覆寶寶的頭，融化子宮頸，融化陰道肌肉、會陰、內側大腿、小腿與雙足。

呼氣，同時恢復你原來的自然呼吸節奏，在一陣波濤洶湧之後，享受片刻的安頓，你知道一切都按部就班地進行，無比美好。

讀到這幾個詞：「融化」、「柔軟」與「擴張」時，請你們刻意放慢並拉長這幾個字的讀音。這些延長音有助於伴侶面對每一次新湧現的宮縮時，隨波起伏，趕上下一波感知的浪潮。請你陪著她一起進行這些視覺心像練習，如果她很急切，而且極度仰賴你，請你特別爲她而做。除此之外，也請你用手支撐她的下背部。她會感受到你的手接觸她身體時所傳來的溫暖與愛意。

當她的子宮頸口已經全開了，她將出現筋疲力竭的狀態。如果她厲聲尖叫，聲稱自己快承受不了了，迫不及待馬上要接受硬脊膜外麻醉的注射（醫生無法在那個時間點爲她注射），請你提醒她，她所經歷那種鋪天蓋地的忍無可忍，是短期間過渡時期的典型症狀。告訴她，很快就會過去的，她即將進入第二階段的分娩，宮縮會在很長的停頓之後出現。提醒她，她就快要承擔起積極主動的角色，卯足勁，把寶寶推擠出來了。

第二階段：推擠與生產

頃刻間，原來那股來勢洶洶、如狂風暴雨般的宮縮，倏地一陣煙，過去了。你們甚至爲此出奇平靜的時刻，感到萬分驚訝。現在，你的伴侶終於有些時間可以在這段較長的宮縮間隔，好好休息一會兒。此時，你可以提醒伴侶：「光之海洋(2)」（練習75）、「安住在神聖者手中」（練習74）、或「讓白雲承載你的恐懼和焦慮」（練習94）的練習，好讓她藉此稍事休息，重新獲得再戰的力量。在下一個宮縮開始之前，鼓勵她用力推擠。但如果沒有感覺到宮縮，請保留體力，絕不容許任何人叫她用力擠壓。

當你的伴侶享受難得平靜的節奏轉換時，你可以在她背後，調整一下自己的姿勢來支撐她的背部。當她蹲下時，你也可以從後方抱著她。如果你也在醫院，你會被要求往後站，護理人員會接手這些工作，醫生也將進到產房來。他們會告訴她何時該用力推擠，以及如何推擠。如果你可以說話，請提醒她記得「嗶嗚呼吸法」練習與「黃金油滴」練習。告訴她要大聲發出「嗶嗚」聲，一邊發聲呼吸，一邊用盡最大力氣推擠，就像用力排出硬便那樣。「黃金油滴」可以派上用場，而且很有功效。你將與她一起用力推擠（產房內的所有人都會一起鼓勵你們）；你幫不了自己，因此，你只能給她最大的力量和強力的鼓舞！她需要用力把寶寶推擠出來。

很快地，醫生會請你站到病床末端，見證那最動人的「著冠」時刻：就是寶寶的一小戳頭髮（或光頭）和小小頭顱，最初出現在陰道口的刹那。當他滑出產道時，請你準備好把他接住。記得，他渾身滑不溜丟的，因爲他被一層薄膜覆蓋著，那是一片白色滋潤厚層，在羊水浸泡的環境下，可以保護寶寶的皮膚。所以要把他抱好，但又不能抱得太緊而壓扁他。不妨想成一條剛從水裡抓起來還在扭動的魚吧！

現在，把你的新生兒放在伴侶的胸前。歡呼吧！

你們一起歷險平安歸來了。這是你與伴侶「著冠」的成就，終於大功告成。最終，千呼萬喚，你終於和你們合力創造、獨一無二的小生命見面了。另外，請無需擔心寶寶出生時的第一聲嚎啕大哭。事實上，寶寶未必一生下來就會哭，而是因人而異。接受「靈性胎教」的寶寶，相對於那些不曾接受這些訓練的寶寶，他們的第一口呼吸往往是安靜而輕鬆的。寶寶會睜開清澈無邪的雙眼，觀看這個新世界。當他聽到你們的聲音時，會開始平靜地尋找媽媽的臉，還有你的臉。

我把這段心滿意足的美好時刻保留給你們仨了，沒有任何事可以攔阻這段完美的連結時刻。

美好的連結

媽媽比爸爸更會照顧小孩，是否是大家普遍認定但卻似是而非的觀念？這問題值得重新思考一番！心理學家蘿絲．派克（Ross Parke）歷經長期研究後發現，男性對親子教養的體貼與投入，與女性的表現不相上下。在沒有任何約束的情境下，爸爸也可以很稱職地抱著寶寶，搖晃、安撫與摟抱，一如媽媽那般熟練。我們都知道小嬰兒很迷人，令人忍不住目不轉睛地盯著看！這種欲罷不能的現象，稱之爲「全神貫注」。事實上，父親與母親一樣，面對自己的小寶貝都會全神貫注，愛不釋手。

你與寶寶的連結，打從他出生時，你與他最初的見面和擁抱便已開始。身體的親密感非常重要，可以將你們才剛剛共同歷經的生產大工程所造成的疲憊與艱辛，一掃而空；彷彿只要看到寶寶，所有辛勞都忘得一乾二淨了。當你抱著小生命，近距離看著他時，心中湧現的愛早已把所有情緒都消除殆盡了。如果那種情感的深刻連結並未在當下立即發生，別擔心，時候到了，自然會出現。以下提供一些基礎的連結練習。

練習153

與你的寶寶連結——父親的作業

呼出一縷輕煙，讓所有困擾你、折騰你、陷你於幽暗低谷的糾結，都隨著輕煙呼出。透過吸入新鮮空氣，吸進從天空傳來的藍金色光束。

看見並感受到這道藍金色光束進入你的鼻腔，往下流入你的喉嚨。

看見這條閃動光線的巨河流動到你的背部，進入你的雙腿、雙腳與腳趾。看見這道光束從腳趾長出來，越來越長，長成藍金光天線。

現在，看見這條閃動光芒的河流往雙腿逆流而上，直到你的骨盆腔與心臟，同時形塑成一道強烈而閃動的藍金色光芒。

呼氣。從你的心臟之光，撒下一片藍金色大網，覆蓋著你的寶寶。感受並看見你的孩子沐浴在這片溫暖的保護之光中，你透過一縷一縷的光線，向寶寶傳達你對他的愛。觀看並感受到寶寶如何向你回應。

呼氣。看見那亮光往上流向你的肩膀，再往下流向你的雙臂、雙手與手指，伸展出你的手指，猶如延長的光之天線。把你的寶寶抱在你左手肘的臂彎中，靠近你那灼熱發亮的心臟。看見並感受到你的寶寶安穩地沐浴在愛與柔和的藍金色光芒中。感受到這份無比珍貴的情感連結，深入你的身、心、靈與意志之中。

呼氣。睜開雙眼，用睜著眼睛的狀態，在腦海中看見這份連結。

當你不得不暫時離開你的寶寶時，想像那道藍金色光芒，從你的心臟四面八方地網住他。當你們分開時，你的寶寶將持續感受並體驗你那令人安心的同在，同時覺得很安全。如果你對這方面有興趣，想更深入探索，建議你可以從本書的練習105之後，進行與「連結」有關的額外練習。

一日為父，終身為父！當你的寶寶漸漸長大了，他將反映出你內在最溫柔的想法與最美好的希望。你若持續實踐連結練習，這些反映與回饋也會跟著劇增、成長。不管前方的挑戰有多艱鉅困難，永遠都不要放棄為寶寶而做夢行修練，更不要放棄與他一起做夢行修練。永不停止溝通。你將發現父親這個身分與角色，將成為一段獨一無二、興奮精采且值得珍視的旅程。

【結語】

當你的孩子夢見你

「夢想轉化爲現實，現實又催生夢想。這種互生關係，造就了生存的最高境界。」

——作家　阿內絲・尼恩（Anais Nin）

看著小寶貝完整的十根手指與十個腳趾，眼前的小生命對你扭動著創造的奧祕。她就是你一切最壯麗與美好夢想的實現。她存在的這份力量，超越你的癡心妄想，那是你始料未及的一份希望。因爲她，你想像中抽象的美夢，如今成爲包裹著一層溫暖肌膚的眞實肉體，白白胖胖的模樣，那雙似曾相識、炯炯有神的雙眼，深不可測——她的存在本身就是一個啓示！

她的出現，比你所能想像的一切天賜夢想更加眞實不虛。她展現屬於自己的人生，像一條埋於地下的水流，在你最不期待的情況下，暗潮洶湧，鑿出自己的一條水道。你或許想說，自己不過是通往生命之流的中空容器。其實不然。你與伴侶都各自把你們的一部分生命，分享給你們的孩子了。只不過當小寶貝從母親的產道掙扎而出時，她的眞實存在不但超越你們倆，更是實實在在、可觸摸、可期待的存在。而這趟自我發現的旅途，也由此開展。

你一腳踏入未知境地。你的小寶貝正迫不及待要向你揭示「她即將指示你的那片土地」，但她不讓你看得太遠，而是先讓你專注於當下最急迫的需要——她的奶香，她細膩的皮膚，她伊伊呀呀的牙牙學語，她熟睡時那一聲聲和緩微弱的鼾聲。請你耐心等待，先降服於她難以抗拒的神奇魔力吧！她終將指示你那條道路，慢慢的，一日復一日，一步一步來。

你一度以爲你是創造者。而今，你的孩子——你的美夢成眞——正在創造你。她創造全新的你，一個你從未夢想過的你。你要如何回應她對你的塑造呢？

如果一切漸入佳境，你對她的第一印象應是一種無比濃郁的歡樂、驚豔與狂喜。她的到來引發了許多高峰體驗，那是人生中少有的經歷。時間的腳步緩慢下來，出奇地沉靜，她的每一個姿勢、一顰一笑都無懈可擊，近乎完美。在最初的存在與互動中，她使你沉醉於生命的奧祕之中。你因此探觸到創造的源頭，身心煥然一新。

然而，在這份狂喜持續探觸你深層的存在之前，所有現實將很快重申其立場，使你瞬間從絢爛回歸平淡，被繁瑣的現實生活占據而分身乏術。那不代表你對她「起初的愛」消失或減弱了，而是當下，你必須先學會爲一個不受拘束的小嬰兒換尿布，或安撫這個小傢伙近乎失控的嚎啕大哭。她是否明白我的意思？她的體重會增加嗎？她爲什麼哭個不停？我是不是哪裡做得不對？

在欣喜的過程中，悲傷潛入了，甚至連自責愧疚、憤怒與恐懼都悄然登入。爲何會有愧疚、憤怒與恐懼？經驗不是非黑即白，而是錯綜複雜的一體多面。你的寶寶會將你帶往高低起伏的愉悅舞步，糾結在冷暖、奶水與糞便之中。這個過程充滿喜樂與疲憊，各種知性與感悟從四面八方蜂擁而至，無可逃脫；你將被直接驅往一個被稱爲天堂的地獄。長皮疹、心臟瓣膜閉鎖不全、腹瀉，以及無數個高燒不退、無法成眠的夜晚。歡迎你來到歡樂刺激的親子世界。

萬一你的小寶貝不是你所期待的，怎麼辦？萬一她遺傳了爺爺的大耳朵或媽媽的黑痣呢？萬一……萬一你的滿懷歡欣因爲擔心她的健康而蒙上陰影呢？或對她的缺陷感到驚恐憂心呢？萬一你的小寶寶無法通過產道而存活，或一出生便夭折呢？不管任何情況，記得她是上天賜予你的禮物，在一段特定的時間內，送給她的父母——你們。終究有一天，她會長大，然後轉身離開你們，走向她自己的人生。「他全然屬於我！」一位朋友在他兒子出生時這麼說道。而我的回答是：「謝天謝地，你有二十年時間可以努力。」

當你以爲你正無拘無束地騎乘於你的夢想之上，事實上，是你的夢在騎乘著你。也許我們可以說，這是一個對白？一如衝浪者，你將學會屈服於俯衝而來的浪潮，但別忘了要徹底發揮夢境所教導你的技巧與掌控能力，迎上浪頭。還要常常記得，你的這個寶貝，雖然是你長久以來最珍貴的「如願以償、夢想成眞」，但她永遠不是你可以隨意占爲己有的對象。

練習154

光之海洋(3)

閉上眼睛。慢慢地呼氣三次，從3數到1，在你的心靈之眼中靜觀數字在倒數。看見數字1高大、清澈、明亮。

看見、感受並記得，一如所有人類，你與你的寶寶也是生命巨流中的一份子。

呼氣。將生命巨流視為光之海洋，那是一片將你與寶寶撐起來，然後再緩緩將你們帶往浪潮的高峰。

呼氣。感知並看見你與寶寶如何轉化成為光，你身上的每一個細胞都轉而成為光。看著你們倆與光之海洋合而為一。

呼氣。當浪潮衝上海灘時，順勢騎上光之浪潮。

呼氣。現在，回到原來的自己，把寶寶抱入懷中。坐在光之海洋高高捲起的浪潮上，靜心冥想。聆聽波濤洶湧的浪聲與寶寶平靜的呼吸聲。

呼氣。當孩子信任地躺在你懷中、頭貼近你的心臟時，你為她的體重與散發出的嬰兒香而感恩不已，喜不自勝。

呼氣。睜開雙眼。

隨著寶寶的出生，她不僅帶來大大的問號，也引進許多艱辛的功課。身爲父母——這是你開始轉換而得的新身分，不論順境或逆境——你已被教會，要愛你所有，也要在寶寶身上找到可愛之處。愛她的大耳朵，愛她的怪癖、脆弱與缺陷。好好愛她，並且爲她而感恩。長久以來，你一直在學習如何面對、服務與信任你的夢行意識，而這個小寶貝，就是由此想望而來，有一天也要由此而去。

所以，日日夜夜，請爲此而不住地感謝；透過喜樂，透過懼怕，透過讚歎，透過嫌惡，總之，就是要藉此而感恩。你有機會被調整，學習爲了他人而無私付出。你何其幸運，命中注定可以實踐如何不分彼此、付出無條件的愛的功課，那是只有父母爲自己的子女（不管是親生或領養的）才能做到的境界。

當小寶貝引導你一同來跳這支關係之舞時，你不但要樂於回應，而且要甘心一起編織「付出與回報」的夢境，永不放棄。繼續在夢行修練中看她之所爲、之所是，然後繼續爲她而夢。她是噩夢嗎？是不斷重複的夢境？還是奔騰不休或清澈無痕的夢？她會因不同的成長階段而各自精采。請以最單純的意圖來回應她必要的夢境，如此一來，你將與你的寶寶建立一種親密的互動與關係，一種幾近奧祕的境界。珍惜並好好守護這一切。你再也找不到其他夢境，比當父母更美好、更值得期待了！

練習155

在快樂與痛苦中得到平衡

閉上眼睛。慢慢地呼氣三次，從3數到1，在你的心靈之眼中靜觀數字在倒數。看見數字1高大、清澈、明亮。

把喜樂與痛苦，想像成兩大夢境實體。你留意觀看，你的哪一隻手緊握著喜樂，哪一隻手緊握著痛苦。

呼氣。將兩隻手，以及手上各自帶著的夢境實體，手掌對著手掌。感受到那股熱度與滋潤。

呼氣。當你的兩隻手緊緊相連時，仿若一隻手，請把手打開，捧成杯狀。現在，請看看你手上有什麼東西？

呼氣。睜開雙眼，用睜著眼睛的狀態，在腦海中看見這一切。

出現在你呈杯狀的手中的影像畫面，是個悖論，一如《聖經》中，先知以賽亞論及一種二分化的國家平穩狀態：「豺狼必與綿羊羔同居，豹子與山羊羔同臥；少壯獅子與牛犢並肥畜同群；小孩子要牽引他們。」❶不管你所看見的影像畫面是什麼樣的平安光景，讓它對你映照。請繼續觀想，不要停止。讓它指引你前行的道路，跨越各種爲人父母的挑戰與難處。記得，「有一名孩子將指引」你，看吧，那位你夢行意識中的寶寶，已將一位眞實而奇妙的孩子賜給你了！

---

❶《以賽亞書》11:16，欽定本聖經，2000。

【附錄二】

靈性胎教案例實錄

克勞迪婭．萊肯（Claudia Rosenhouse-Raiken）提供

「花園」練習的成效

德希蕾被分配到緊急產房區。她準備迎來第二個孩子，而她的羊水早已經破了。第二胎通常來得又快又急，產房內一團混亂：人們倉促進出，而她的丈夫不在哪兒，機器聲此起彼落，每個人似乎都在跟時間賽跑。我對這許多突如其來而大量的混亂感到無所適從，赫然發現似乎錯過了某些東西，於是我問道：「我有沒有教你有關花園的練習？」我們隨即展開練習，就在幾分鐘之內，不僅德希蕾的情緒冷靜下來，就連整個產房裡的氣氛都從紛擾雜亂轉爲平靜。半小時後，她的女兒就在舒適與平和的氛圍下出生了，醫生與護理人員忍不住歡欣鼓舞！

關於「花園：準備剖腹產手術」的實驗與驗證，其實是來自陪產婦辛迪亞的構思，她曾在一個醫院的團體裡學過「靈性胎教」，也曾在同一家醫院擔任過長達數年的婦科／產科護理人員，認識院內的許多醫生。辛迪亞最終克服了一些質疑的聲音，大膽地在一名產婦身上使用「花園：準備剖腹產手術」。她打電話給我時，興高采烈地尖叫：「簡直難以置信！眞的有效欸！整個氣氛完全改變了！」

分娩時背痛與臍帶纏繞

自從善用「靈性胎教」之後，我在學員身上幾乎不再發現任何分娩時背痛的狀況，而寶寶臍帶纏繞（通常以繞頸最爲常見）的比例也大幅下降。光是「爲分娩過程彩排」（練習62）就已爲分娩時背痛的問題，帶來極爲顯著的改善。在兩百個分娩個案中，只有一個在分娩時經歷下腹部的疼痛，而且僅在某個時間段落之間發生（在美國，生產腰痛的正常比例是百分之三十）。「爲分娩過程彩排」也大幅下修了臍帶纏繞的問題。

有一位學員在返回南美洲的智利後，打長途電話給我，語氣顯得異常沮喪消沉。她懷了第二胎，幾個禮拜後就要生產，而超音波檢查卻告訴她，寶寶的臍帶不只繞著自己的脖子好幾圈，也把自己的左腳纏繞住了。我帶著她進行「靈性胎教」的練習，幫助她透過視覺心像練習解開臍帶，同時提醒她去做那些生產前會進行的彩排與練習。她問我，是否可以持續進行鬆綁臍帶的視覺心像練習；我的經驗早已證實，視覺心像確實可以隨即生效，因此我鼓勵她持續進行這項分娩練習，只要在練習的過程無法看清臍帶「自由自在地漂浮」，就要立刻展開「鬆綁纏繞的臍帶」（練習96）的練習。

兩週後，她寫了封電郵給我，表示在最近一次超音波檢查中，喜見寶寶的臍帶已在羊水裡自在漂浮，不再纏繞了。不久後，這位媽媽便輕鬆而平安地生下寶寶。

寶寶往下移動

我的一名學員安妮特，在接受了硬脊膜外麻醉之後，子宮頸的開指完美，子宮頸變薄的狀況也很理想，但是寶寶卻「居高不下」，一直下不來，而且看起來也似乎沒有往下移動的跡象。我當時去爲學員準備冰塊，正好遇見負責爲安妮特接生的醫生從另一間產房走出來。醫生私下跟我說：「你看著吧，安妮特肯定得接受剖腹產手術。肚子裡的寶寶太高了。寶寶肯定下不來了。」

我拿著冰塊走回產房，對著產婦與她的丈夫說：「讓我們集中注意力，專注影像化肚子裡的寶寶滑動到花莖之下（「練習62：爲分娩過程彩排」的其中一部分練習），讓寶寶順利出來，然後被你抱在懷裡。」於是我們開始練習。不到一小時，寶寶便已往下移動了，下降程度從負2移動到接近標準位置的正1，這位產婦最終成功把孩子推擠出來了。我們都大喜過望，當然，沒有人比婦產科醫師更興奮激動了。類似的經驗，重複兩次發生在同一位醫師的病患身上。即便醫生直接向產婦表達他的關切和考量，或直接向我吐露實情，而寶寶就如上面所描述的，在期待之下，順利往下移動到正確位置。

在過渡期產程調整寶寶的姿勢

我的學員泰，向我描述她的寶寶如何在過渡期產程調整姿勢。那簡直是一場充滿戲劇性的轉折與經歷。

當我們抵達醫院時，泰已經開八公分了，但宮縮狀況仍相當輕鬆。看著她如此沉著淡定，但卻已進入生產的過渡產程，醫生與護理人員都不禁大吃一驚。其實，在她準備生產前幾週，泰早已告訴我，她計畫要在開八公分時接受硬脊膜外麻醉注射。雖然一切狀況看似相當理想，她仍不改初衷，想要接受麻醉注射。當她入院完成檢查程序後，她的子宮頸已經變薄，也完美開了八公分，但她仍堅持要麻醉注射。麻醉後，當循序進入開了九點五公分時，所有程序開始停頓。

大約兩小時後，醫生走進來，爲她做了些檢查。醫生預估寶寶的姿勢與位置有些偏離。「通常這意味著寶寶的頭沒有朝向最正確的位置，」醫生進一步解釋：「我們再看看你是否完全開指。如果再過一、兩個小時依舊沒什麼動靜，那麼恐怕就要考慮接受剖腹產手術了。」

醫生轉身離開後，我幫助泰透過視覺心像，將她的眼目往下轉向寶寶，同時檢查寶寶的位置。內在視覺往往超乎尋常地準確無誤。泰告訴我，寶寶已經稍稍移動到左邊了。我告訴她，觀想自己的手臂與雙手進入光中，再深入寶寶所置身的位置，然後協助寶寶調整她的位置，找到最完美的姿勢。泰告訴我，她將寶寶的頭部往中心對焦，調到她自己的恥骨關節。我問她，當她把手放開時，寶寶是否位居正確的位置與姿勢，泰的答案是肯定的。

十五至二十分鐘之後，我要她再度透過影像畫面自我檢驗一番。每一次檢查，都發現寶寶的姿勢越來越理想。而最振奮人心的是，所有的開指與準備推擠等生產徵兆都已成熟。當醫生抵達時，驚呼大叫說，她從未見過產婦在分娩前，腹中的寶寶竟有這番戲劇性的大轉折，尤其在準媽媽已經接受麻醉注射的情況下：「簡直是太神奇了！」三十五分鐘後，泰順利產下女兒。

漏斗反轉，中止早產

丹妮斯其實對視覺心像的想法仍有些猶豫不定。她樂於進行練習，但對那些成效與後果仍有許多懷疑與保留。大約在孕程進入二十三週後，她哭著打電話給我。她前一晚因爲提早宮縮而住院接受觀察。雖然宮縮已經停止，但超音波顯示她的子宮頸已經變薄，並且已開始朝向羊膜囊方向開指（而非朝向陰道腔的產道）。這樣的產前徵兆被稱爲「漏斗狀」。根據醫生的診斷，唯一的補救方法只有一途——在接下來的孕程中只能臥床靜養，以確保子宮頸不再繼續變薄和開指。

丹妮斯別無選擇，也完全接受這將是她孕程的唯一結局。我教她進行「綁緊小袋子」（練習160）的練習，以此來阻止早期宮縮。兩週後進行產檢時，丹妮斯被告知她的子宮頸已經翻轉方向，也變厚了。只不過原來的漏斗狀仍舊不變。

在我們下一次訪視時，丹妮斯向我報告她的狀況，也告訴我她稍稍修改了一些練習內容。她觀想現在的小袋子有兩組繩索，一個內在，一個外在。因爲看到令人振奮的成效，她不停地執行這個修改過的新練習。兩週後，超音波顯示原來的漏斗狀已經消失無蹤，而她也不必再臥床了。

她的醫生說，她從醫這麼久，從未見過漏斗會自動反轉，也不曾讀過或聽過類似的狀況！

恢復寶寶的心跳速率

羅薩娜的子宮頸很早就開指了。爲了確保可以平安生產，她被安置於床上靜養，減少行動，同時也幫助腹中寶寶的肺部發育完整。孕程進入第三十二週時，羅薩娜的子宮頸開了三公分。雖然她每天都進行「綁緊小袋子」的練習，但這位小心翼翼的產婦爲了安全起見，儘管開指已經停止，卻仍決定要繼續臥床。按照她原來的計畫，她可以在第三十六週時起床走動，過一般正常的生活。我們都相信一旦產兆開始，寶寶應該很快會出來。

當她的宮縮開始時，羅薩娜在丈夫的陪同下，開始在醫院的走廊走動，想要藉此刺激她的分娩。一如一般產前徵兆，宮縮從一開始的不規則到後續逐漸慢下來。由於她的羊水已破，醫生決定透過催產素來協助催生。

當羅薩娜知道她必須重新臥床，好讓醫護人員可以就近監控腹中的寶寶時，羅薩娜發現自己無法再自由走動了，這令她的情緒瞬間跌入谷底。她感覺自己受到拘束，不禁憤憤不平，進而沉默不語，悶悶不樂。她夢想中輕鬆自在的自然生產，看起來是無法如願了。催產素點滴還沒完全開始時，宮縮還算輕微，然而此時，寶寶的心跳速率竟開始隨著每一次的宮縮而往下掉。這不是個好現象。如果寶寶在這麼早的階段便出現心跳速率下降的狀況，那她肯定無法忍受與通過後續的生產過程；潛在的早產，最終可能免不了要接受剖腹產手術。我告訴羅薩娜透過視覺心像，深入身體裡面，與腹中的寶寶搭上線。「我看不到她的臉。」她的語氣盡顯不耐煩與焦躁。「羅薩娜，」我意志堅定地對她說：「你視覺化的眼睛是可以自由轉動的。請你和寶寶連結。看著她的臉和她的雙眼。」

也許她的丈夫也感受到她的鬱悶與即將爆發的怒氣，他開始播放羅薩娜喜歡的俄羅斯流行音樂（他們夫妻倆都是俄羅斯人）。當羅薩娜閉上眼睛時，她想像自己將寶寶抱起來，跟寶寶一起跳舞。她看見寶寶的笑容。當羅薩娜睜開雙眼時，她的情緒恢復平穩而積極。我看著螢幕，發現寶寶的心跳速率不再往下掉了！寶寶的心跳速率從那一刻開始恢復正常，持續完美的速度，完全符合宮縮該有的回應速率，也是護理人員與醫生所期待的標準數據。羅薩娜的女兒在五個小時後順利出生。

增加寶寶的成長速度

凱倫腹中的雙胞胎寶寶，其中一個體形明顯小於另一位手足，這令凱倫感到相當沮喪。雖然知道這樣的狀況是正常的，但她想要善用視覺心像練習，來幫助雙胞胎的成長指數趨於一致，而且朝向健康、可掌控的體形成長。她使用「綁緊小袋子」練習，來確保她的子宮頸可以繼續撐著，而成效也確實如此。她全程完成這項計畫，而且完全不必臥床休養。這樣的情況對於雙胞胎的個案而言，在美國幾乎是聞所未聞。

凱倫在每一次進食時僅使用非常簡單的練習。她的食物成分與料理，早已含括高營養價值的食物；她一心只想讓自己與腹中的兩個寶寶都得到盡善盡美的照料。每一次進食時，她都會觀想吃進去的食物被拆解成一道光，平均分配給腹中的兩個寶寶。這個練習顯然成效卓著。雙胞胎出生時，他們的體重幾乎一樣。

麗姿的分娩

麗姿的羊水破了，她的分娩來勢洶洶，又急又快。對第一次生產的媽媽而言，不太尋常。毫無預警的宮縮與難以忍受的強烈陣痛，逼得麗姿把之前所練習的內容都忘得一乾二淨。

麗姿淚水直流，以驚恐不已的眼神表達：她只要硬脊膜外麻醉注射。然而，如此始料未及的轉折，迫使她開始進行「練習70：舒緩子宮收縮的油」。在練習中，她吸進光，而這道光可以使她消融與軟化身體需要放鬆的部位——額頭、下巴、肩膀等等。這個練習看起來有助於安撫她，使她平靜下來，因此，我繼續陪著她進行視覺心像練習。「花園：準備接受檢查」（練習156）需要在當晚徹底執行與操作，否則按著他們所在的那家保守醫院（位於紐約長島），一般不會容許她一邊跟著影像畫面，一邊採取站立姿勢分娩。連續三十分鐘反覆和她進行相關話語與指示的練習，我想，或許她（和我）都需要一些安靜的時間，稍事沉澱。我錯了。她看著我，驚慌失措。她什麼話也說不出，只不斷重複這句：「話，話。跟我說話。給我指示。」

將未出生的寶寶與父母連結

「靈性胎教」的最大厚禮，是在未出生的寶寶與父親、母親之間，建立起一種彼此連結的關係。每天練習「進入子宮探視寶寶」（練習28），可以讓父母發自肺腑地體驗這份深刻的情感與連結。對此，我的一位學員雪倫在親身經歷自己的生產過程後，留下一段絕佳的詮釋，我特別摘錄如下：

當我在生產時，我感覺到與寶寶之間異常親近——那感覺就像我們正在並肩作戰——而我可以想像並「看見」她的狀況理想，安全無慮，雖然那對我而言是一段如此痛苦煎熬的歷程……。即便那台測量寶寶心跳速率的愚蠢螢幕因爲放不穩而滑落，或電池沒電了，我都從未想過要放棄，也不曾驚慌失措，因爲我眞的感覺冷靜平和，也深信寶寶一切安好穩妥。

親眼見證許多類似的案例之後，我可以自信滿滿地宣稱，對於每一個練習「靈性胎教」的媽媽們，雪倫的經驗不僅適切地反映她們的實況，也引起她們的共鳴。這個視覺心像練習打從一開始——甚至可以回溯至受孕前——便在母親與寶寶之間，建立了堅定、健康、輕鬆且正向積極的連結，也因此，出生剎那的深深相繫，驚天動地，也一如想像中的溫柔美好。

【附錄二】

關於手術過程與醫療測試

當你準備接受任何醫療檢驗程序或手術時，請進行這個練習。寶寶的部分也含括在這些內容裡。但你若沒有懷孕，抑或你想把這些內容分享給即將接受手術的家人或朋友，請刪除有關孩子的內容。我指導這項練習已長達三十五年，我可以確信地說，這個練習與成效，眞的可以翻轉你的經歷，甚至影響爲你動手術的醫生，不僅縮短整個手術時間，也會加速術後復原的時間。

練習156

花園：準備接受檢查

閉上眼睛。慢慢地呼氣三次，從3數到1，在你的心靈之眼中靜觀數字在倒數。看見數字1高大、清澈、明亮。

你正繞著圓形牆壁的基地行走。在牆壁上方，你看見群樹頂端。一直走，直到你找到大門。鑰匙就插在鎖頭上。打開大門，走進花園裡。

呼氣。你的花園看起來如何？

呼氣。再往花園更裡面走去，找到一片綠意盎然的青青草原，旁邊有一棵大樹，還有一條水流潺潺的小溪。

呼氣。在樹蔭遮蔽下，你自在地躺在草地上，聆聽溪流的水聲與蟲鳴鳥叫。感受到你的身體節奏與大自然的節奏，相互共鳴與對焦。

呼氣。現在，邀請你所信任的人，一個接一個，進到這座花園來。請他們以半圓形圍著你席地而坐。感受到她們對你，以及你腹中未出生寶寶的愛與專注。

呼氣。當所有的見證人都陸續進來且圍著你坐時，你感覺舒適自在又輕鬆，請把即將要發生的手術程序，以準確無誤的視覺化影像，向你的身體展示，同時詢問你的身體，是否同意醫生在你身上進行接下來的一切手術程序。

呼氣。如果你的身體否決這項提議，再問問你的身體，你要如何做才能和它達成共識，同意接受手術。之後，請以影像畫面來回應身體所發出的需求。

呼氣。一旦你的身體表示贊同，接著再取得寶寶的同意，以展開後續的手術程序。

呼氣。如果寶寶否決這項提議，請詢問他的需求，好讓他同意接受這項手術。以影像畫面來回應寶寶的需要。

呼氣。現在邀請你的醫生、護理人員或助產士，帶著他們各自的藥物與醫療器材，進到你的花園裡。當他們站在你面前時，看見陽光灑落在他們每一個人的頭上、膀臂與雙手，以致他們所觸碰的每一件東西——藥物、器材，還有你的身體——都轉而發光發亮。

呼氣。大功告成，完美執行。看看寶寶，向他確認一切平安。

呼氣。看著醫生、助理與醫護人員一一離開現場。

呼氣。感受到你所愛的人仍在你身邊，守護與保護你，還有寶寶；你感受到他們的愛意與喜悅。等你準備好了，就讓他們一個一個離開你的花園。最後一個人離開之後，大門隨即被關上，而今，就只剩你和你的寶寶。

呼氣。感受到大自然的節奏，感受到你的身體與寶寶隨著大自然的節奏緩緩地呼吸。

呼氣。等你準備好了，請你將寶寶安穩地抱在懷裡，讓他蜷縮在你的心臟之下（或抱在雙臂中），帶著他一起慢慢走出你的花園，關上門，把鑰匙帶走或藏在某個你容易找到的地方。

呼氣。以無比自信與平靜安穩之心，走進你的未來。

手術後，或單純只想要清除麻醉藥或其他藥物的毒素，請進行以下練習（這部分也曾在之前的篇章中提過，參考「練習49：舒緩水腫的狀況」）。

練習157

清除毒素

閉上眼睛。慢慢地呼氣三次，從3數到1，在你的心靈之眼中靜觀數字在倒數。看見數字1高大、清澈、明亮。

想像你置身自己的花園或青草地上。你躺臥在柔軟、綠意盎然的厚草皮上。你聽見附近傳來流水潺潺的聲音。你起身，循著流水聲緩緩走去。山間小溪，清澈澄淨，你甚至可以清楚地看見河床底層的沙石。

呼氣。脫掉你的衣服，頭往下朝向溪流源頭，全身躺在淺沙石的河床上。感受河水從你的頭到腳，流經你全身，洗滌你、潔淨你，打開你每一吋的肌膚與毛細孔。

呼氣。現在，你看見並感受到溪水流進肌膚的毛細孔，流經你的全身，再從雙腳的腳底流出去，將你體內所有的毒素排除殆盡，一直到你的身體宛若溪流般，變得清澈而乾淨。

呼氣。從河中起身走出去，讓自己在太陽光下伸展筋骨，直到你的身體都乾了。穿上衣服，但你卻發現原來的舊衣裳都已不見，眼前已為你備好一套全新、乾淨、材質柔軟寬鬆的白色衣服。穿上新衣，感受清新潔淨與煥然一新的心情。

呼氣。睜開雙眼，用睜著眼睛的狀態，在腦海中看見眼前這一切。

如果手術在你的身體留下傷口或切口，譬如剖腹產手術，請進行以下練習。

練習158

修復傷口(2)

閉上眼睛。慢慢地呼氣三次，從3數到1，在你的心靈之眼中靜觀數字在倒數。看見數字1高大、清澈、明亮。

你置身花園或一片青草地上。仰頭朝著太陽，伸展你的雙臂，然後抓一把日光。

呼氣。用這道光束來縫補你的傷口。如果傷口很深，開始深入傷口裡，一層一層地縫補起來，一直到你的肌膚表層，你在這裡將手術切口的兩端縫合起來。

呼氣。要求你所有的細胞重新按著縫補起來的光之網絡，重新排列與組合。

呼氣。看見那道傷口完全密合起來。看見身上所有的撕裂傷都消解了，直到皮膚再度恢復光滑柔順，毫無瑕疵且煥然一新。

呼氣。睜開雙眼，用睜著眼睛的狀態，在腦海中看見這一切。

【附錄三】停止早期宮縮與修復前置胎盤

你若面臨早期宮縮問題（以三十七週孕程以前出現宮縮作爲判斷），請即刻進行以下這兩個練習。

練習159

平靜浪潮

閉上眼睛。慢慢地呼氣三次，從3數到1，在你的心靈之眼中靜觀數字在倒數。看見數字1高大、清澈、明亮。

看見自己躺在美麗的白沙海灘上，四周都是棕櫚樹。

聽見海風把棕櫚葉吹得颯颯作響……

聽見浪潮洶湧，猛力拍打海灘……

看見白沫碎浪。

呼氣。現在，你看見浪潮越來越小……越來越小……越來越小……轉為小漣漪。浪潮的聲音越來越微弱，越來越微弱。

同時，海風也逐漸安靜下來……

現在，你聽見浪潮退去，徹底停息……

看著宛若鏡面、平靜無波的大海。

海風也停止了，一切顯得如此靜謐無聲……

看見自己躺在那片寧謐、無聲的平靜海灘上。

呼氣。睜開雙眼。

練習160

綁緊小袋子

閉上眼睛。慢慢地呼氣三次，從3數到1，在你的心靈之眼中靜觀數字在倒數。看見數字1高大、清澈、明亮。

想像你的子宮是個上下顛倒的小袋子，上頭綁了一條繩子。

呼氣。用力拉緊繩子，將小袋子束緊，然後再打個結。

呼氣。將繩子用力綁在你背部中段的脊椎骨。

呼氣。想像身體下骨盆的肌肉，像個巨大的金黃色蜘蛛網。用力拉扯並集合蜘蛛網的所有千絲萬縷，高高提起，確保將它們和背部的脊椎骨緊緊綁在一起。接著將它們用力綁在背部的胸廓中間。

呼氣。睜開雙眼，用睜著眼睛的狀態，在腦海中看見這一切。

非常重要的提示：

請每隔十五分鐘便交替進行這兩項練習，一直到你感覺早期宮縮症狀完全停止。然後在接下來的三天，在每一個小時之初，持續「綁緊小袋子」練習。接下來的三天，將每天的練習次數降低至一天五次；然後，後續三天則再減少爲每日兩次。最後，每天做一次練習，以確保腹中的寶寶確實已完全接收到你傳輸給他的訊息。

過去這三十五年來，這項練習對每一個我曾協助過的產婦都證實有效，成功阻止了早期宮縮症狀。

另一個重要提醒：在孕程循序進入第三十七週，當寶寶出生也能存活之後，記得要鬆開繩子打結處。

接下來爲了修復前置胎盤的狀況，請進行以下練習。

練習161 高抬胎盤

閉上眼睛。慢慢地呼氣三次，從3數到1，在你的心靈之眼中靜觀數字在倒數。看見數字1高大、清澈、明亮。

感知、看見、同時感受到你的嘴巴。感知到你嘴唇與嘴巴內部。感受到你的牙齦、牙齒與舌頭。

呼氣。感受到你的舌頭放鬆並落在口腔內。

呼氣。看見你自己變得越來越小，小到足以進入你的口裡，就像深入一個圓頂結構中般。把你的上顎視為大型建物的圓頂，當你抬頭一看時，它越抬越高。

呼氣。感知你的子宮。看著它一步步跟著升起來，就像你口裡的上顎。

呼氣。將胎盤觀想為一顆高掛圓頂空間的氣球，還有許多空間可以讓寶寶成長，讓寶寶伸展與移動。

呼氣。回復到你原有的體形大小，覺察、看見與感受到你身體內這兩個類似的空間。

呼氣。睜開雙眼。

致謝

我要特別感謝七位了不起的女性朋友，她們在這段書寫的旅程中，一路相隨與陪伴：米雅・哈傑斯（Mia Hadjes）、朱迪・哈樂特（Judith Hallett）、路得・羅葉（Ruth Lawyer）、克勞迪婭・萊肯（Claudia Raiken）、婕琪・史齊夫（Jackie Schiff）、伊婕塔・斯特恩（Izetta Stern）與辛提亞・金瑟（Cynthia Zinser）。沒有她們，就沒有這本書。這群學有專精且心思細膩的生產專家，不吝將她們身經百戰的專業經驗與我分享，同時也爲她們的學員與前來求助的夥伴們發聲，表達她們的需要；這些過程啓迪了我，也鼓勵我動手寫下超過八百個視覺心像練習，藉此幫助各種分娩與生產相關的議題，包括受孕、懷孕、生產與連結。其中最具潛力的一百六十一個爲讀者量身打造的練習，都詳實記錄於本書中。謝謝你們對這本書的支持與信心。謝謝你們這群不可多得的夥伴，七年來忠心地出席每週三的聚會，你們提出的批判思維，樂此不疲地一再驗證那些練習，進一步將「靈性胎教」落實於許多即將爲人父母者身上，我爲此感激不盡。

另外還要特別感謝兩位參與「靈性胎教」課程的重量級人物：伊麗莎白・普勒（Elizabeth Poole），她是新生兒顱薦椎方面的專家，協助對象除了嬰兒之外，還有嬰兒的母親；另一位是邦妮・巴克納醫生（Dr. Bonnie Buckner），她在「靈性胎教」課程上爲我們提供大量的臨床研究個案，使我們看見這套練習如何有效地幫助許多母親歷經生產這個大工程（直到今天，我們仍努力尋找願意開放讓我們進行相關研究的醫院）。

我還要感謝許多爸爸與媽媽們，你們的用心練習，對那些練習過程深信不疑，同時還積極回應的態度，令我動容。這對於我要如何修訂練習的成效，如何摘錄與篩選更為適切的練習放在這本書中，都是重要的參考元素與指標。

我也要向這本書的教母葛．瓦利（Gay Walley）致謝。葛是我的第一位讀者，是一位熱情而精采的支持者，也是這一路走來不斷發出批判與刺激我思考的人。另外，我要對身兼好友與經紀人的珍．拉赫爾（Jane Lahr）致上最高的謝意，在撰寫本書的過程中，感謝你一邊激勵我，一邊溫柔地鞭策我，使我得以逐步完成書寫任務。我的第一位編輯喬安娜．扎扎洛（Joanne Zazzaro），引導我走過第一階段的編輯與英式標點符號的校正——那實在不是我的強項。

接下來，出版社發行人南希．史密斯（Nancy Smith）隨即上陣支援，她在最後關頭的臨門一腳，催促並加速我將本書完成。至於我的編輯海雯．艾維森（Haven Iverson），她對這本書提出許多精準而重要的評論，還有那些寶貴的提醒，每每令我驚呼讚歎，也讓這本書進行得更順利。

歐瑪拉．李利（O'Mara Leary）是我們「視覺心像學院」（School of Images, SOI，我的非營利組織，亦是我向全世界傳遞影像化工具的組織）的經營管理者，她也是我長期以來的支持者，同時是一位激勵人心的喜劇演員。每當我需要休息時，我總能從她的風趣幽默與友善的提醒中獲得力量，使我歡欣鼓舞地重振身心，跨越困難。她也同時挹注了許多力量在協助整理與編輯「靈性胎教」錄音材料與工作上。

參與「視覺心像學院」的學員們，不論新加入或結業離開的學員，都對本書支持有加。你們對本書進度的高度關切，令我動容。

我還要在這裡特別提及「視覺心像學院」的家管瑪麗塔．培蕾拉（Marlita Pereira）。她是我們這個群體的媽媽。她照料我們一切的生活所需，同時保護我免受任何被她視爲干擾我寫作的阻撓，使我得以心無旁騖地專心工作。我謝謝你，瑪麗塔，謝謝你將滿滿的愛與關注，傾注於我們身上，你以具體的行動，向我們演繹何爲眞正的愛心媽媽。

容我提及一位年輕早逝的朋友，派翠西亞・瑪斯特斯（Patricia Masters），她離世後留下兩名年幼的孩子。她不斷鼓勵我動手寫這本書，我最後一次見她、與她說話時，是在她離世前三週，我們分享了一些攸關父母與他們的孩子之間靈魂連結的深度想法。謝謝她。

身爲母親，這是我人生中一段最爲驚天動地的經歷與體驗。當我日以繼夜地思索與書寫時，我的兒子山姆（Sam），一直是我身邊那位調皮有趣又熱情洋溢的支持者。這其中許多練習的靈感，發想自我們之間的關係。事實上，我從他身上學到許多功課——不僅透過我們的日常相處與對話，也藉由「夢見他」的那些夢境，以及在夢境中他向我分享的內容。但願我所有的讀者都能從「與他們的孩子一同做夢」中，有所學習，有所成長——那是我最深切的期待與想望。

國家圖書館出版品預行編目（CIP）資料

靈性胎教手冊：從懷孕到生產的 161 個冥想練習 / 凱薩琳．仙伯格 (Catherine Shainberg) 著；童貴珊譯．-- 二版．-- 臺北市：橡實文化出版：大雁出版基地發行，2023.07
面；　公分
譯自：Dreambirth : transforming the journey of childbirth through imagery
ISBN 978-626-7313-14-5(平裝)

1.CST: 胎教　2.CST: 分娩　3.CST: 懷孕　4.CST: 心像

429.12　　112007573

BC1061R

靈性胎教手冊：從懷孕到生產的 161 個冥想練習

DreamBirth: Transforming the Journey of Childbirth Through Imagery

作　　者　凱薩琳．仙伯格（Catherine Shainberg）博士
譯　　者　童貴珊
責任編輯　田哲榮
協力編輯　劉芸蓁
封面繪圖　Soupy Tang
封面設計　黃聖文
內頁構成　歐陽碧智
校　　對　蔡昊恩

發 行 人　蘇拾平
總 編 輯　于芝峰
副總編輯　田哲榮
業務發行　王綬晨、邱紹溢
行銷企劃　陳詩婷
出　　版　橡實文化 ACORN Publishing
地址：10544 臺北市松山區復興北路 333 號 11 樓之 4
電話：02-2718-2001　傳眞：02-2719-1308
網址：www.acornbooks.com.tw
E-mail 信箱：acorn@andbooks.com.tw
發　　行　大雁文化事業股份有限公司
地址：10544 臺北市松山區復興北路 333 號 11 樓之 4
電話：02-2718-2001　傳眞：02-2718-1258
讀者傳眞服務：02-2718-1258
讀者服務信箱：andbooks@andbooks.com.tw
劃撥帳號：19983379　戶名：大雁文化事業股份有限公司

印　　刷　中原造像股份有限公司
二版一刷　2023 年 7 月
定　　價　520 元
I S B N　978-626-7313-14-5